装配式混凝土校舍技术指南

陈　骏　著

中国建筑工业出版社

图书在版编目（CIP）数据

装配式混凝土校舍技术指南/陈骏著. —北京：中国建筑工业出版社，2023.8

ISBN 978-7-112-28789-5

Ⅰ. ①装… Ⅱ. ①陈… Ⅲ. ①配式混凝土结构-教育建筑-建筑施工-指南 Ⅳ. ①TU244-62②TU37-62

中国国家版本馆 CIP 数据核字（2023）第 098938 号

本书针对装配式混凝土校舍建筑存在的产业链主体协同能力差、产业化体系不完备等问题，对装配式混凝土校舍建筑相关的标准规范体系进行了系统的梳理研究，突出问题重点，形成了全过程的技术指南。全书共 7 章，包括：建筑设计、结构设计、设备管线设计、装配式装修、预制构件制作与运输、施工安装以及质量验收。本书旨在指导装配式混凝土校舍建筑全过程的标准应用，培养一批精透标准、精研设计、精益施工的技术人才，使他们有能力根据装配式混凝土校舍建筑特点，针对性实施装配式混凝土校舍建筑设计、生产、运输、施工、验收全过程的定制化解决方案，从而为推动新型建筑工业化提供技术支撑。

责任编辑：张　磊　王砾瑶

责任校对：李欣慰

装配式混凝土校舍技术指南

陈　骏　著

*

中国建筑工业出版社出版、发行（北京海淀三里河路 9 号）

各地新华书店、建筑书店经销

霸州市顺浩图文科技发展有限公司制版

建工社（河北）印刷有限公司印刷

*

开本：787 毫米×1092 毫米　1/16　印张：10¼　字数：259 千字

2023 年 9 月第一版　　2023 年 9 月第一次印刷

定价：49.00 元

ISBN 978-7-112-28789-5

（41232）

《装配式混凝土校舍技术指南》编审委员会

编写组负责人：陈　骏

编 写 组 成 员：肖　孟　童明德　苏　章　彭　畅　姜　卫
陈宪清　何　栋　李　聪　余　祥　李　暄
朱　琴　钟思维　彭　力　黄永胜　金　鹏
汪　齐　梅竹青　吴　林　鲍志劼　刘伦耀
黄　锐　周　翱　程　伟　周毓载　伍永祥
程　康　梁　伟　万　样　傅宗宗　程　亮
汪华清　陈海生　李建非　颜凯文　张帅琪
梁永宽

审 查 组 组 长：彭林立

审 查 组 成 员：陈　伟　封剑森　刘献伟　王能林

主 编 单 位：中建三局第一建设工程有限责任公司
武汉市城乡建设局

前　言

2022 年 1 月，住房和城乡建设部发布《“十四五”建筑业发展规划》（以下简称《规划》）并明确指出，到 2035 年，建筑业发展质量和效益大幅提升，建筑工业化全面实现。《规划》还要求，大力发展装配式建筑，构建装配式建筑标准化设计和生产体系，推动生产和施工智能化升级，扩大标准化构件和部品部件使用规模，提高装配式建筑综合效益。推广管线分离、一体化装修技术，推广集成化模块化建筑部品，促进装配化装修与装配式建筑深度融合。

装配式混凝土校舍建筑是装配式建筑发展的优质载体，现阶段装配式混凝土校舍建筑有着绝对的规模优势，对全面提升校舍工程质量性能和品质起着举足轻重的作用。2022 年武汉“两会”政府工作报告提出了要推进 65 所中小学校舍建筑配建项目建设，新增入园入学学位 4 万个，校舍建筑建设涉及民生工程，建设任务繁重、质量要求高。装配式混凝土校舍建筑是产业化民用建筑的一部分，是建筑行业、教育行业发展的必然趋势，符合建筑工程绿色环保、可持续发展的方向。同时，装配式混凝土校舍建筑作为公共建筑，具有标准化设计与模块化生产的集成优势，是装配式建筑推广落地的理想试验田，是推动新型建筑工业化及建筑业转型升级的原生动力。

现阶段，装配式混凝土校舍建筑存在产业链主体协同能力差、产业化体系不完备等问题，显著体现在装配式设计、部品部件生产、装配式施工过程中，亟须形成一整套装配式混凝土校舍建筑实施的指导体系，为推动装配式混凝土校舍高质量发展提供基础技术支撑。《装配式混凝土校舍技术指南》针对以上问题，对装配式混凝土校舍建筑相关的标准规范体系进行了系统的梳理研究，突出问题重点，形成了全过程的技术指南，旨在指导装配式混凝土校舍建筑全过程的标准应用，培养一批精透标准、精研设计、精益施工的技术人才，使他们有能力根据装配式混凝土校舍建筑特点，针对性实施装配式混凝土校舍建筑设计、生产、运输、施工、验收全过程的定制化解决方案，从而为推动新型建筑工业化提供技术支撑。

本书依据武汉市城乡建设局科研项目“装配式混凝土校舍建筑的应用研究”的系列成果而编制，按照装配式混凝土校舍建筑设计、生产、运输、施工、验收的全过程、全专业、重点突出的思想路线，以装配式校舍建筑为核心，坚持系统性、逻辑性、协调性、科学性、合理性、简明性、实用性的原则。

本书的编制工作得到武汉市城乡建设局领导及业内专业人士的大力支持，汇聚了编制人员的辛勤劳动及宝贵意见，编入内容是诸多从事此方面设计建造的业内人士多年共同探索、研究、创造的成果，是共有的技术结晶和财富。在此特向各位领导和专家致以真挚的谢意。

由于本指南涉及内容较广、编制工作量较大，加之时间仓促，书中难免存在一些缺点和问题，敬请批评指正，以便不断修正和更新。

《装配式混凝土校舍技术指南》编写组

二〇二三年一月

目　　录

建筑设计

1.1 一般规定

1. 装配式教学建筑的基本要求

1）必须执行国家的建筑方针，必须符合国家政策、法规的要求及相关地方标准的规定，应符合建筑的使用功能和性能要求，体现以人为本、可持续发展和绿色建筑的指导思想。

2）应进行前期技术策划，对结构体系选型、技术经济可行性和可建造性进行评估，合理确定建造目标与技术实施方案。

3）应满足现行国家标准《绿色建筑评价标准》GB/T 50378，达到绿色装配式建筑的要求。

4）应进行建筑、结构、机电设备、室内装修一体化设计。

5）应满足适用性能、环境性能、经济性能、安全性能、耐久性性能等要求，并应采用绿色建材和性能优良的部品部件。

6）部品部件的工厂化生产应建立完善的生产质量管理体系，设置产品标识，提高生产精度，保障产品质量。

7）应采用集成的方法统筹设计、生产运输、施工安装，实现全过程的协同。

8）宜采用建筑信息模型（BIM）技术，实现全专业、全过程的信息化管理。

9）应实现全装修，内装系统应与结构系统、外围护系统、设备与管线系统一体化设计建造。

10）装配式混凝土校舍建筑应模数协调，采用模块组合的标准化设计，将结构系统、外围护系统、设备与管线系统和内装系统进行集成，且模数协调应符合现行国家标准《建筑模数协调标准》GB/T 50002 的有关规定。

11）装配式混凝土校舍建筑应按照集成设计原则，在建筑、结构、给水排水、暖通空调、电气、智能化和燃气等专业之间进行协同设计。

12）装配式混凝土校舍建筑设计宜建立信息化协同平台，采用标准化的功能模块、部品部件等信息库，统一编码、统一规则，全专业共享数据信息，实现建设全过程的管理和控制。

13）装配式混凝土校舍建筑应满足建筑全寿命期的使用维护要求，宜采用管线分离的方式。

14）装配式混凝土校舍建筑应满足国家现行标准有关防火、防水、保温、隔热及隔声等要求。

2. 装配式教学建筑的设计原则

1）装配式教学建筑设计应在符合城市和校园规划要求的基础上，结合当地产业资源，并与周围环境相协调。

2）装配式教学建筑设计应遵循少规格、多组合的原则，并在此基础上实现多样化。

3）装配式教学建筑设计应满足国家现行标准适用、经济、安全、卫生和环保要求。

3. 装配式教学建筑的防火设计

装配式教学建筑的防火设计要求与现浇建筑相同，都要严格执行现行规范中的相关条文规定。无论是采用外保温、内保温都需注意保温材料的选择，并采取相应的防火构造措施。

4. 装配式教学建筑的一体化设计

装配式教学建筑在设计阶段应进行整体规划，以统筹规划设计、构件产品生产、施工建造和运营维护；应进行建筑、结构、机电设备、室内装修一体化设计。

5. 装配式教学建筑设计图纸深度要求

装配式教学建筑在设计全过程应提供完整成套的设计文件。

1.2 设计参考流程

与传统现浇混凝土结构相比，装配式建筑的预制构件是在工厂实现标准化生产，这样就会形成统一的生产标准，质量更加可控。在施工过程中不仅可以节约资源，缩短施工工期，还可以减少噪声污染，符合绿色建筑设计要求。装配式教学建筑的设计流程如下：技术策划阶段→方案设计阶段→初步设计阶段→施工图设计阶段→构件深化加工图设计阶段。

1. 技术策划阶段设计要点

装配式教学建筑设计应当充分考虑项目定位、装配率目标、成本控制以及其他外部影响因素，制定合理的概念方案，采用标准模块及模块组合的设计方法，遵循少规格、多组合的原则，提高预制构件的标准化程度，降低建设成本与施工难度。

2. 方案设计阶段设计要点

装配式教学建筑设计应当根据技术策划实施方案做好平面、立面、剖面设计，为初步设计工作奠定基础。

1）依据技术策划，遵循规划要求，满足使用功能要求。

2）构件的“少规格、多组合”，考虑成本的经济性与合理性。

3）平面设计的标准化与系列化，立面设计的个性化与多样化，剖面层高、净高的合理确定。

3. 初步设计阶段设计要点

初步设计应与配套专业进行协同设计，进一步细化和落实所采用技术方案的可行性。

1）协调各专业技术要点，优化构件规格种类，考虑管线预留预埋。

2）进行专项经济评估，分析影响成本因素，制定合理技术措施。

4. 施工图设计阶段设计要点

施工图应按照初步设计阶段制定的技术措施进行设计，形成完整可实施的施工图设计文件。

1）落实初步设计阶段的技术措施，协调设备管线的预留预埋。

2）拟定节点大样的构造工艺，考虑防水、防火的性能特征，满足隔声、节能的规范要求。

5. 构件深化加工图设计阶段设计要点

1）建筑专业可根据需要提供预制构件的尺寸控制图。

2）构件加工图纸可由设计单位与预制构件加工厂配合设计完成。

3）宜采用BIM技术，提高预制构件设计完成度与精准度。

1.3 平面设计

1. 总平面设计

装配式教学建筑的总平面设计应在符合城市总体规划要求，满足国家规范及建设标准要求的同时，配合现场施工方案，结合预制构件的生产运输条件，充分考虑构件运输、吊装及预制构件临时堆场的设置，兼顾工程经济性。考虑好施工组织流程，保证各施工工序的有效衔接，提高效率，缩短施工工期。

2. 平面布置

1）教学楼部分：

教学楼建筑设计应采用标准模块（如教室、实验室、教师办公室、卫生间、楼梯间等基本单元）及模块组合的设计方法，遵循少规格、多组合的原则。建筑的进深、开间、层高、洞口等尺寸应根据使用功能并结合部品部件生产与装配要求等确定。

（1）平面标准化：教室、教师办公室、公共卫生间、实验室等尺度设计标准化。教学楼建筑功能相对单一稳定，各功能区可做到标准化设计。

普通教室标准单元：根据现行国家标准《中小学校设计规范》GB 50099 的规定，完全小学应为每班 45 人，完全中学应为每班 50 人；小学教室可采用标准化柱网 9m×8m，中学教室可采用标准化柱网 9.6m×8m；疏散走廊宽度为 4 股人流 2.50m，层高均为 3.9m。

小学 45 人标准教室如图 1.3.2-1、图 1.3.2-2 所示。

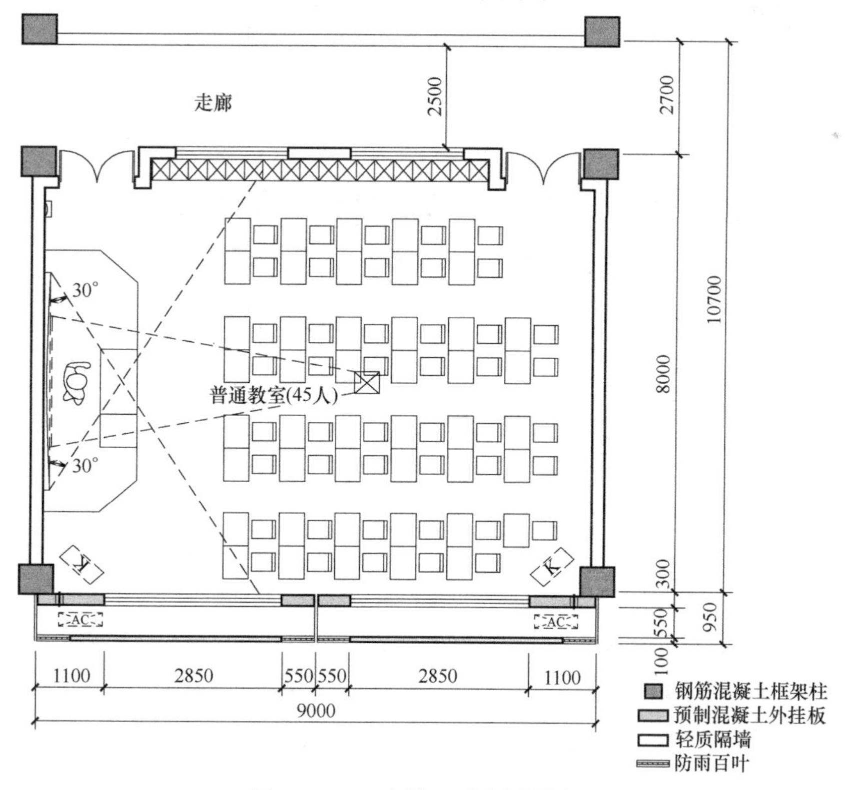

图 1.3.2-1 小学 45 人标准教室 1

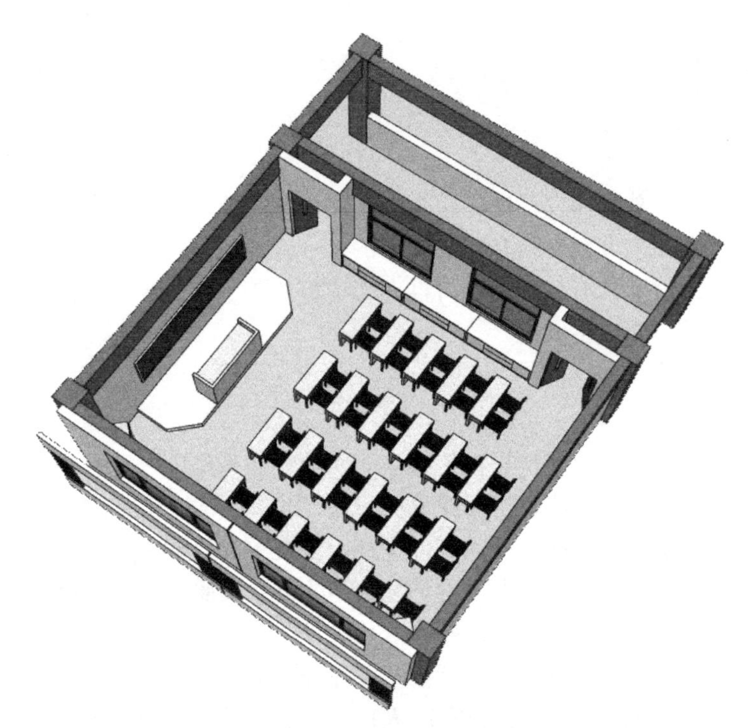

图 1.3.2-2　小学 45 人标准教室 2

中学 50 人标准教室如图 1.3.2-3、图 1.3.2-4 所示。

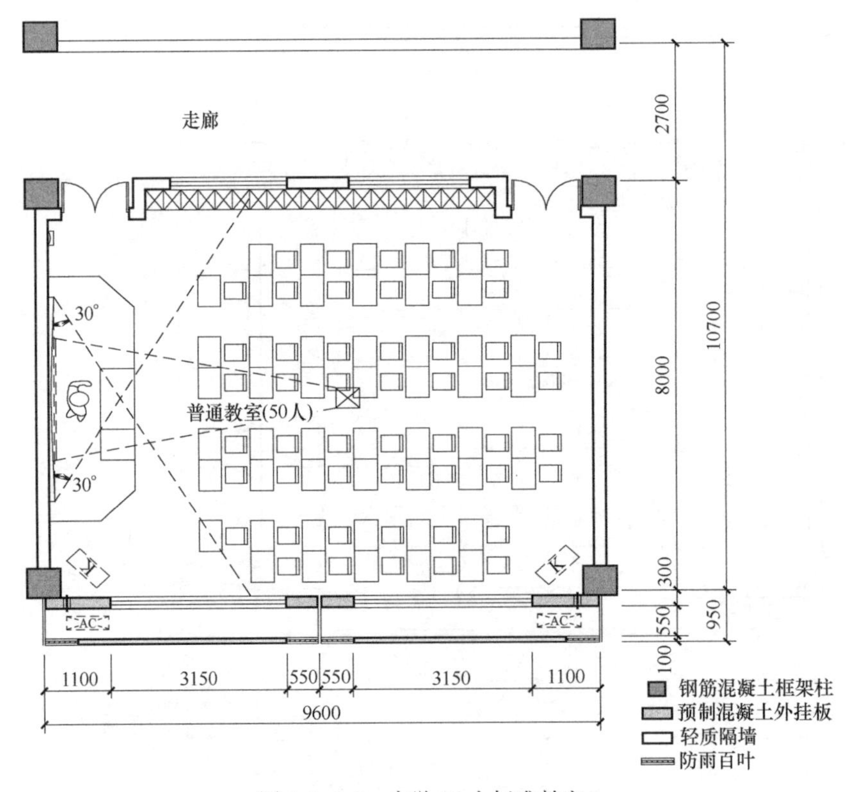

图 1.3.2-3　中学 50 人标准教室 1

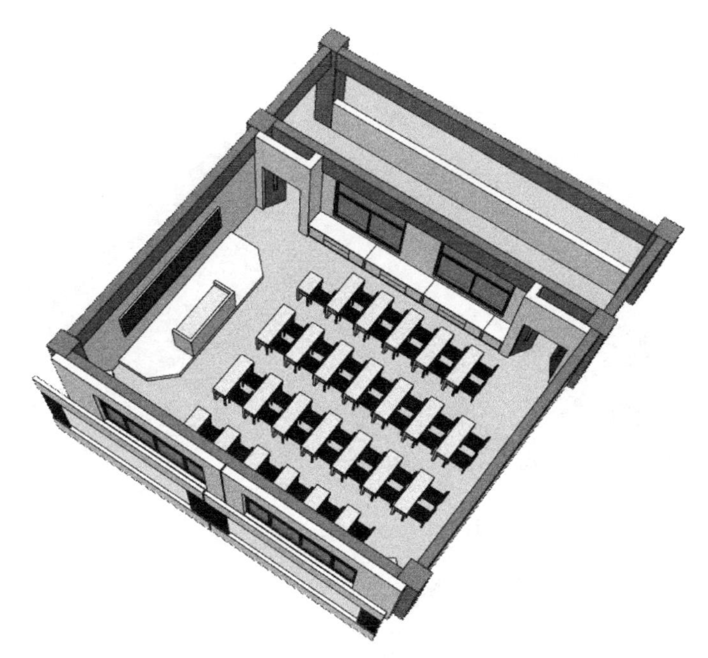

图 1.3.2-4 中学 50 人标准教室 2

教师办公室标准单元：可与标准教室采用统一尺寸标准，采用标准化柱网 9m×8m 或 9.6m×8m；疏散走廊宽度为 4 股人流 2.50m，层高均为 3.9m。

小学教师办公室如图 1.3.2-5、图 1.3.2-6 所示。

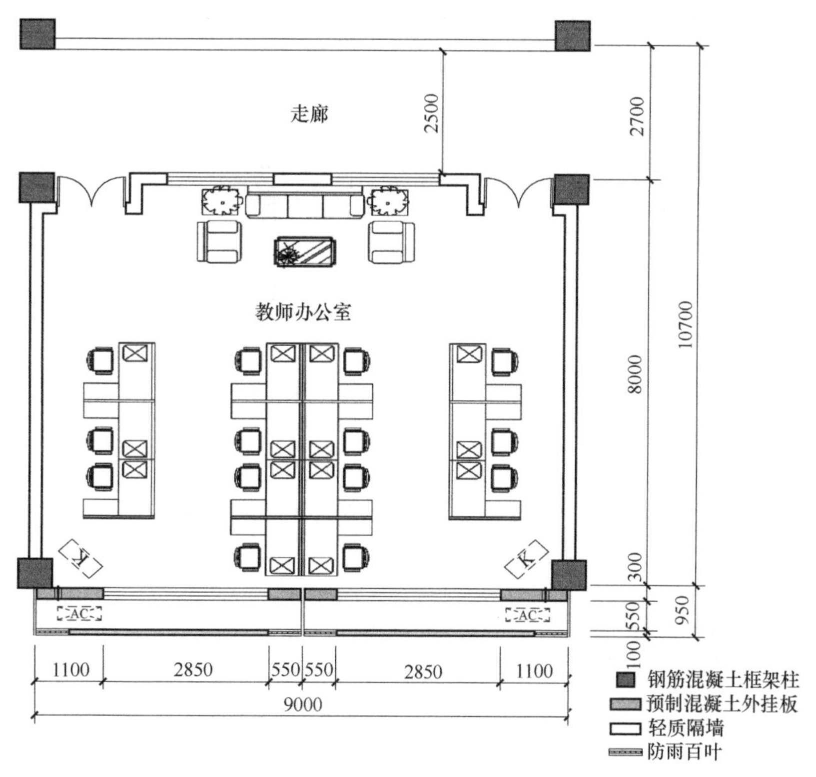

图 1.3.2-5 小学教师办公室 1

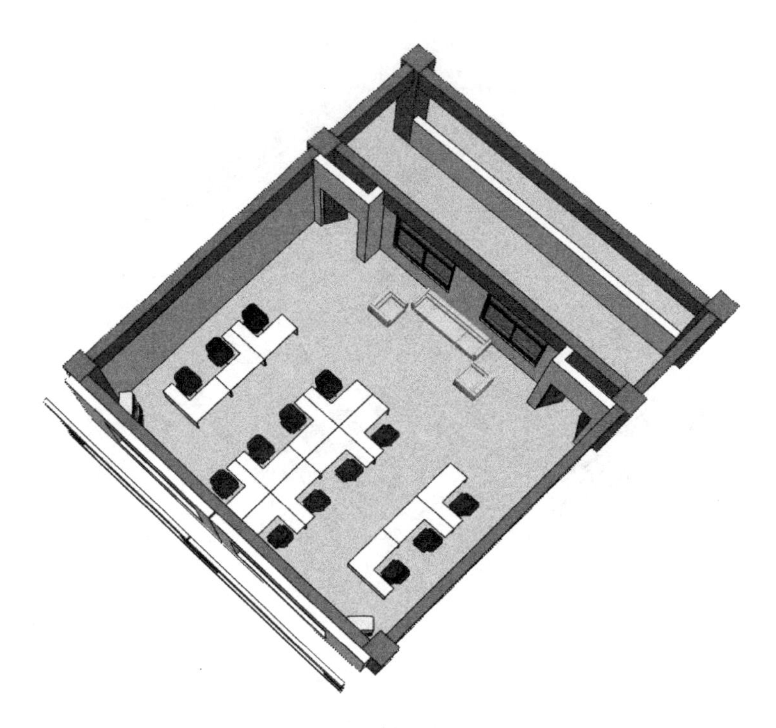

图 1.3.2-6　小学教师办公室 2

中学教师办公室如图 1.3.2-7、图 1.3.2-8 所示。

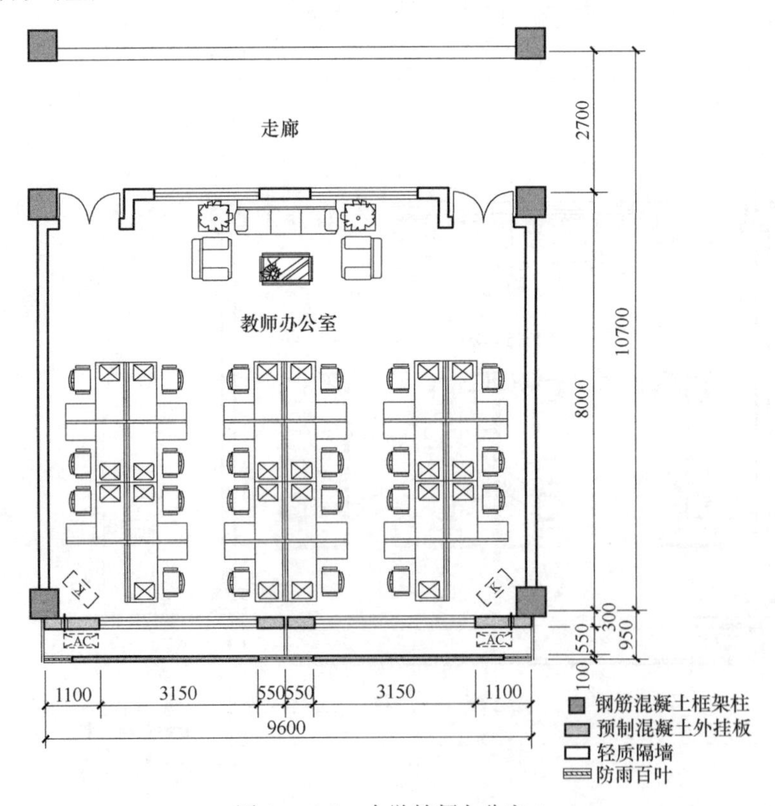

图 1.3.2-7　中学教师办公室 1

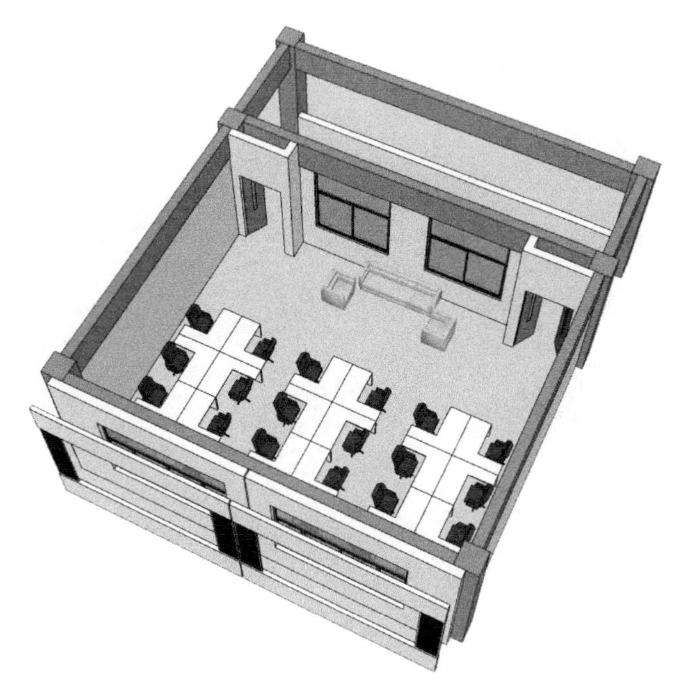

图 1.3.2-8 中学教师办公室 2

实验室标准单元：可与标准教室采用统一尺寸标准，采用标准化柱网 9m×8m 或 9.6m×8m；疏散走廊宽度为 4 股人流 2.50m，层高均为 3.9m。

小学科学实验室如图 1.3.2-9、图 1.3.2-10 所示。

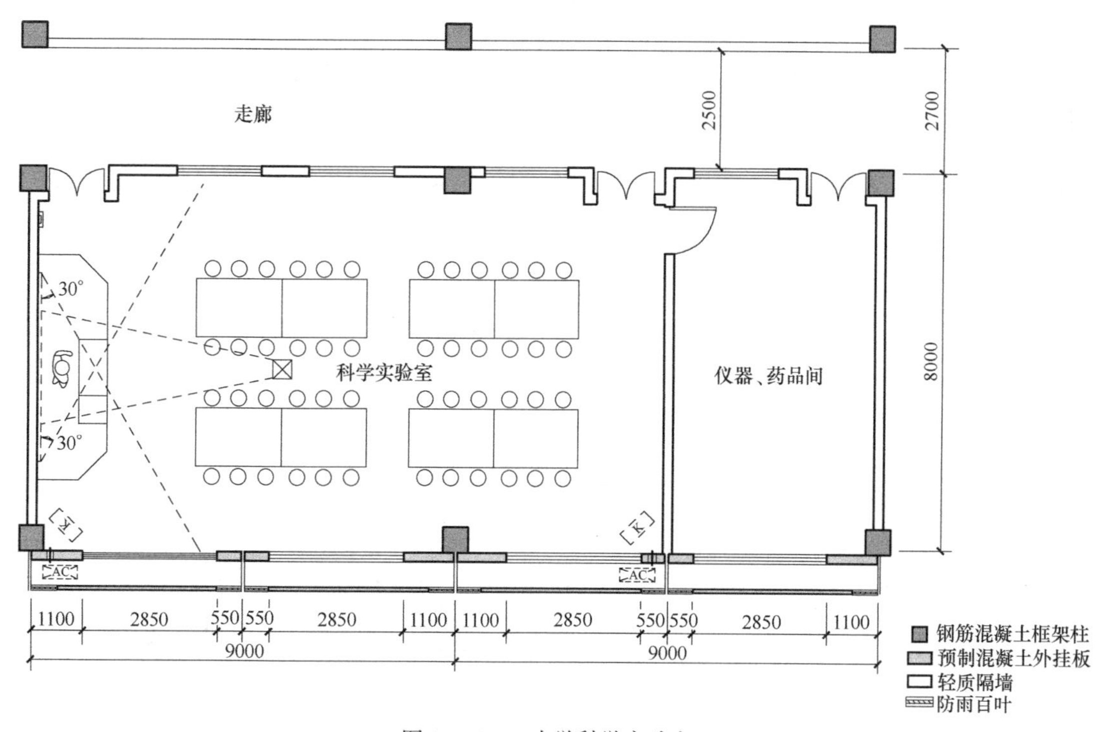

图 1.3.2-9 小学科学实验室 1

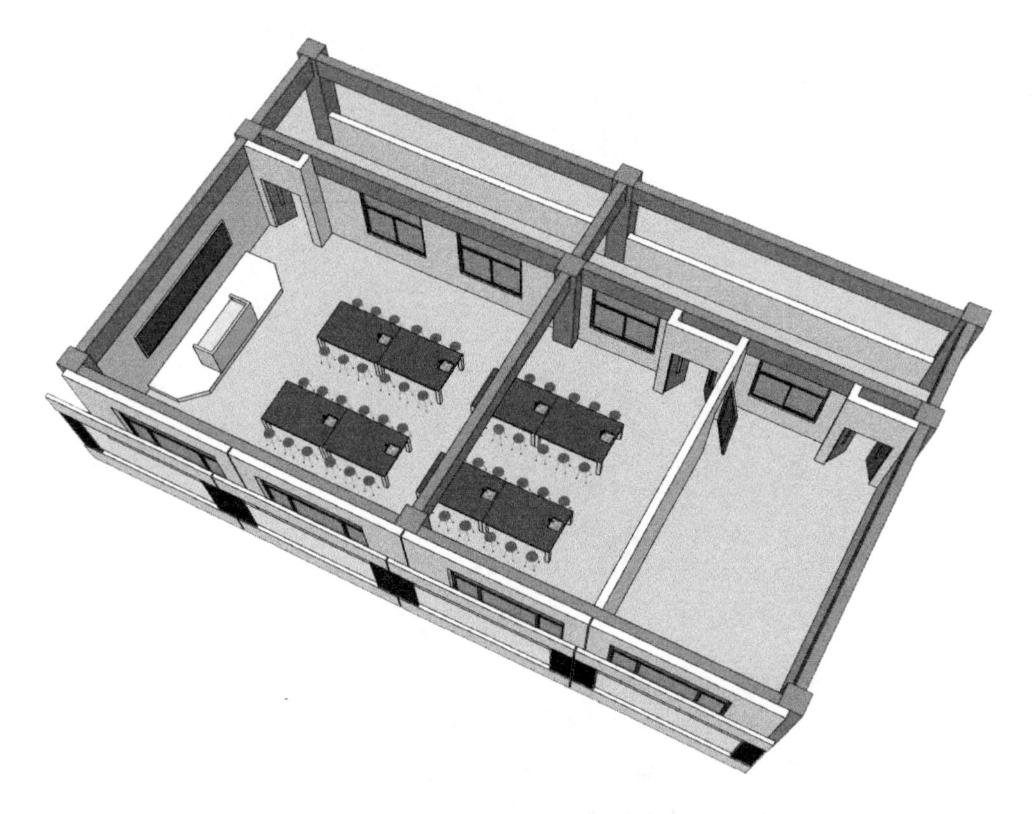

图 1.3.2-10　小学科学实验室 2

中学物理实验室如图 1.3.2-11、图 1.3.2-12 所示。

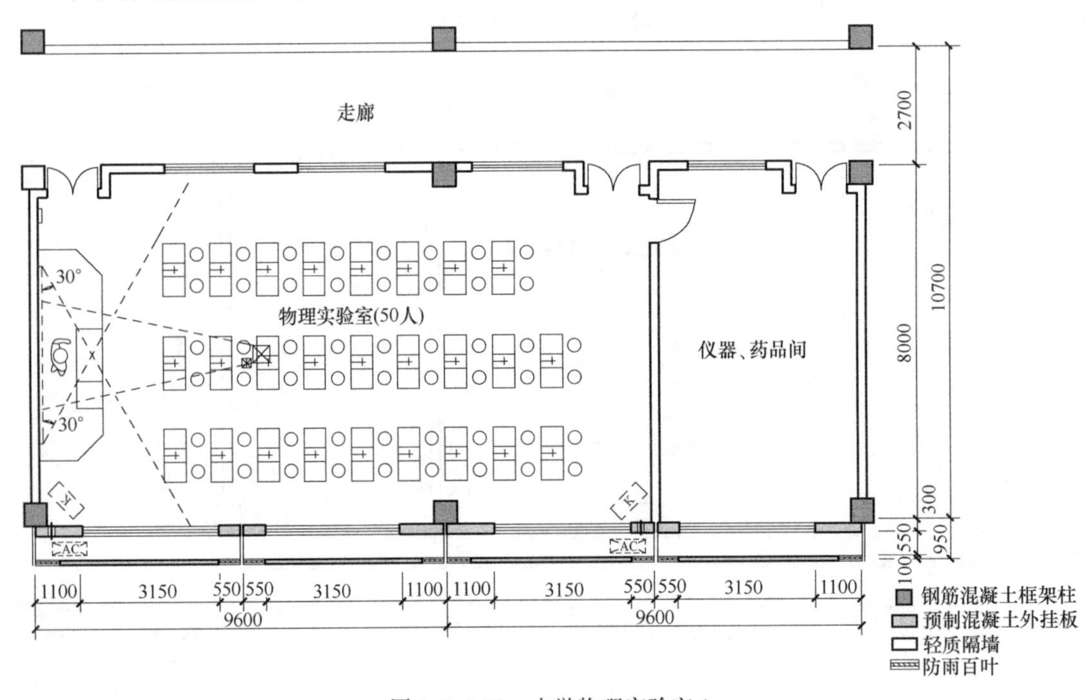

图 1.3.2-11　中学物理实验室 1

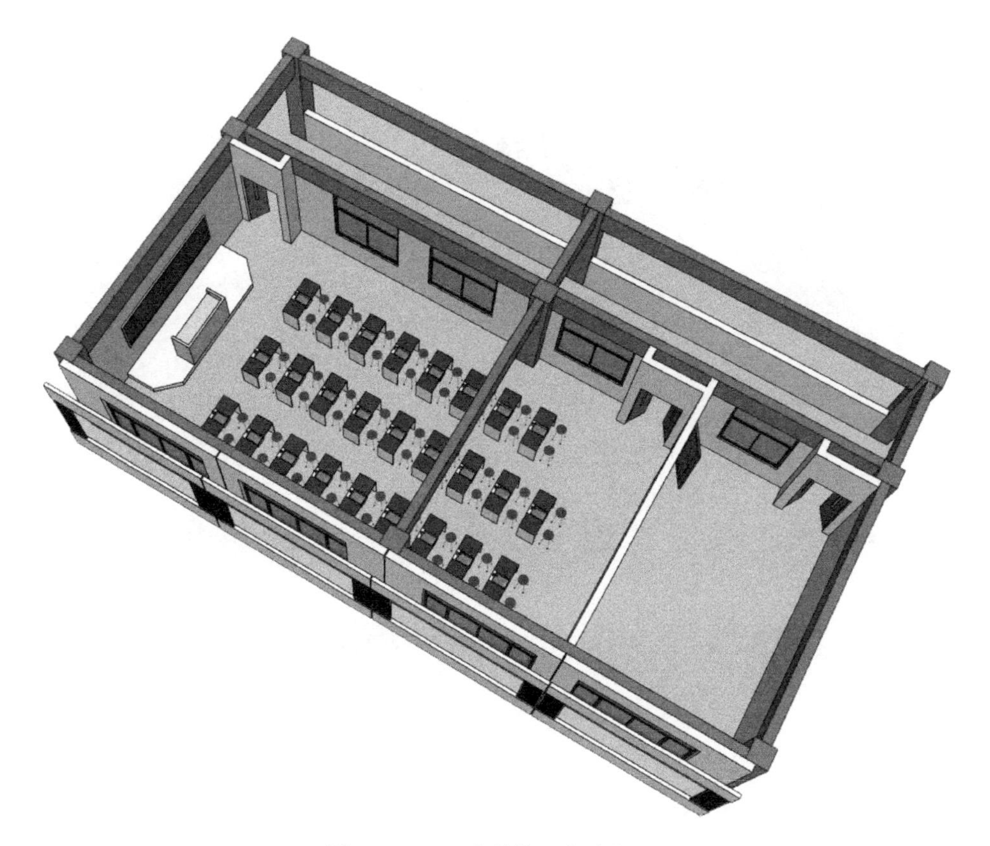

图 1.3.2-12 中学物理实验室 2

中学化学实验室如图 1.3.2-13、图 1.3.2-14 所示。

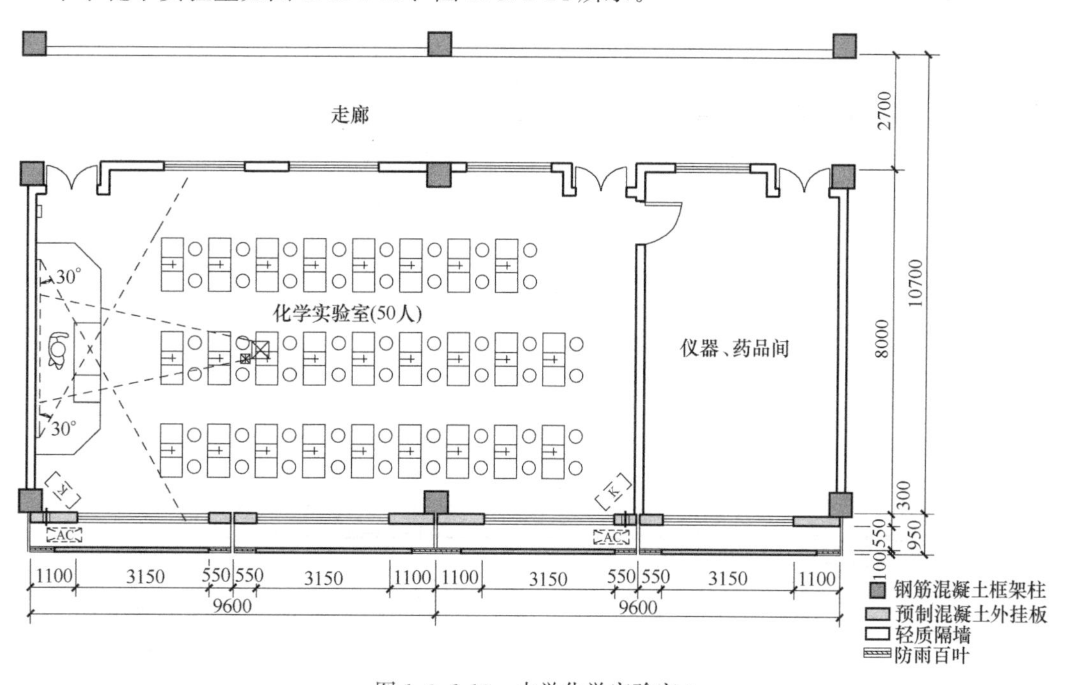

图 1.3.2-13 中学化学实验室 1

图 1.3.2-14　中学化学实验室 2

中学生物实验室如图 1.3.2-15、图 1.3.2-16 所示。

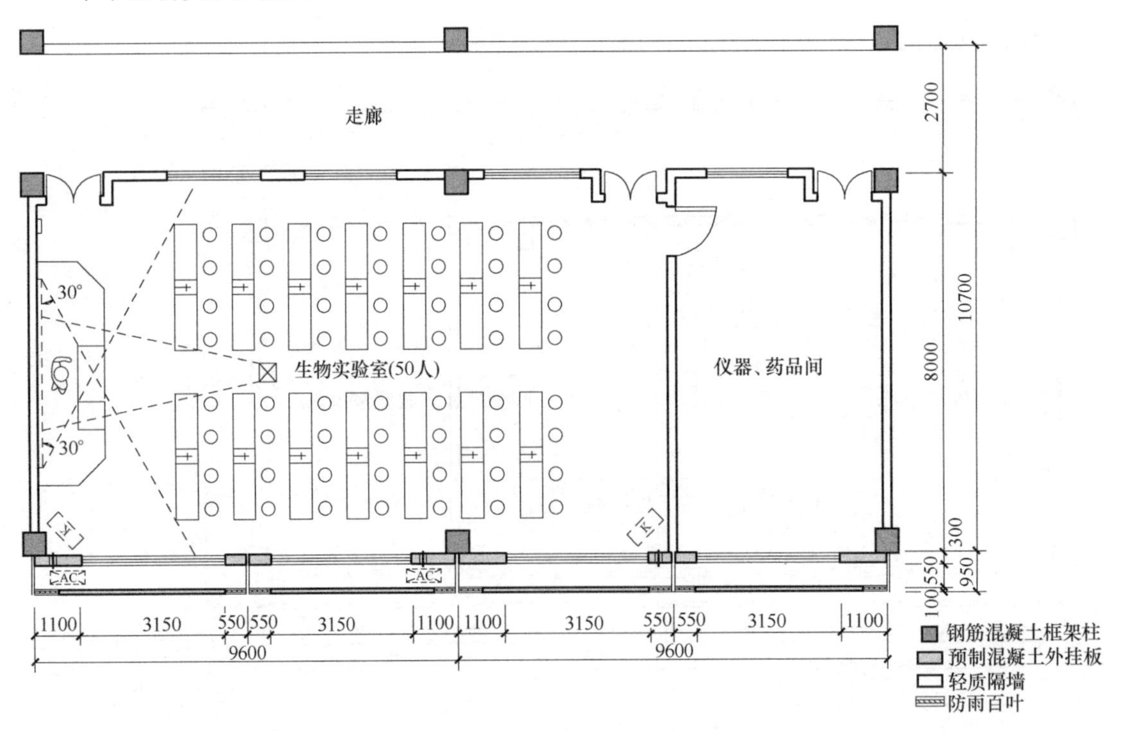

图 1.3.2-15　中学生物实验室 1

图 1.3.2-16 中学生物实验室 2

艺术类教室标准单元：可与标准教室采用统一尺寸标准，采用标准化柱网 9m×8m 或 9.6m×8m；疏散走廊宽度为 4 股人流 2.50m，层高均为 3.9m。

小学美术教室如图 1.3.2-17、图 1.3.2-18 所示。

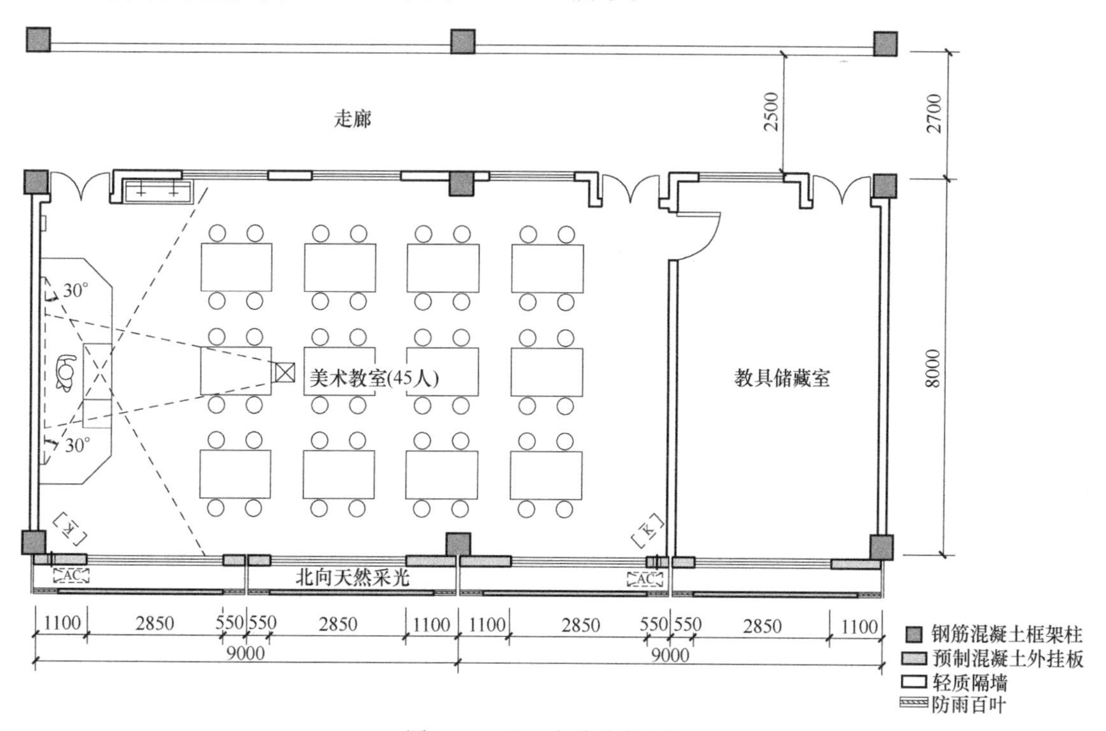

图 1.3.2-17 小学美术教室 1

图 1.3.2-18　小学美术教室 2

中学美术教室如图 1.3.2-19、图 1.3.2-20 所示。

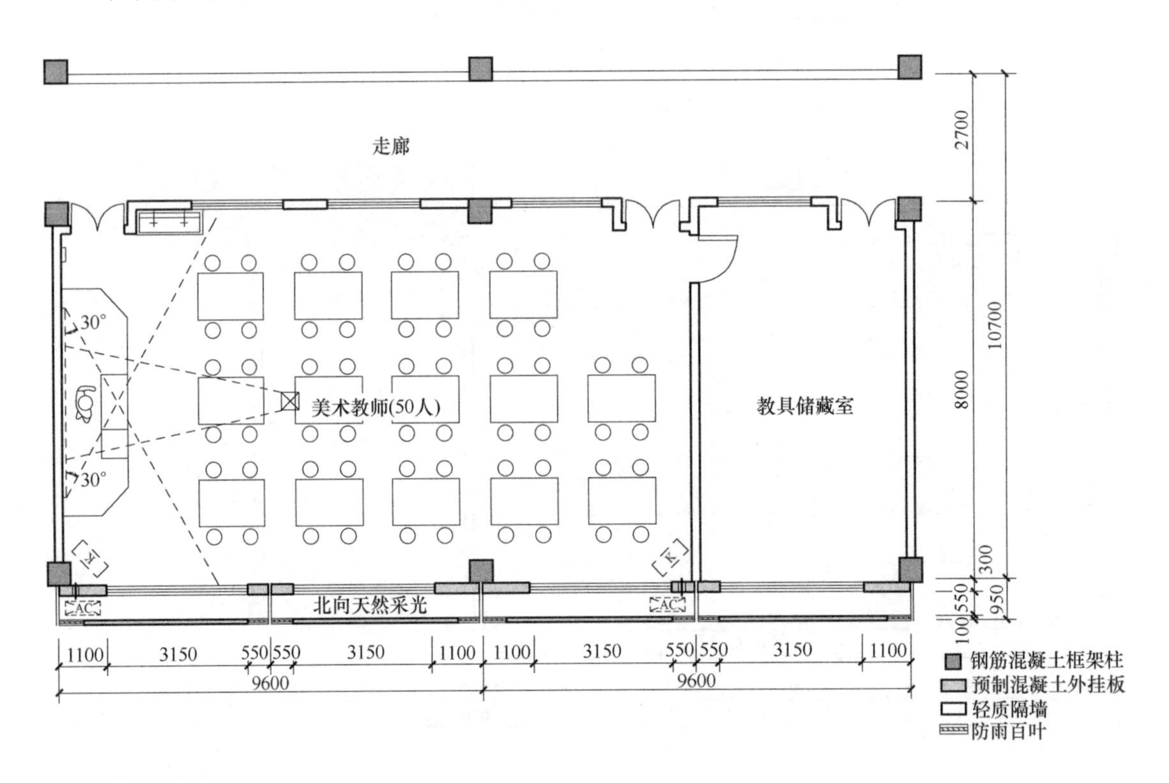

图 1.3.2-19　中学美术教室 1

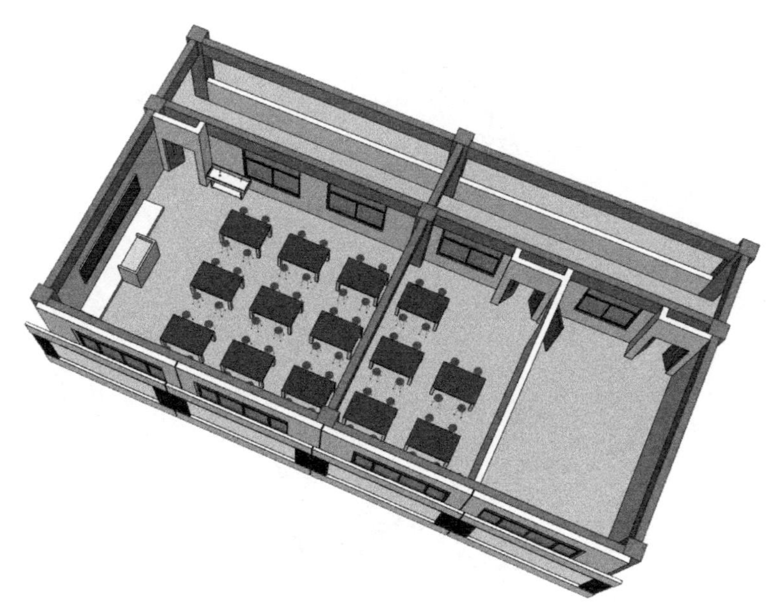

图 1.3.2-20 中学美术教室 2

小学音乐教室如图 1.3.2-21、图 1.3.2-22 所示。

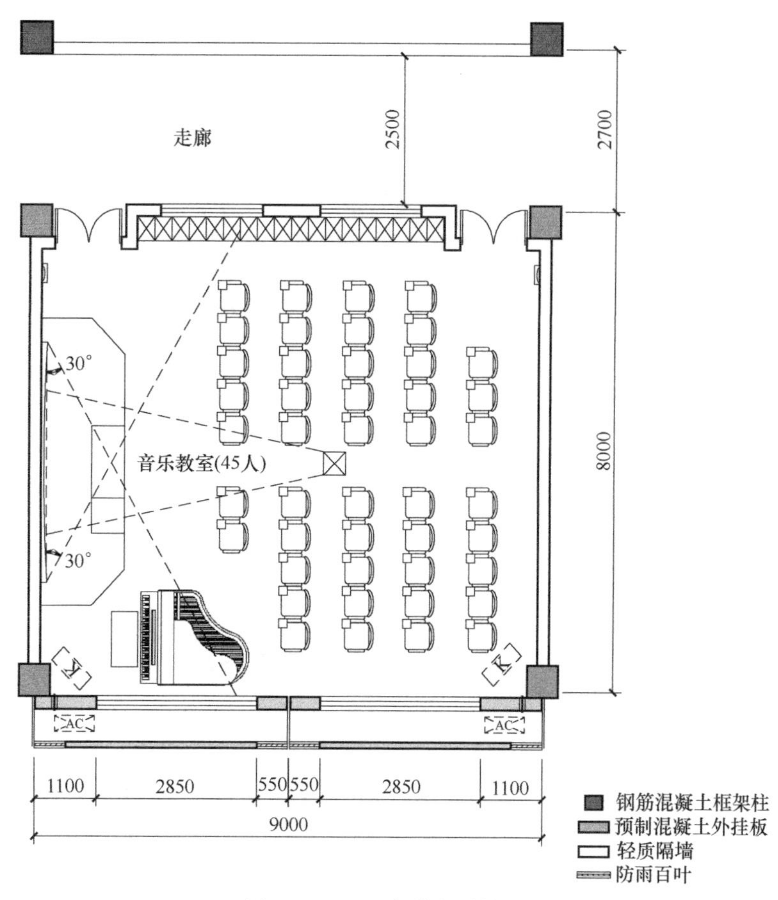

图 1.3.2-21 小学音乐教室 1

图 1.3.2-22　小学音乐教室 2

中学音乐教室如图 1.3.2-23、图 1.3.2-24 所示。

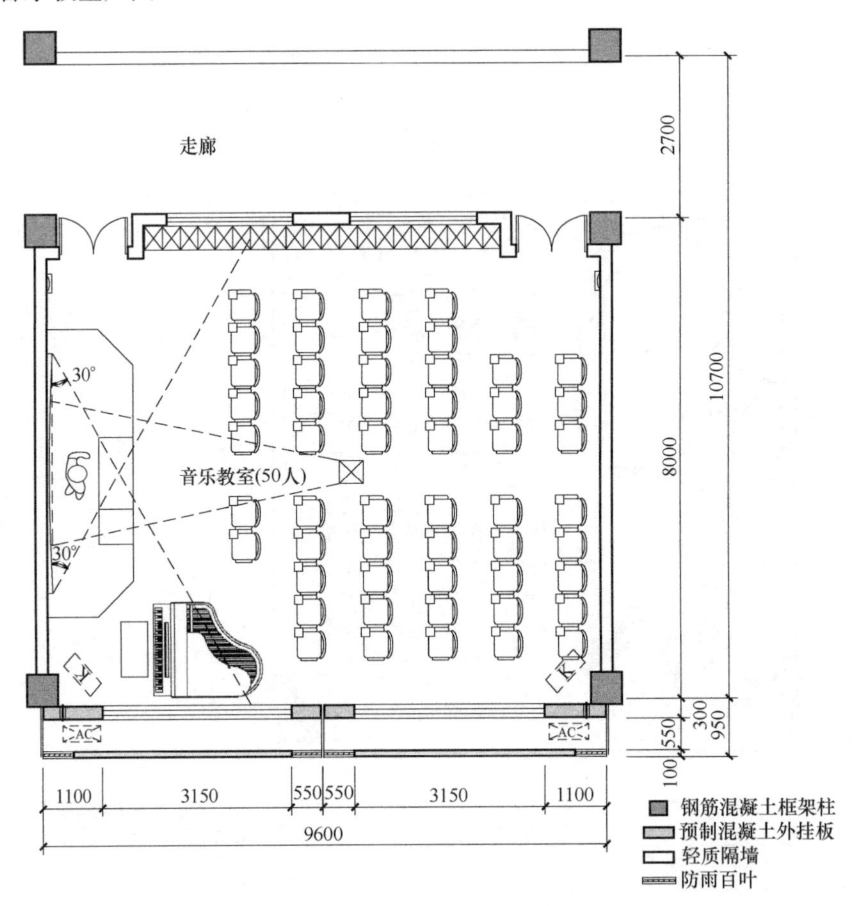

图 1.3.2-23　中学音乐教室 1

图 1.3.2-24　中学音乐教室 2

计算机网络教室标准单元：可与标准教室采用统一尺寸标准，采用标准化柱网 9m×8m 或 9.6m×8m；疏散走廊宽度为 4 股人流 2.50m，层高均为 3.9m。

小学计算机教室如图 1.3.2-25、图 1.3.2-26 所示。

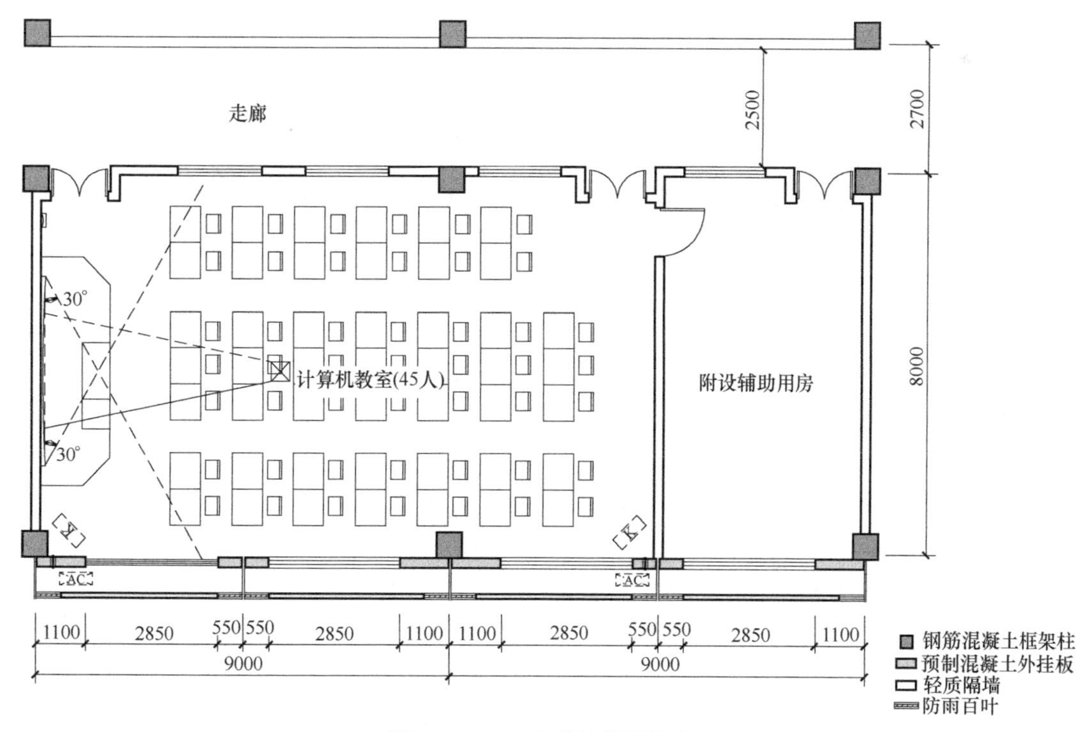

图 1.3.2-25　小学计算机教室 1

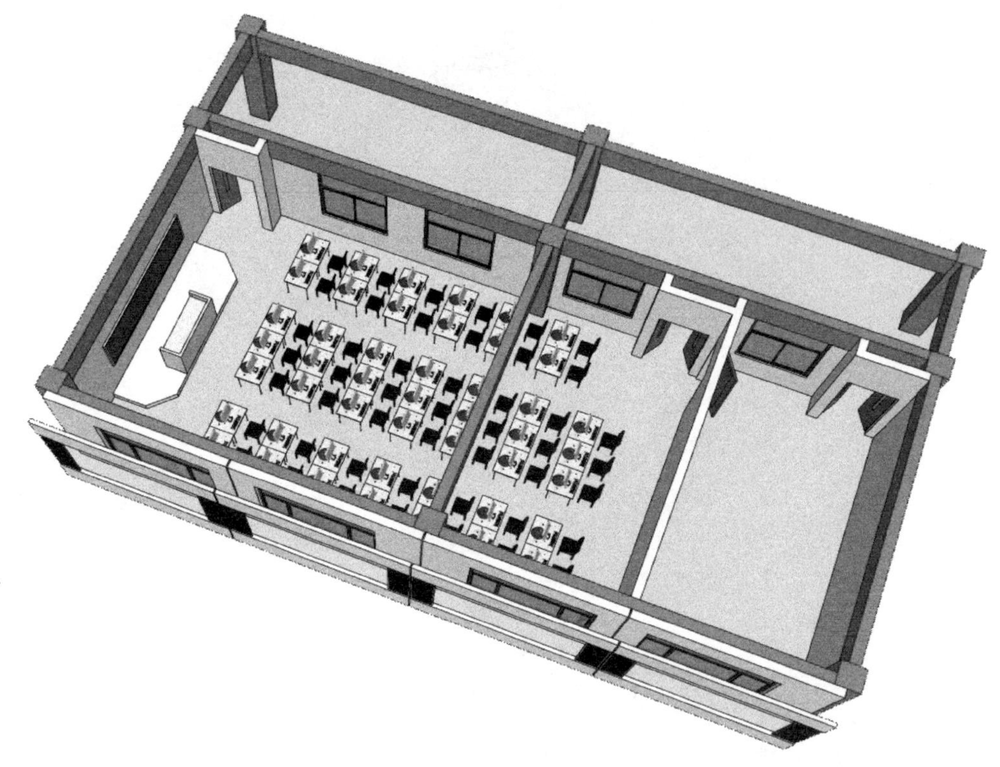

图 1.3.2-26 小学计算机教室 2

中学计算机教室如图 1.3.2-27、图 1.3.2-28 所示。

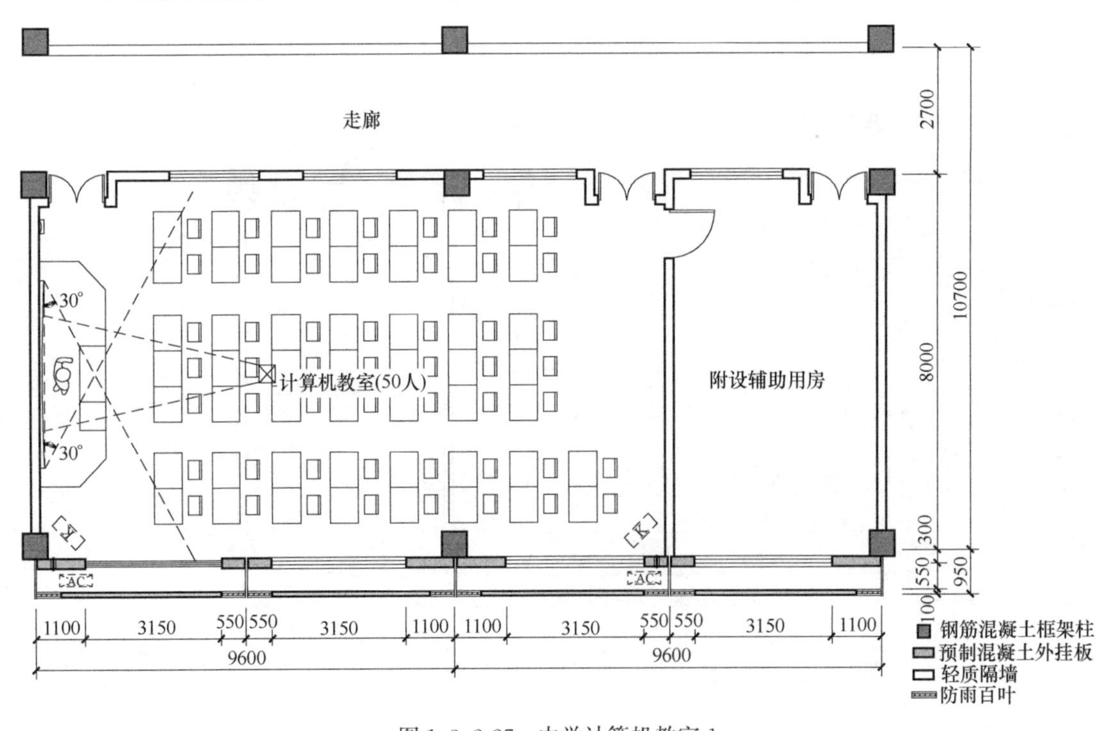

图 1.3.2-27 中学计算机教室 1

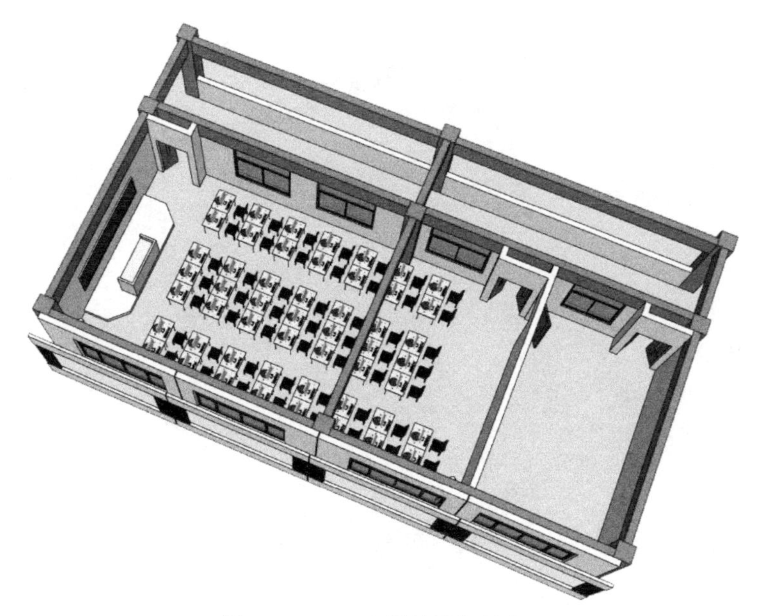

图 1.3.2-28 中学计算机教室 2

公共卫生间标准单元：可与标准教室采用统一尺寸标准，采用标准化柱网 9m×8m 或 9.6m×8m；疏散走廊宽度为 4 股人流 2.50m，层高均为 3.9m。

小学标准卫生间如图 1.3.2-29、图 1.3.2-30 所示。

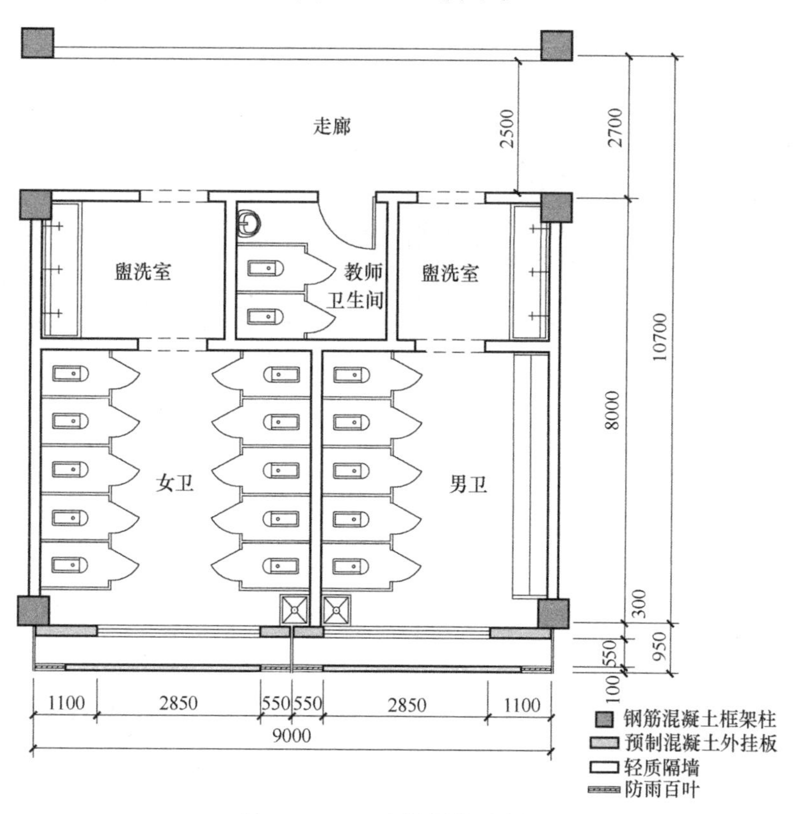

图 1.3.2-29 小学标准卫生间 1

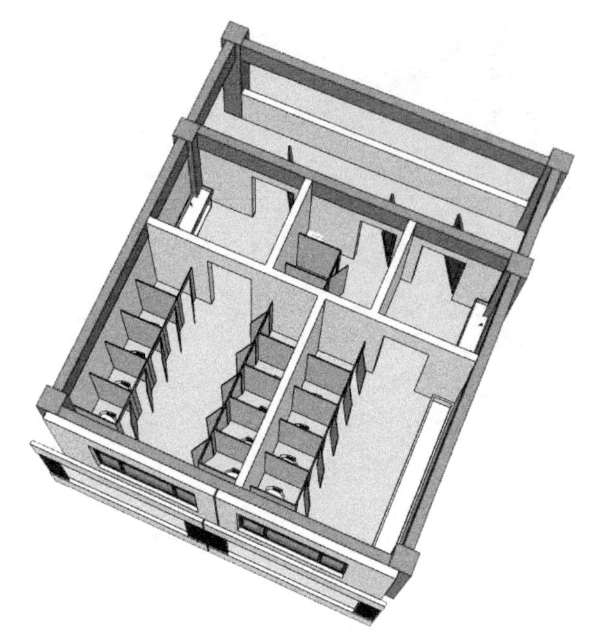

图 1.3.2-30　小学标准卫生间 2

中学标准卫生间如图 1.3.2-31、图 1.3.2-32 所示。

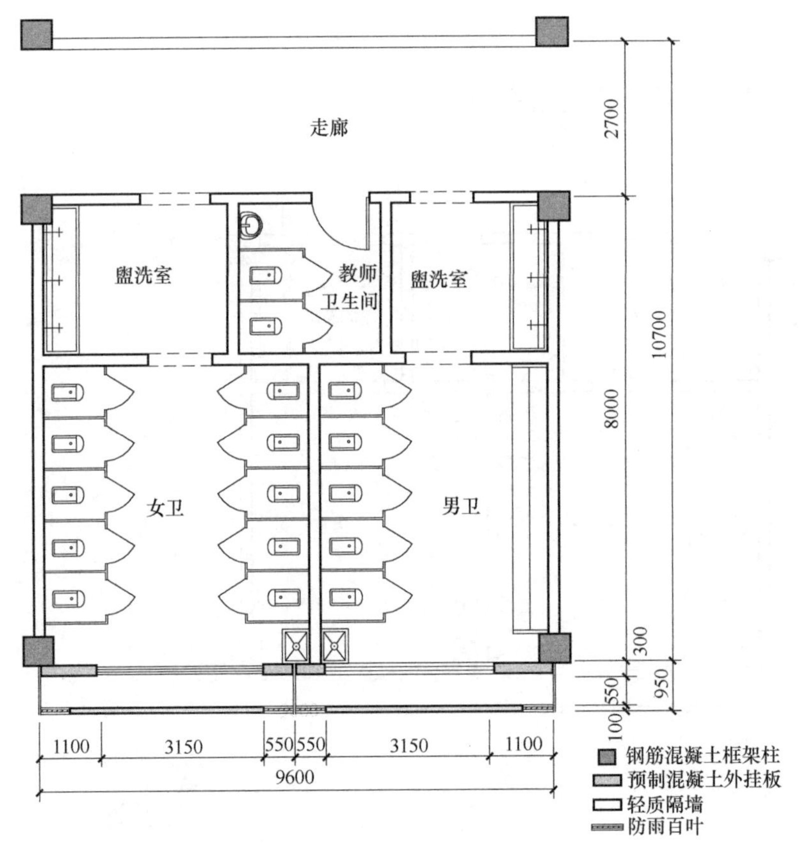

图 1.3.2-31　中学标准卫生间 1

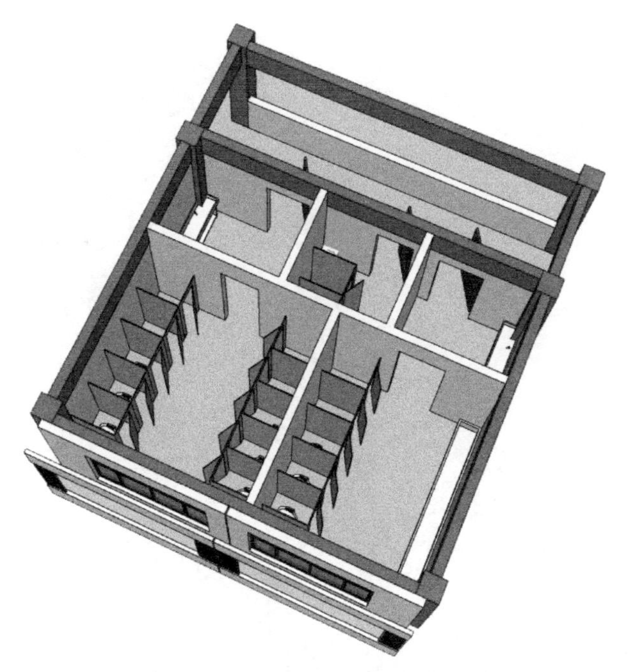

图 1.3.2-32 中学标准卫生间 2

疏散楼梯间标准单元：采用标准化柱网 4.2m×8m 和 4.2m×2.7m，层高 3.9m；楼梯设置为双跑梯段，休息平台宽 2400mm；梯段长 3360mm，设置 13 级踏步，每个踏步尺寸为 280mm×150mm，梯段为标准预制梯段。

预制楼梯梯段平面图如图 1.3.2-33、图 1.3.2-34 所示。

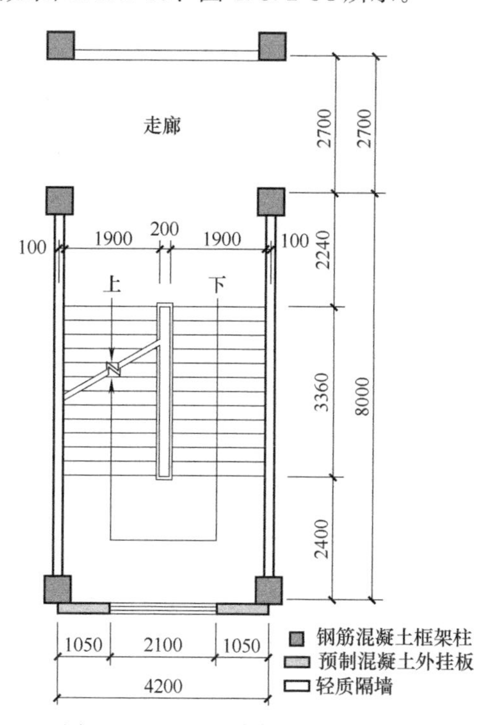

图 1.3.2-33 预制楼梯梯段平面图 1

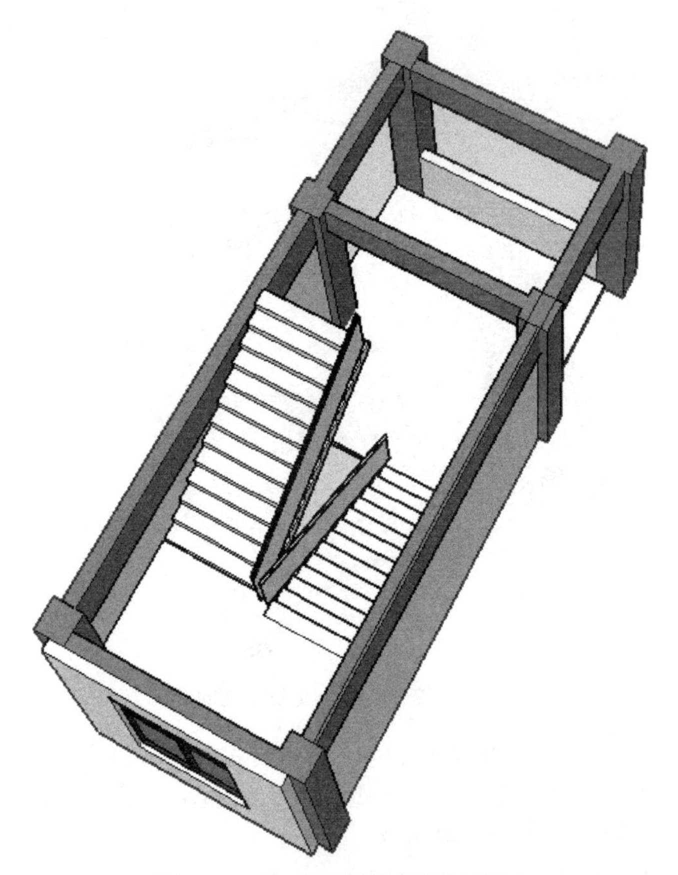

图 1.3.2-34　预制楼梯梯段平面图 2

预制楼梯梯段剖面图如图 1.3.2-35 所示。

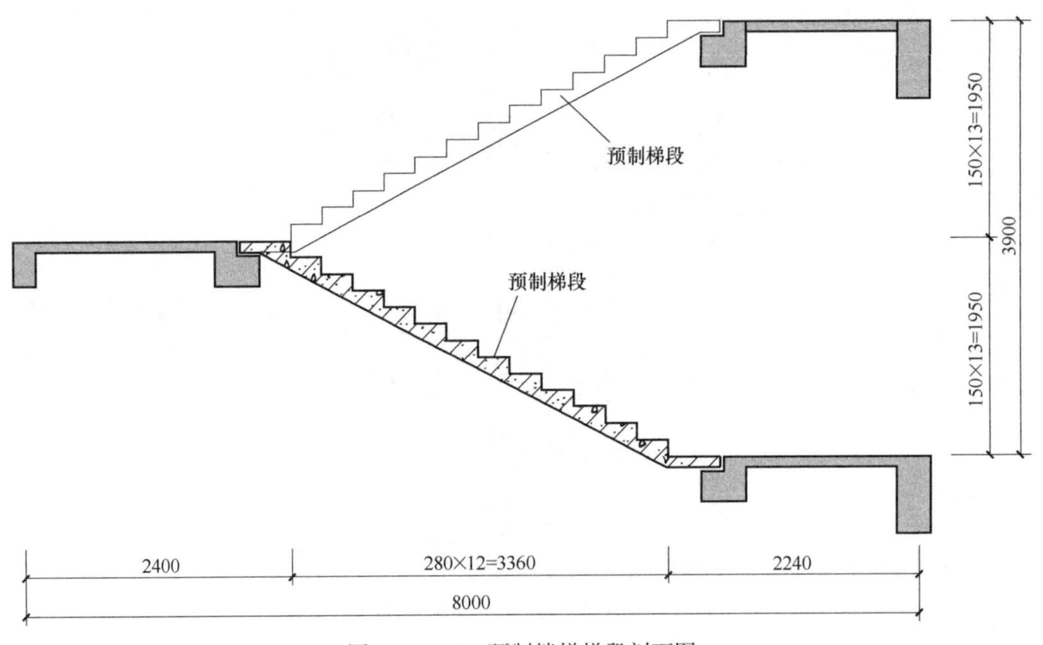

图 1.3.2-35　预制楼梯梯段剖面图

（2）模块组合：教学楼建筑组合设计考虑将相同开间、进深的模块单元进行组合，结合规划要求利用各功能模块的变化组合实现多样化；各模块之间可实现竖向组合、横向组合。模块组合平面形式列举示意如图 1.3.2-36、图 1.3.2-37 所示。

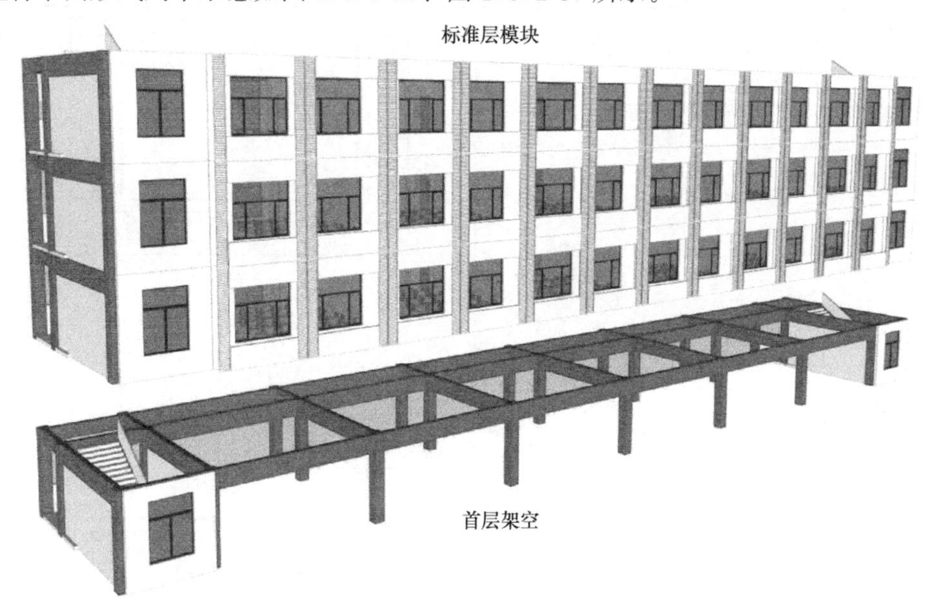

图 1.3.2-36　教学楼竖向组合

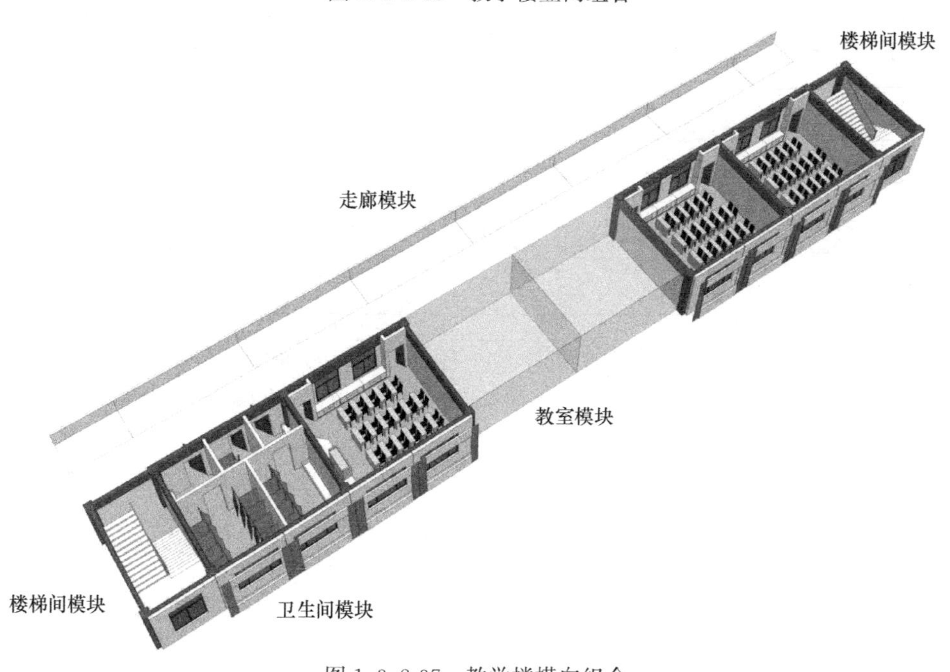

图 1.3.2-37　教学楼横向组合

（3）模块组合：教学楼建筑组合平面示意如表 1.3.2-1 所示。

以上列举为功能模块的自由组合示意，具体设计过程中，可根据建设用地和建设需求的具体情况进行自由拼装组合，以达到最合适的组合形态。另外，模块组合需满足规范中各项规定要求：小学的主要教学用房不应设在 4 层以上，中学的主要教学用房不应设在 5 层以上；

模块组合表　　表 1.3.2-1

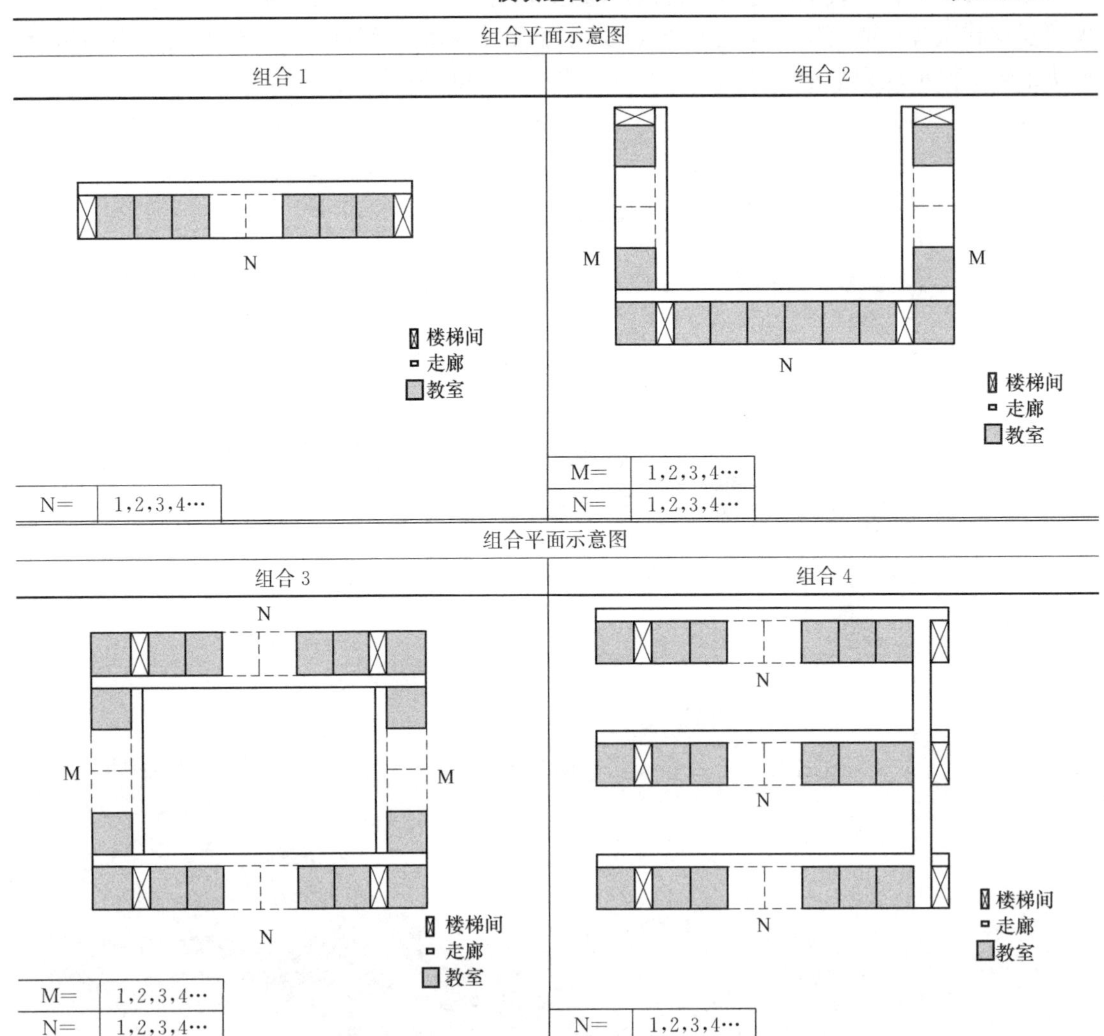

各类教室的外窗与相对的教学用房的距离不应小于 25m；直通室外疏散走道的房间疏散门至最近安全出口的直线距离应满足现行国家标准《建筑设计防火规范》GB 50016 的要求。

2）学生宿舍部分：

学生宿舍建筑设计应采用标准模块（如寝室、活动室、洗衣房、管理室、楼梯间等基本单元）及模块组合的设计方法，遵循少规格、多组合的原则。建筑的进深、开间、层高、洞口等尺寸应根据使用功能并结合部品部件生产与装配要求等确定。

（1）平面标准化：学生寝室、活动室等尺度设计标准化。宿舍建筑功能相对单一稳定，各功能区可做到标准化设计。

寝室标准单元：根据现行国家标准《中小学校设计规范》GB 50099 的规定，学生宿舍每室居住学生不宜超过 6 人；为保障学生健康，夜间关窗睡觉期间宜有 15m^3 的空气量，人数超过 6 人时所需空间过大，不经济，人数过多也会相互干扰，由此，可设置 4 人间与 6 人间标准宿舍；4 人间采用单层床标准，6 人间采用双层床标准；宿舍可采用标准化柱网 7.2m×7.8m，单间宿舍开间进深为 3.6m×7.8m，层高均为 3.6m。

4 人间宿舍如图 1.3.2-38、图 1.3.2-39 所示。

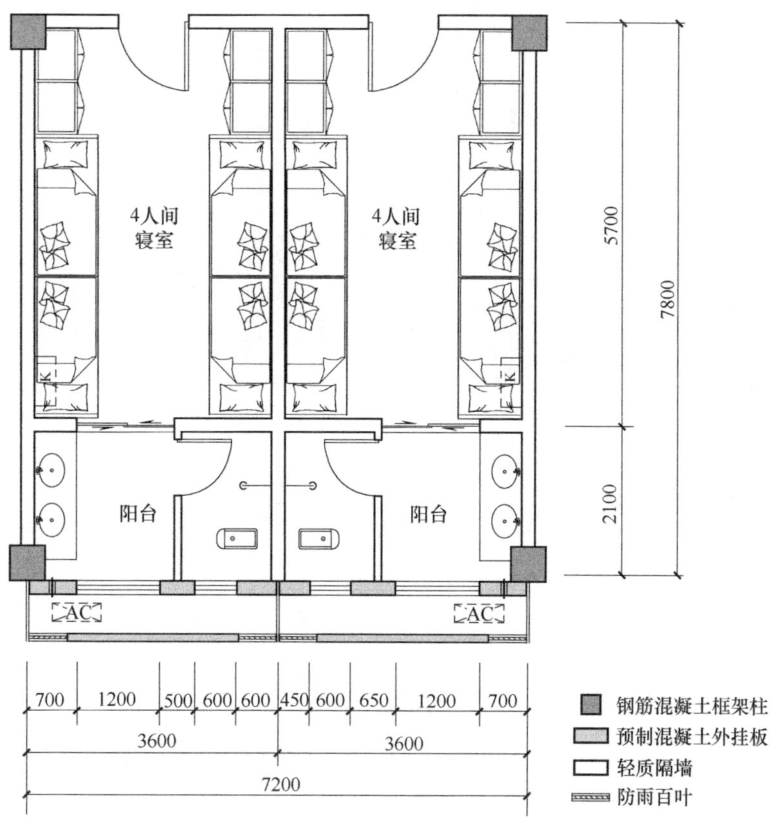

图 1.3.2-38 4 人间宿舍 1

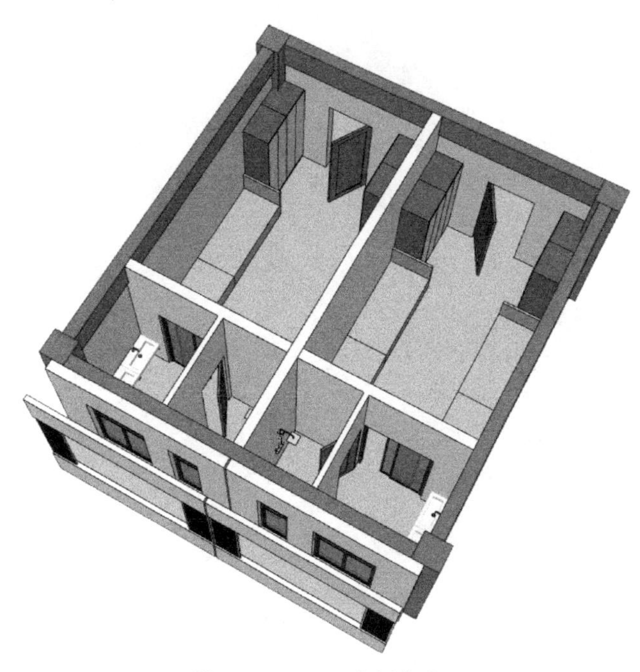

图 1.3.2-39 4 人间宿舍 2

6 人间宿舍如图 1.3.2-40、图 1.3.2-41 所示。

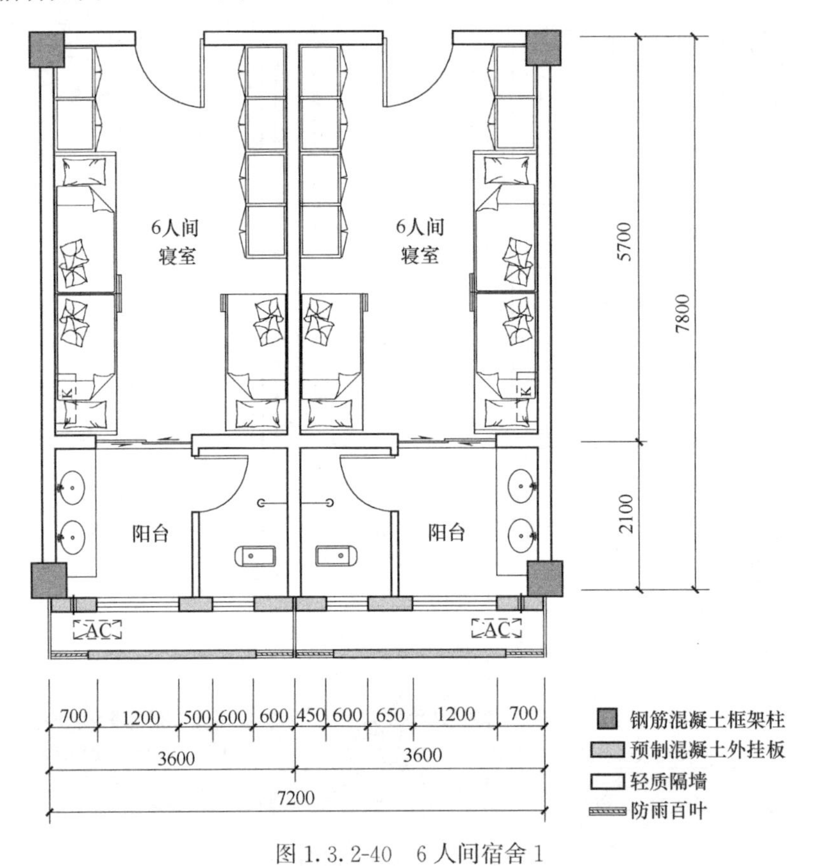

图 1.3.2-40　6 人间宿舍 1

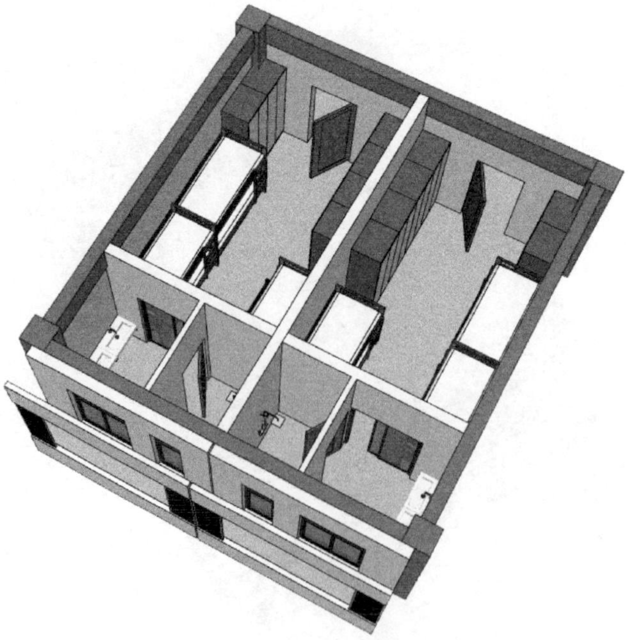

图 1.3.2-41　6 人间宿舍 2

宿舍活动室如图 1.3.2-42、图 1.3.2-43 所示。

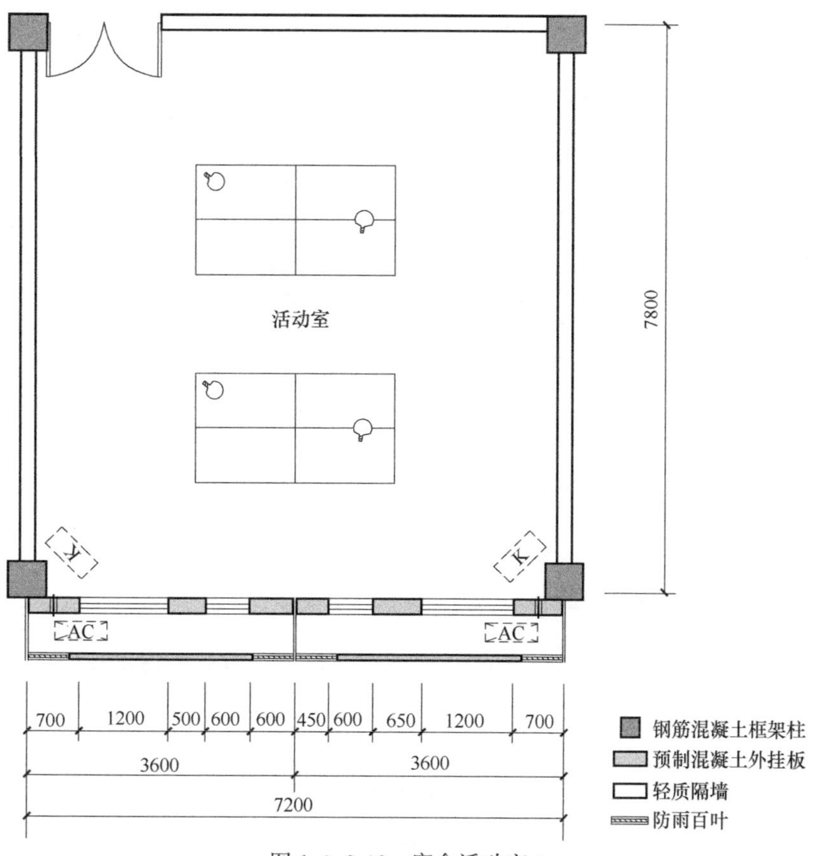

图 1.3.2-42 宿舍活动室 1

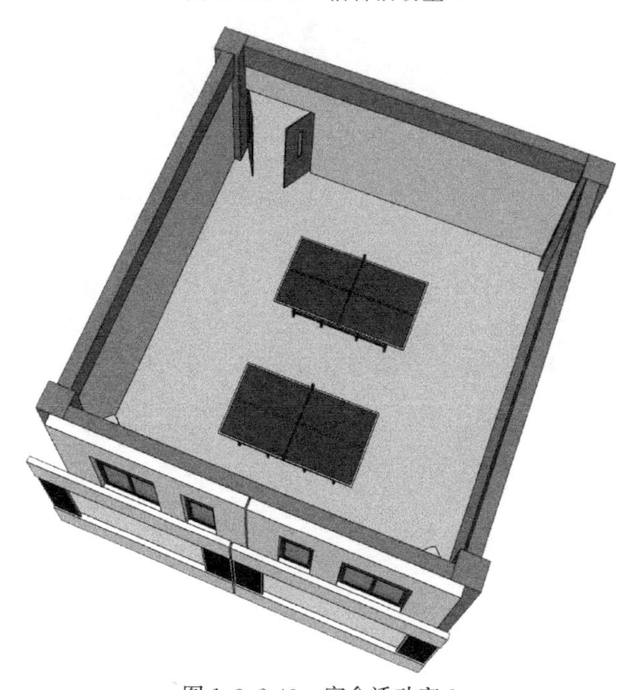

图 1.3.2-43 宿舍活动室 2

宿舍洗衣房（晾晒室）如图 1.3.2-44、图 1.3.2-45 所示。

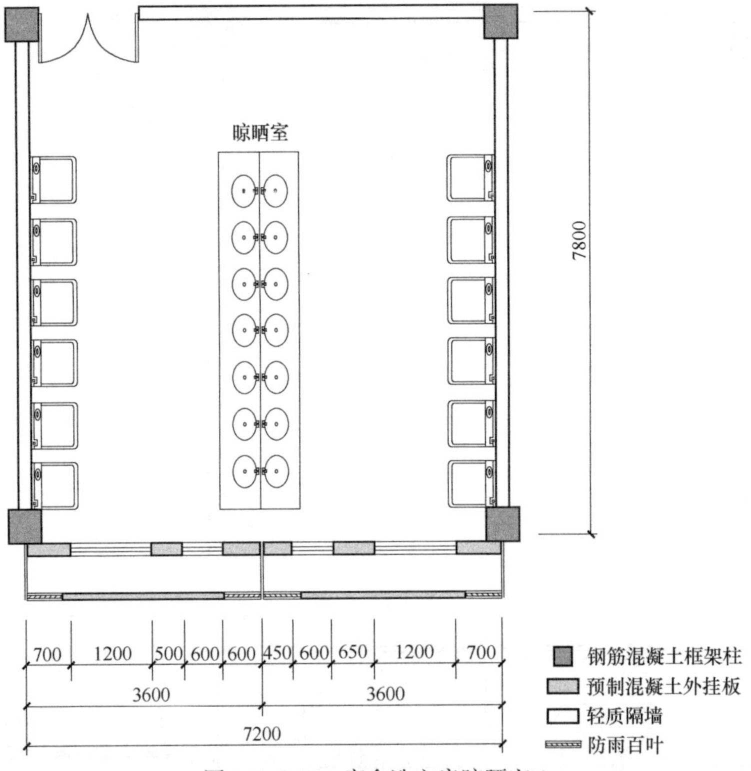

图 1.3.2-44　宿舍洗衣房晾晒室 1

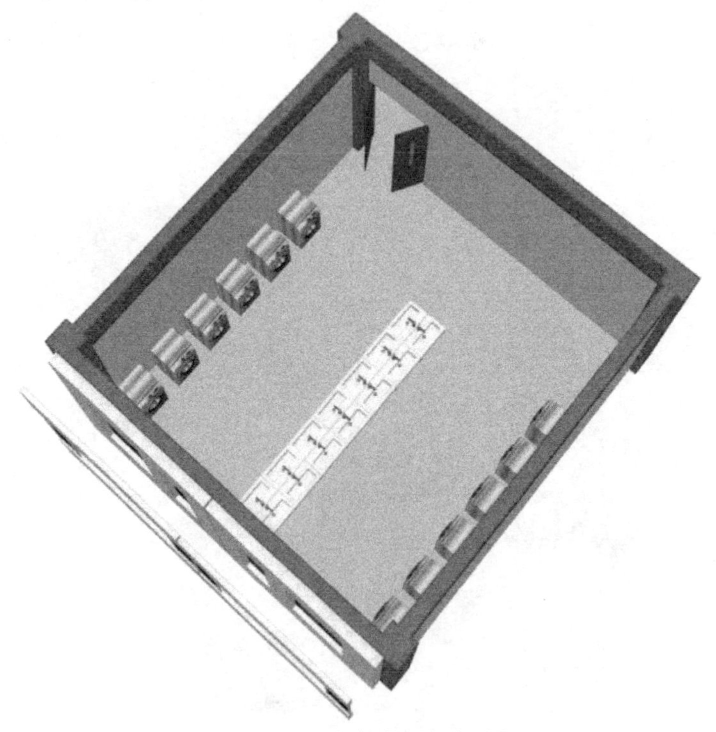

图 1.3.2-45　宿舍洗衣房晾晒室 2

宿舍管理室如图 1.3.2-46、图 1.3.2-47 所示。

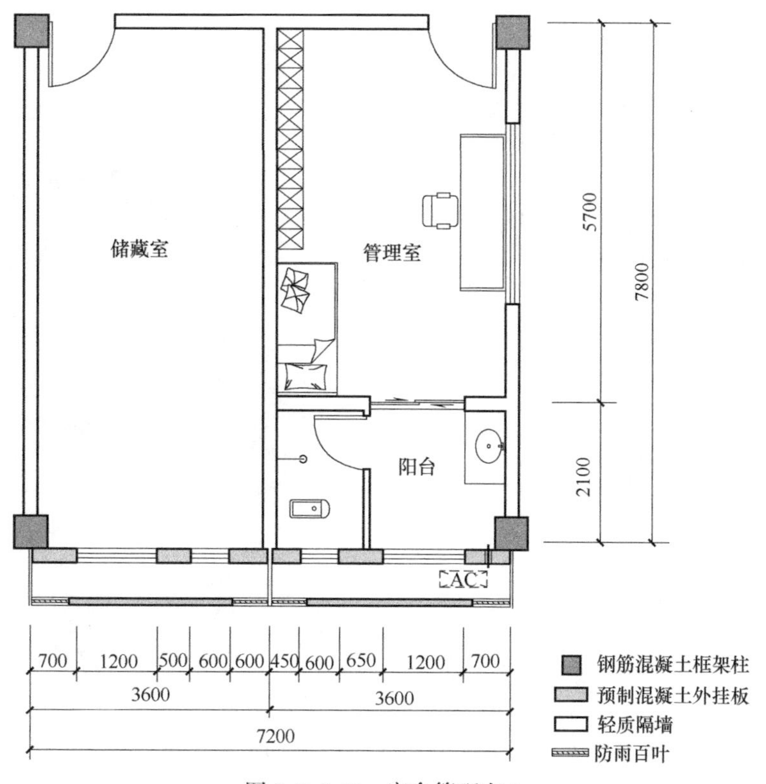

图 1.3.2-46 宿舍管理室 1

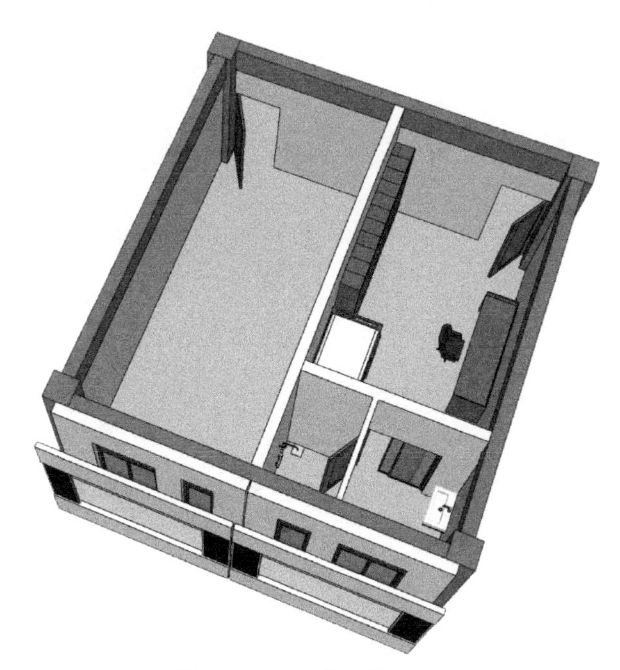

图 1.3.2-47 宿舍管理室 2

疏散楼梯间标准单元：采用标准化柱网 4.2m×7.8m，层高 3.6m；楼梯设置为双跑梯段，休息平台宽 2000mm；梯段长 3080mm，设置 12 级踏步，每个踏步尺寸为 280mm×150mm，梯段为标准预制梯段。

预制楼梯梯段平面图如图 1.3.2-48、图 1.3.2-49 所示。

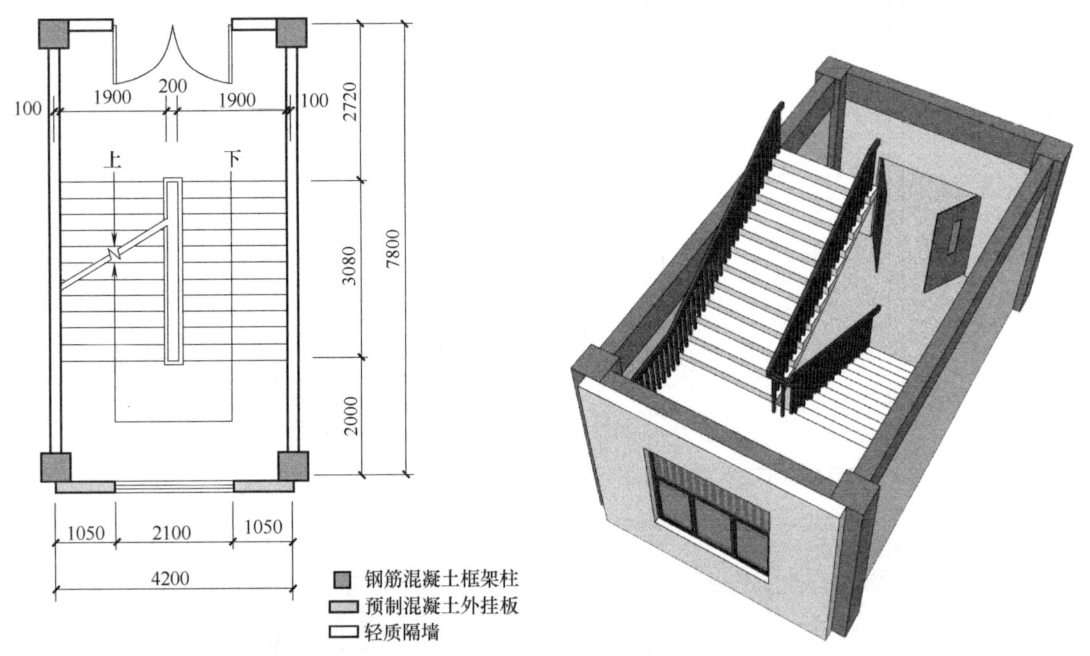

图 1.3.2-48　预制楼梯梯段平面图 1　　图 1.3.2-49　预制楼梯梯段平面图 2

预制楼梯梯段剖面图如图 1.3.2-50 所示。

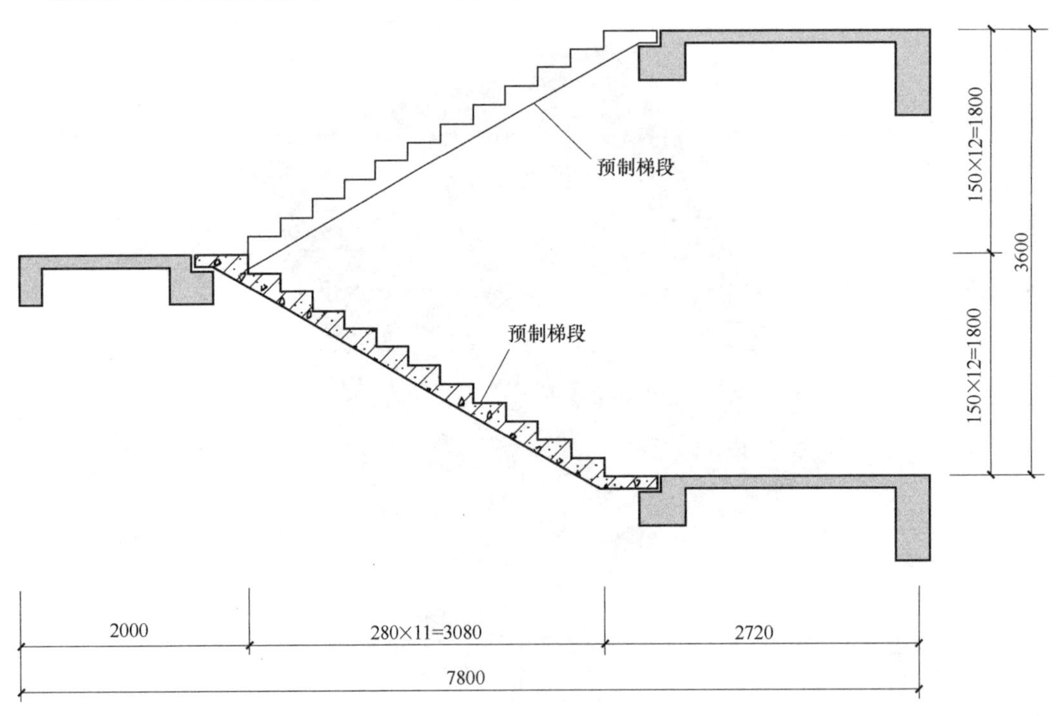

图 1.3.2-50　预制楼梯梯段剖面图

（2）模块组合：宿舍建筑组合设计考虑将相同开间、进深的模块单元进行组合，结合规划要求利用各功能模块的变化组合实现多样化；各模块之间可实现竖向组合、横向组合。模块组合平面形式列举示意如图 1.3.2-51、图 1.3.2-52 所示。

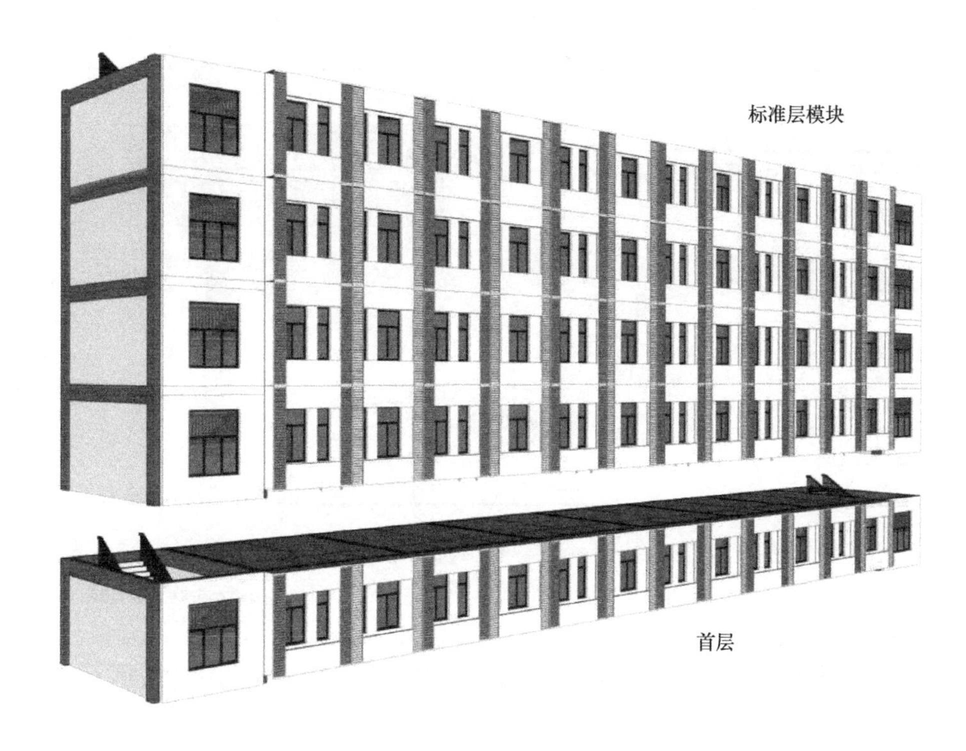

图 1.3.2-51　宿舍竖向组合

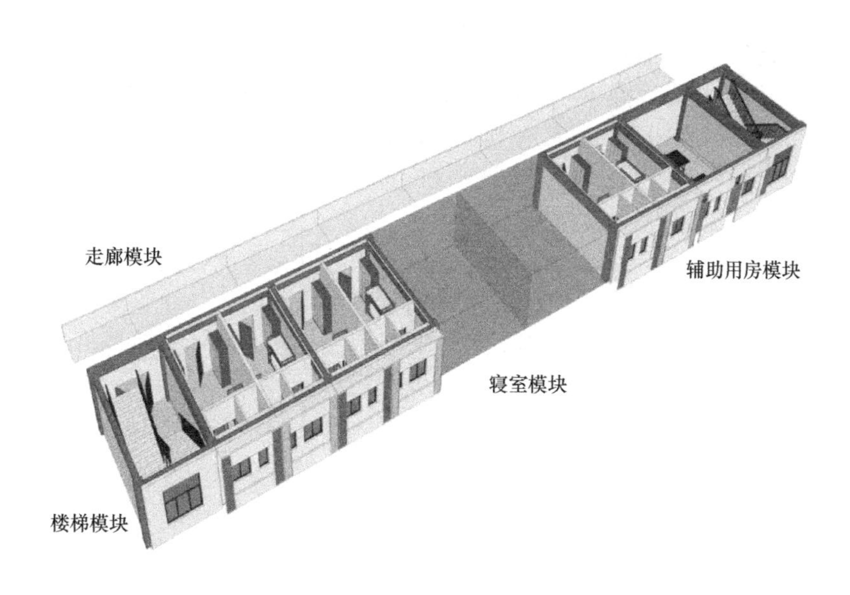

图 1.3.2-52　宿舍横向组合

（3）模块组合：宿舍建筑组合平面示意如表 1.3.2-2 所示。

模块组合表 **表 1.3.2-2**

组合平面示意图	
组合 1	组合 2
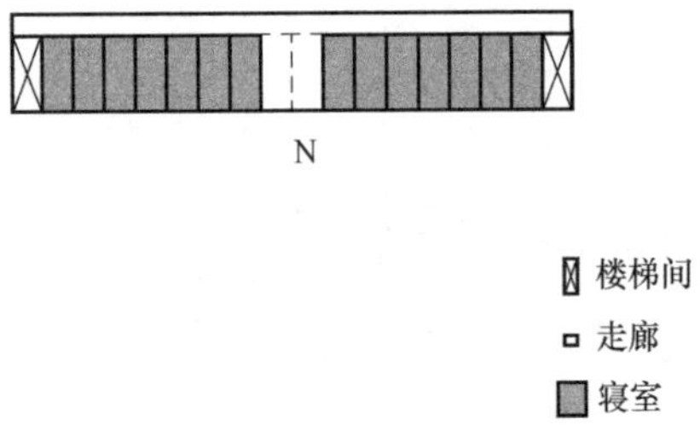 N 楼梯间 走廊 寝室	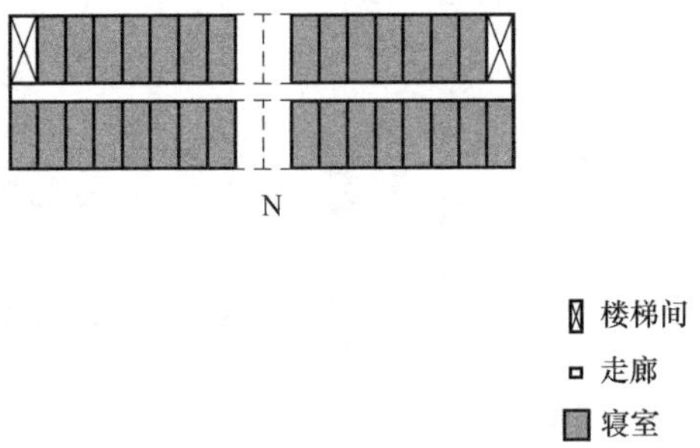 N 楼梯间 走廊 寝室
N= 1,2,3,4…	N= 1,2,3,4…

以上列举为功能模块的自由组合示意，宿舍建筑多设计为外廊式与内廊式两种布置方式，至少保证半数及半数以上的居室有良好朝向。设计过程中，可根据建设用地和建设需求的具体情况进行自由拼装组合，以达到最合适的组合形态。另外，模块组合需满足疏散要求：直通室外疏散走道的房间疏散门至最近安全出口的直线距离应满足现行国家标准《建筑设计防火规范》GB 50016 的要求。

1.4 立面设计

装配式教学建筑的立面设计，宜采用装配式结构及预制外墙板构件，预制构件应依照“少规格、多组合”的原则，减少立面预制构件的规格种类，降低建设成本与施工难度。建筑立面宜相对规整，减少凹凸，立面开洞统一，减少装饰构件，尽量避免采用复杂的外墙构件，通过标准单元的简单复制、有序组合形成高重复率的标准层组合方式，建筑立面整齐划一、简洁精致、富有韵律。

立面标准化：普通教室、教师办公室、实验室、公共卫生间等主要功能空间平面均为标准化单元，外墙采用标准单元混凝土外挂墙板有序排列拼装组合；立面构件选用时遵循模数化、模块化、运用模数协调的原则，使用最少种类的构件尺寸；外墙的装饰面宜采用免抹灰涂料、清水混凝土和反打面砖等耐久性强的建筑材料。

外立面设计满足项目的定位、日照分析等要求，样式丰富多样，本书采用统一的防雨百叶与附加外墙构造，作为外立面设计示例，为实际工程设计提供参考，具体如下示意。

1. 标准立面单元

1）教学楼建筑部分标准单元模块：

（1）平面、立面标准单元模块，如图 1.4.1-1～图 1.4.1-6 所示。

（2）效果展示，如图 1.4.1-7～图 1.4.1-10 所示。

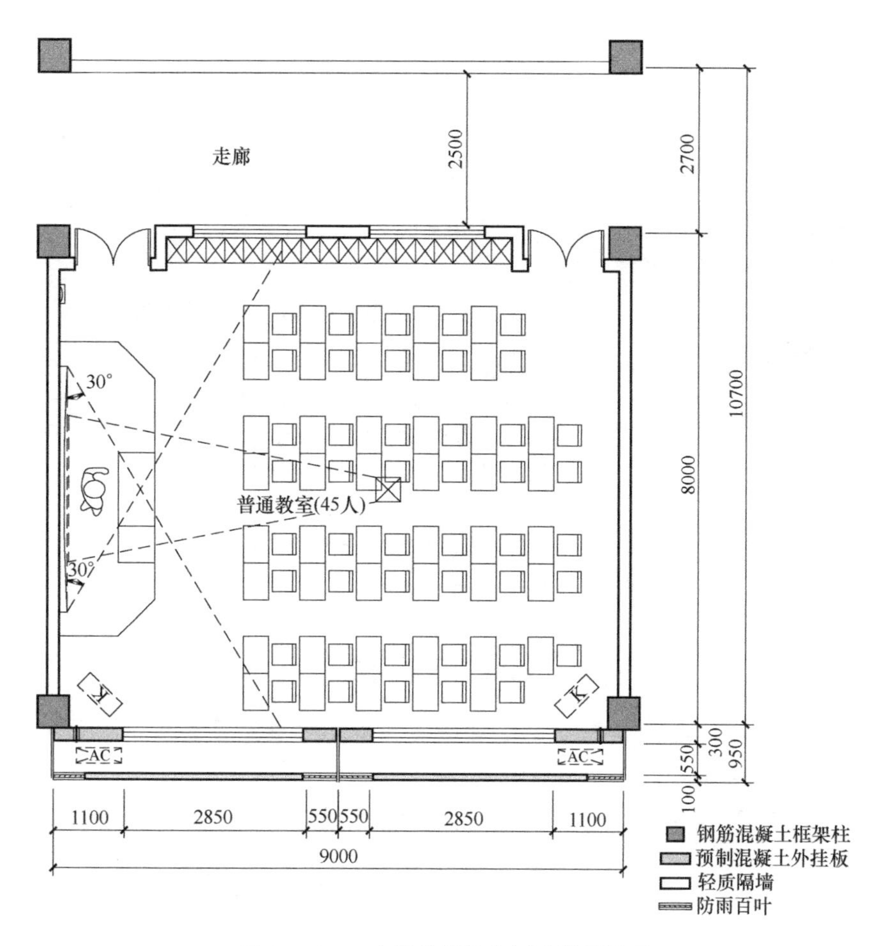

图 1.4.1-1 小学单间教室标准单元平面

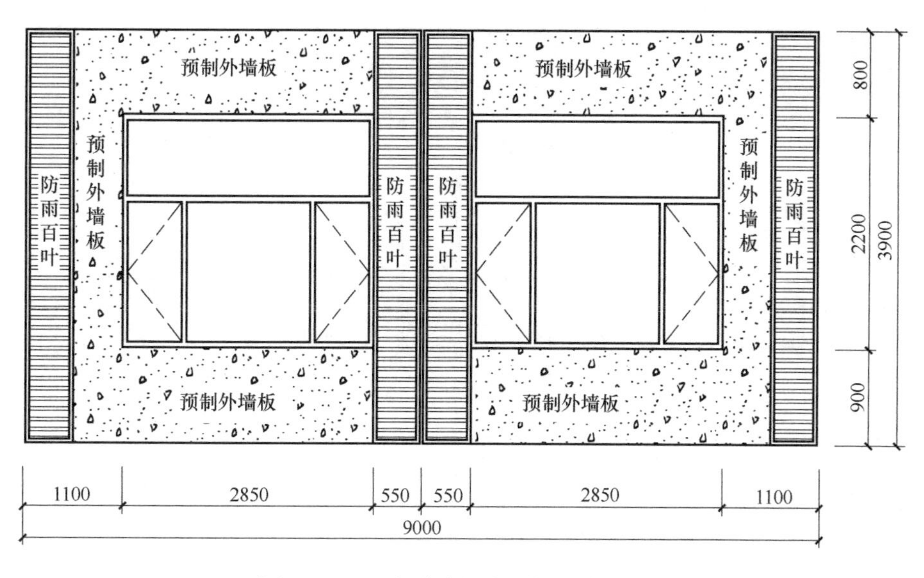

图 1.4.1-2 小学单间教室标准单元立面

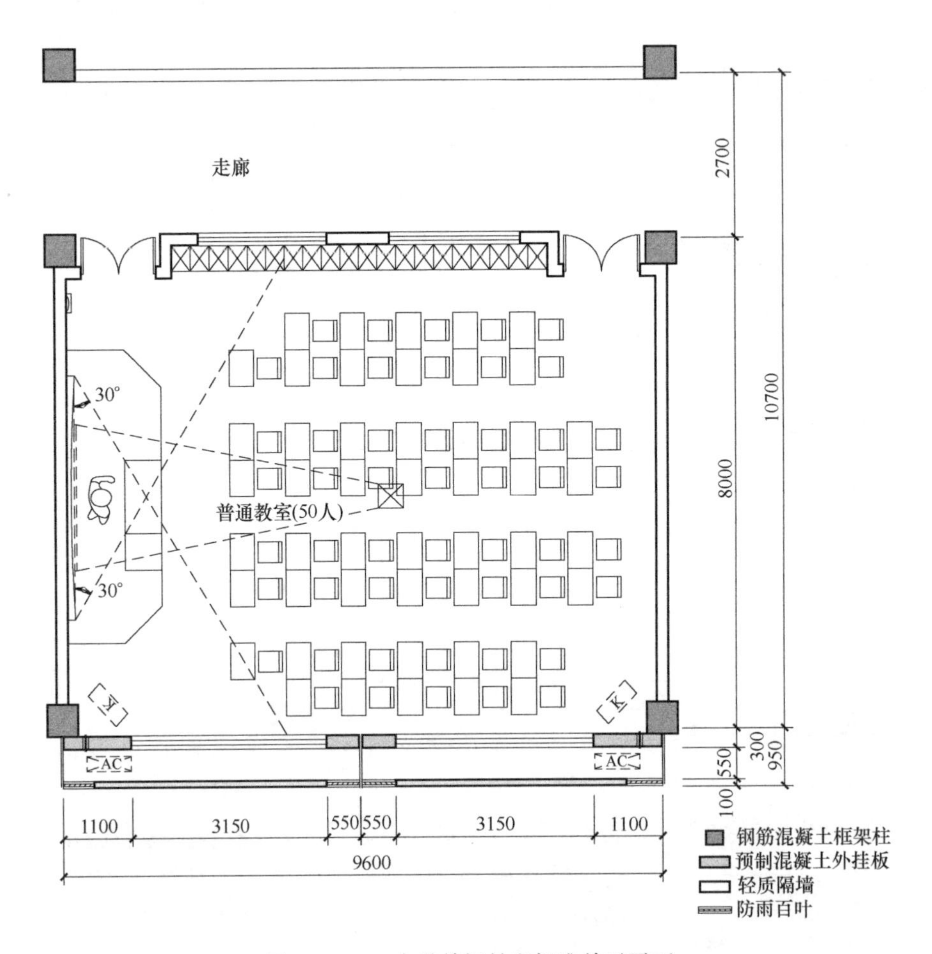

图 1.4.1-3　中学单间教室标准单元平面

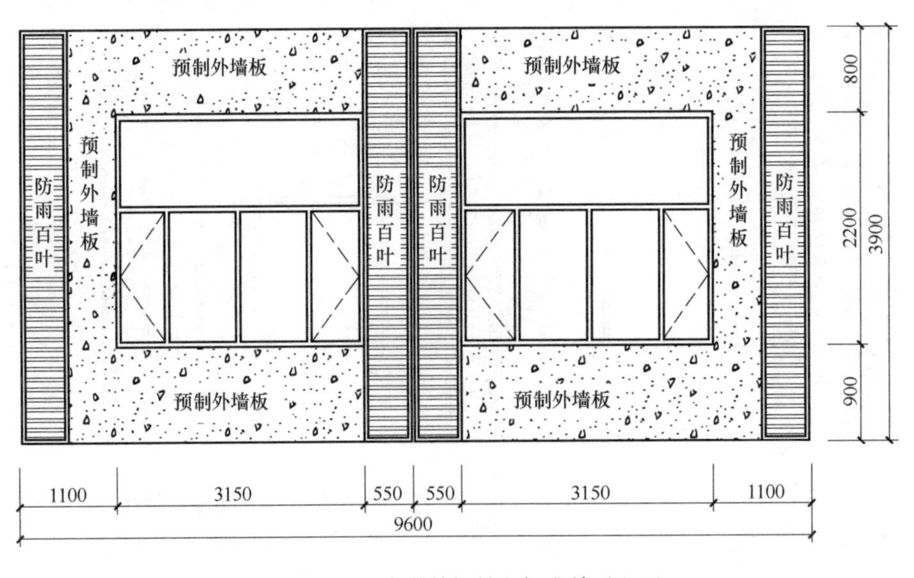

图 1.4.1-4　中学单间教室标准单元立面

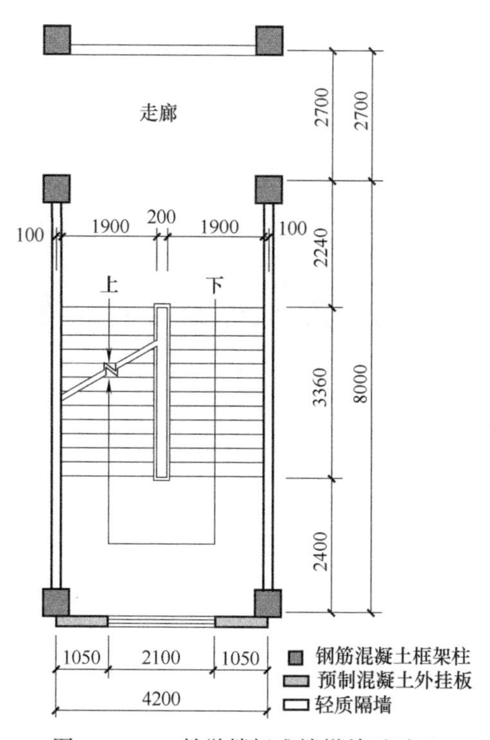

图 1.4.1-5 教学楼标准楼梯单元平面

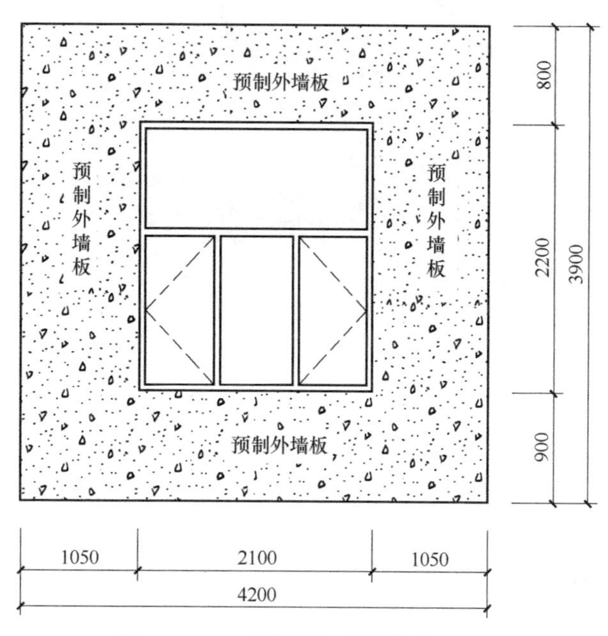

图 1.4.1-6 教学楼标准楼梯单元立面

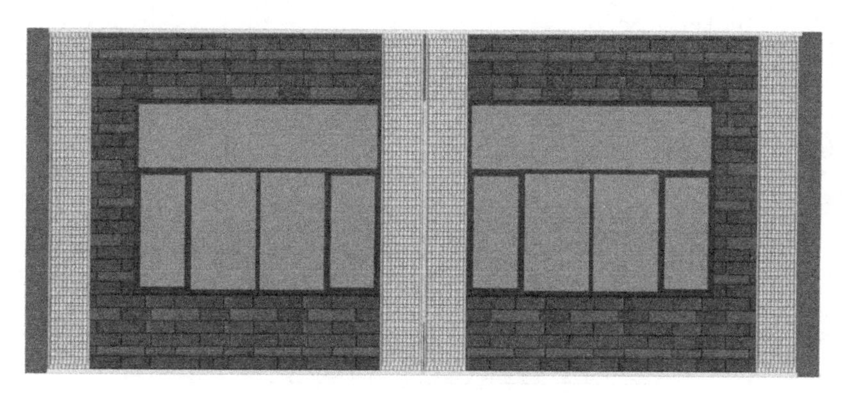

图 1.4.1-7 单间教室标准单元立面（反打面砖）

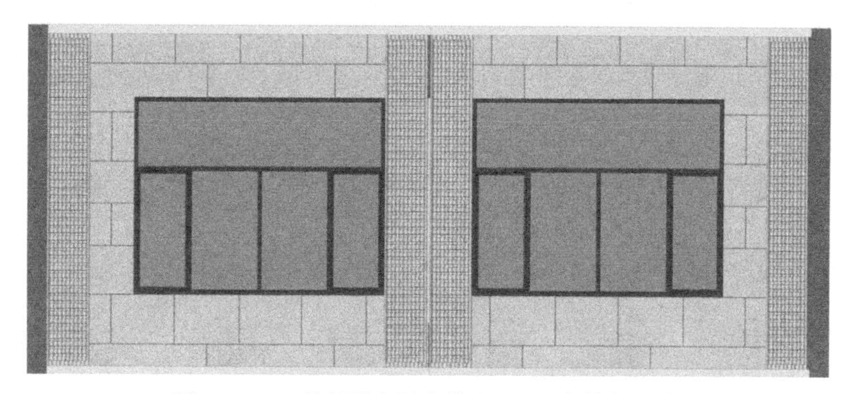

图 1.4.1-8 单间教室标准单元立面（免抹灰涂料）

图 1.4.1-9　楼梯间标准单元立面
（反打面砖）

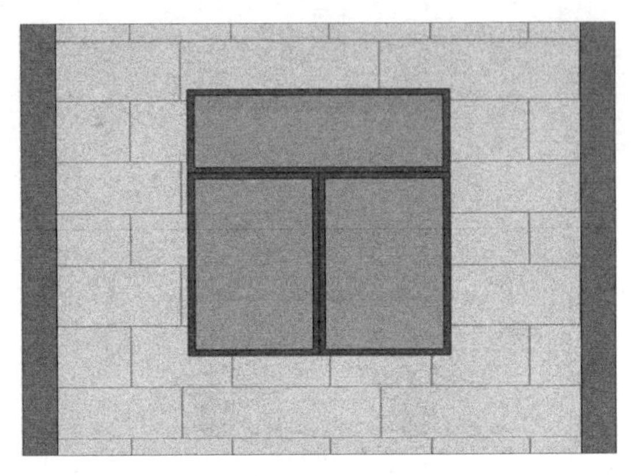

图 1.4.1-10　楼梯间标准单元立面
（免抹灰涂料）

2）学生宿舍建筑部分标准单元模块：

（1）平面、立面标准单元模块，如图 1.4.1-11、图 1.4.1-12 所示。

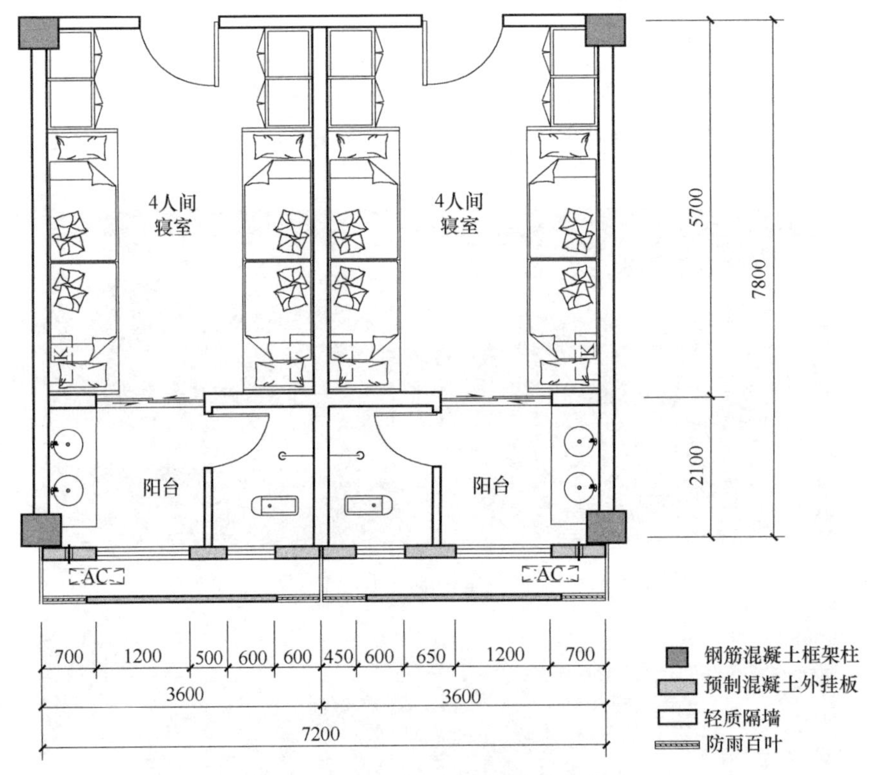

图 1.4.1-11　学生宿舍标准单元平面

（2）效果展示，如图 1.4.1-13～图 1.4.1-16 所示。

2. 标准单元组合立面

1）教学楼部分：

中小学教学楼一般包含教学部分、办公部分和生活辅助部分。教学部分包括普通教室、专用教室、实验室等。办公部分包括教师办公区、行政办公区等。基于教学建筑功能相对稳

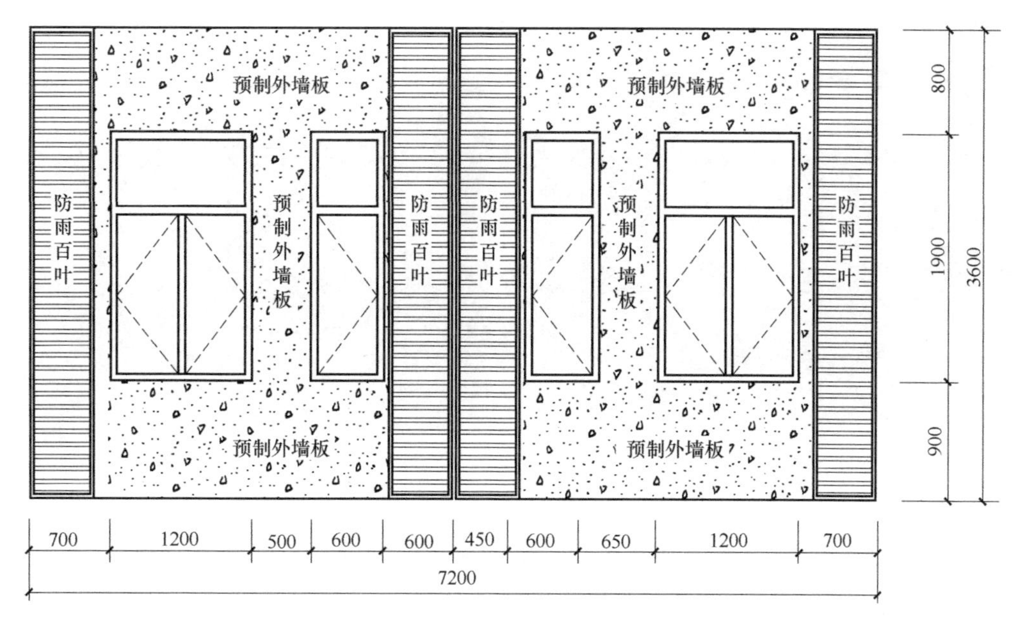

图 1.4.1-12 学生宿舍标准单元立面

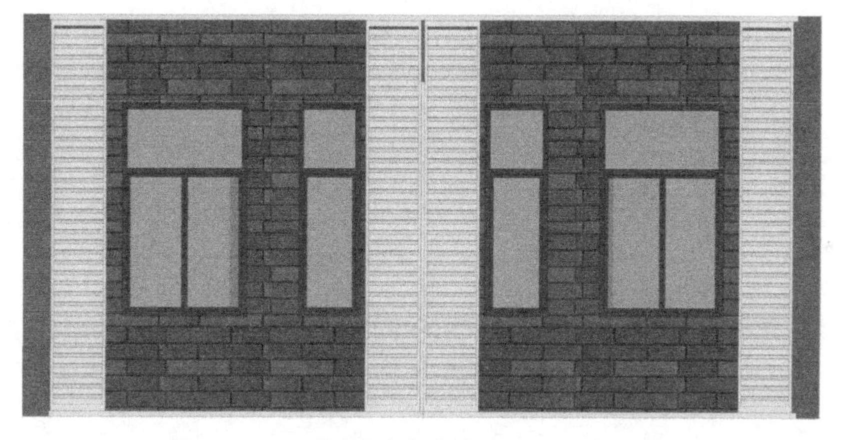

图 1.4.1-13 学生宿舍标准单元立面（反打面砖）

图 1.4.1-14 学生宿舍标准单元立面（免抹灰涂料）

图 1.4.1-15　楼梯间标准单元立面（反打面砖）

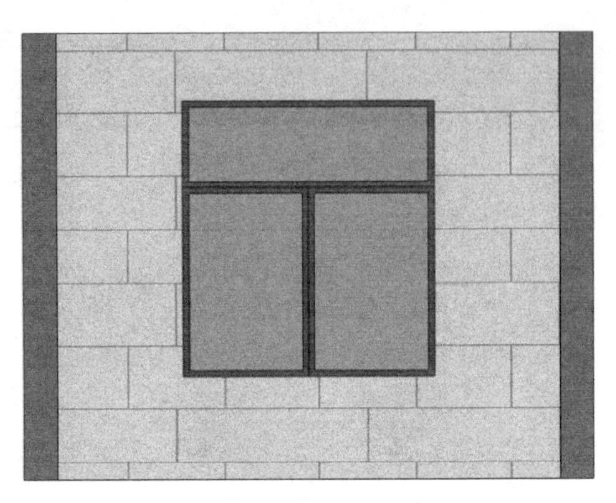

图 1.4.1-16　楼梯间标准单元立面（免抹灰涂料）

定的特点，各功能区通过标准化单元进行有机组合，形成空间与立面的丰富组合形态。以中学教学楼为例，教学楼标准单元模块进行横向组合、竖向组合，如图 1.4.2-1～图 1.4.2-4 所示。

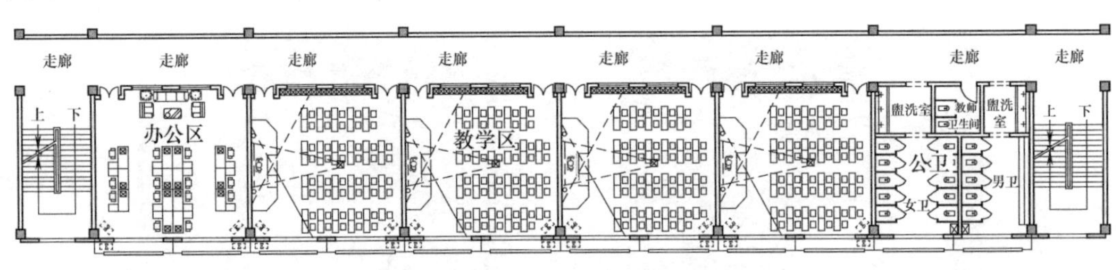

图 1.4.2-1　组合平面 1

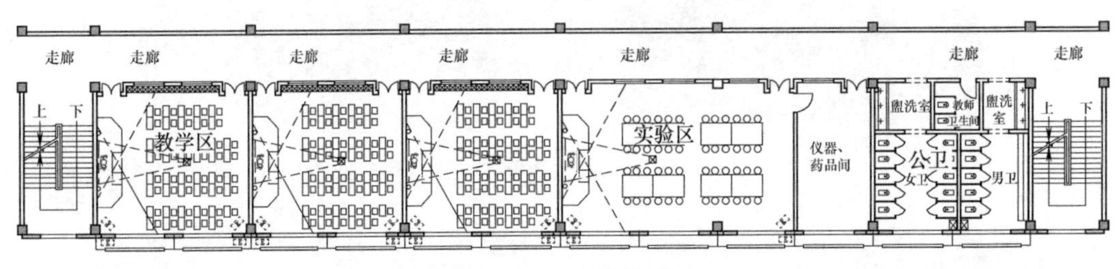

图 1.4.2-2　组合平面 2

图 1.4.2-3　组合立面（反打面砖）

图 1.4.2-4　组合立面（免抹灰涂料）

2）学生宿舍部分：

中小学宿舍一般包含寝室、活动室、管理室、储藏室等部分。基于宿舍建筑功能相对稳定的特点，各功能区通过标准化单元进行有机组合，形成空间与立面的丰富组合形态。以中学宿舍为例，宿舍标准单元模块进行横向组合、竖向组合，如图 1.4.2-5～图 1.4.2-8 所示。

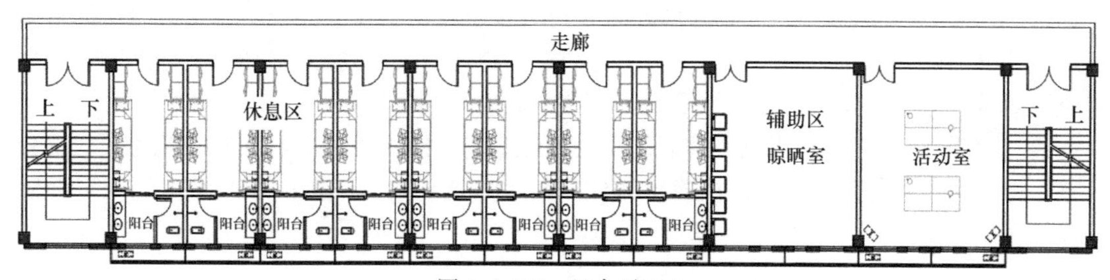

图 1.4.2-5　组合平面 1

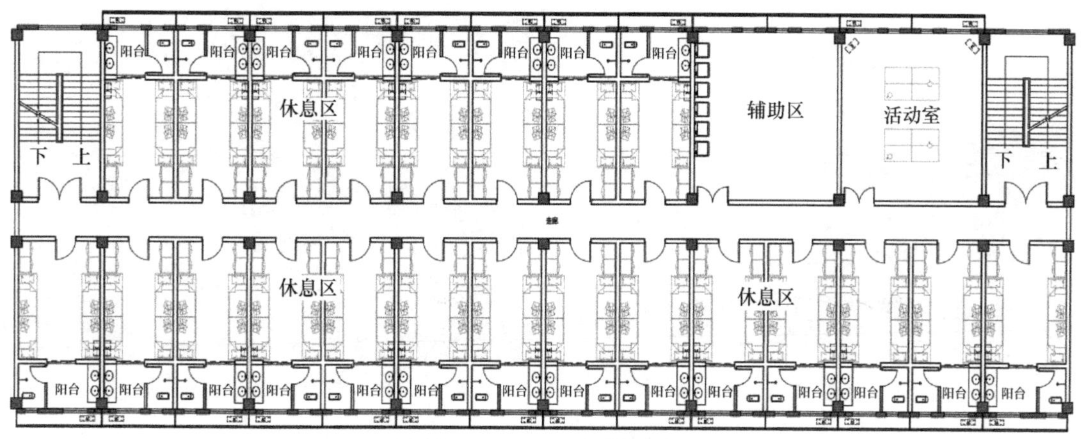

图 1.4.2-6　组合平面 2

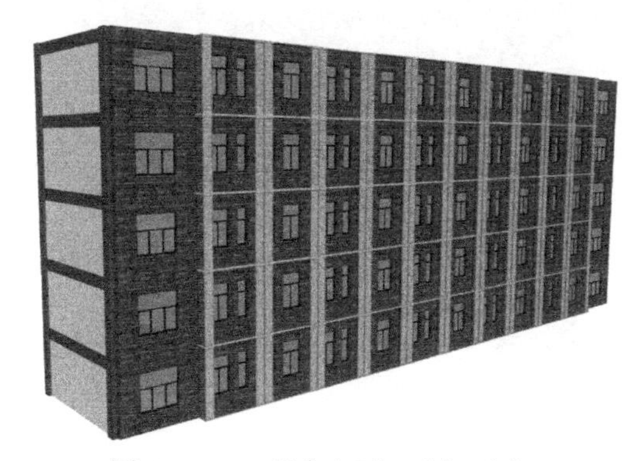

图 1.4.2-7　组合立面（反打面砖）

图 1.4.2-8　组合立面（免抹灰涂料）

3. 立面设计策略

装配式建筑立面元素构件需在工厂中使用模板预制，立面元素的规格越少意味着所需制造的模板越少，从而提高生产效率，节省人工材料成本。结合装配式建筑构件工业化生产的特点，做出既可以批量化生产又不失美观的立面设计，需把握如下原则。

1）规格最少原则。装配式建筑立面元素构件需在工厂中使用模板预制，立面元素的规格越少意味着所需制造的模板越少，从而有效提高生产效率，节省人力物力成本。

2）整体性原则。通过建筑群体的多样化组合使建筑整体丰富而不呆板。装配式建筑的立面设计应从建筑的整体出发，在整体关系上，使立面的各个部分相互之间存在联系与影响，从而创作出有机而又多样的建筑立面形式。

3）统一与变化原则。立面设计的切入点可分为宏观与微观。宏观指建筑或建筑群整体，微观指建筑细部构件。在设计过程中应充分协调宏观与微观之间的变化因素，做到宏观之中有统一而微观之间有变化。

4）韵律与节奏原则。建筑所组成的单元构件基本形同，通过对重复构件变化排列组合，或有序地喷涂不同的色彩，可以使建筑的外立面更加美观，并产生很强的韵律感与节奏感，丰富外立面造型。

优秀作品示例，如图 1.4.3-1～图 1.4.3-4 所示。

图 1.4.3-1　荷兰伊拉姆斯大学学生公寓 1

图 1.4.3-2　荷兰伊拉姆斯大学学生公寓 2

图 1.4.3-3　澳大利亚 RMIT 大学公寓 1

图 1.4.3-4　澳大利亚 RMIT 大学公寓 2

1.5　防水设计

教学建筑的外墙可采用标准化预制混凝土外挂墙板设计。预制混凝土外挂墙板是装配式建筑主要的非承重外围护构件，主要适用于柱梁结构体系，作为装配式建筑的主要组成部分，其整体质量、技术工艺以及构造方法都直接影响建筑的质量、功能、节能效果。外挂墙板可分为普通 PC 墙板和夹心保温墙板。普通 PC 墙板是单叶墙板；夹心保温墙板是双叶墙

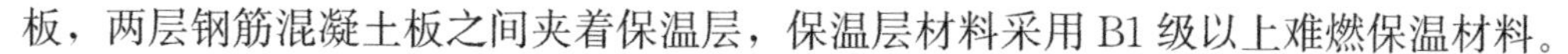

板，两层钢筋混凝土板之间夹着保温层，保温层材料采用B1级以上难燃保温材料。

1. 预制外挂墙板的连接节点构造应满足以下要求：

1）外挂墙板上端与楼面梁连接时，连接区段应避开楼面梁塑性铰区域。

2）外挂墙板与梁的结合面应做成粗糙面并宜设置键槽，外挂墙板应预留连接钢筋，连接钢筋的另一端锚固在楼面梁（或板）后浇混凝土中。

3）外挂墙板不应出现跨主体结构变形缝。

2. 预制外挂墙板的接缝及门窗洞口等防水薄弱部位宜采用材料防水和构造防水相结合的做法，并应符合下列规定：

1）墙板水平接缝宜采用高低缝或企口缝构造。

2）墙板竖缝可采用平口或槽口构造。

3）当板缝空腔需设置导水管排水时，板缝内侧应增设气密条密封构造。

预制外挂墙板板缝应采用以构造防水为主，材料防水为辅的防水措施。构造防水是采取合适的构造形式阻断水的通路，以达到防水的目的。材料防水是靠防水材料阻断水的通路，以达到防水和增加抗渗漏能力的目的。外挂墙板接缝构造示意如图1.5.2-1、图1.5.2-2所示。

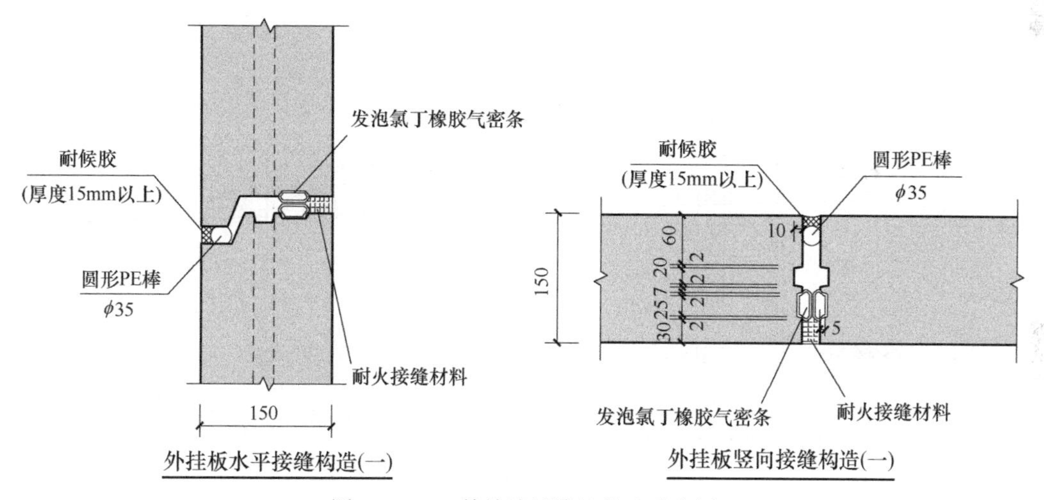

图1.5.2-1　外挂墙板接缝构造示意图

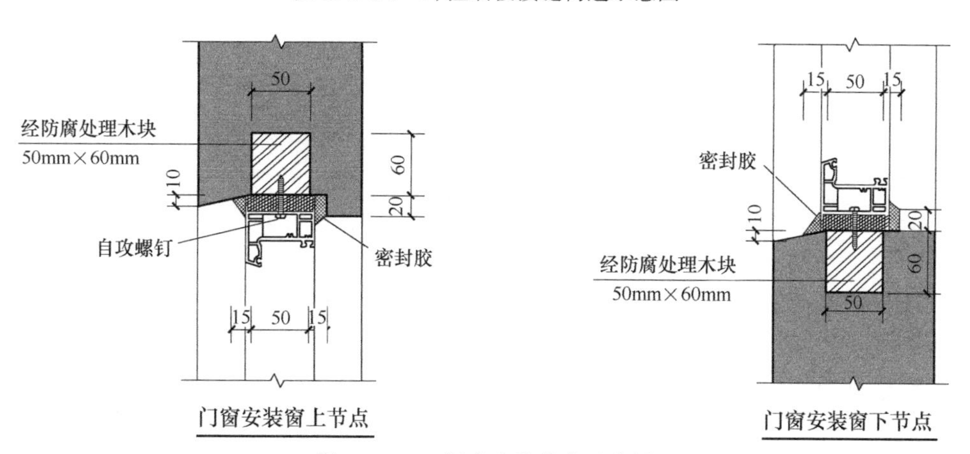

图1.5.2-2　门窗安装节点示意图

1.6 节能设计

教学建筑作为公共建筑，其节能设计应根据当地的气候条件，在保证室内环境参数条件下，保证围护结构保温隔热性能，提高建筑设备及系统的能源利用效率，利用可再生能源，降低建筑暖通空调、给水排水及电气系统的能耗。教学建筑的总体规划也应考虑减轻热岛效应。建筑的总体规划和总平面设计应有利于自然通风和冬季日照。建筑的主朝向宜选择本地区最佳朝向或适宜朝向，且宜避开冬季主导风向。建筑体形宜规整紧凑，避免过多凹凸变化。

教学建筑应将外围护结构综合考虑进行节能设计，包括外墙、屋面以及门窗部分。建筑外围护结构中，屋面应按照公共建筑节能设计规范要求设置屋面保温材料，门窗采用节能门窗。外墙保温部分，当外墙采用普通 PC 外挂墙板时，PC 墙板厚 150mm，采用内保温形式，保温层选用燃烧性能为 B_1 级以上的保温材料，待外挂墙板安装完成后，后期粘贴铺设保温材料作为外墙的保温隔热措施；当外墙采用夹心保温墙板时，夹心保温墙板是双叶墙板，两层钢筋混凝土板之间夹着保温层，保温层选用 B_1 级以上燃烧保温材料，保温材料厚度通过节能计算后确定，外叶板为 60mm 厚，内叶板为 150mm 厚。外挂墙板保温构造如图 1.6 所示。

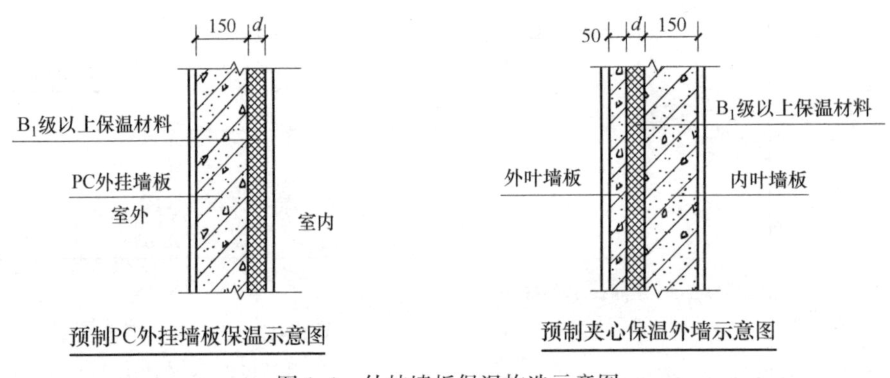

图 1.6 外挂墙板保温构造示意图

结构设计

2.1 一般规定

1. 装配式混凝土校舍建筑结构应符合国家现行标准《混凝土结构设计规范》GB 50010、《装配式混凝土结构技术规程》JGJ 1、《装配式混凝土建筑技术标准》GB/T 51231 的有关规定。如果房屋层数为 10 层及 10 层以上或者高度大于 28m，还应参照现行行业标准《高层建筑混凝土结构技术规程》JGJ 3 中关于结构设计的一般性规定。预制预应力混凝土装配整体式框架应按照现行行业标准《预制预应力混凝土装配整体式框架结构技术规程》JGJ 224 的有关规定执行。

2. 装配式混凝土校舍建筑结构应符合下列规定：

1）应采取有效措施加强结构的整体性；

2）宜采用高强混凝土、高强钢筋；

3）装配式结构的节点和接缝应受力明确、构造可靠，并应满足承载力、延性和耐久性等要求；

4）应根据连接节点和接缝的构造方式和性能，确定结构的整体计算模型。

3. 装配式混凝土校舍建筑可采用装配整体式框架结构（含预制预应力混凝土装配整体式框架结构）、无粘结预应力全装配框架结构等结构类型，其最大适用高度应满足相关规范的要求，并符合下列规定：

1）当结构中竖向构件全部为现浇且楼盖采用叠合梁板时，房屋最大适用高度可按现行行业标准《高层建筑混凝土结构技术规程》JGJ 3 的规定采用。

2）对于预应力装配式框架结构，其最大适用高度应按现行行业标准《预应力混凝土结构抗震设计标准》JGJ/T 140 的规定执行。当预应力混凝土结构的房屋高度超过最大适用高度或在抗震设防烈度为 9 度地区采用预应力混凝土结构时，应进行专门研究和论证，采取有效的加强措施。

4. 装配式混凝土校舍建筑的抗震等级或抗震构造措施应符合下列规定：

1）教育建筑中，幼儿园、小学、中学的教学用房以及学生宿舍和食堂，抗震设防类别应不低于重点设防类。

2）装配式混凝土校舍建筑结构构件的抗震设计应根据设防类别、烈度、结构类型和房屋高度采用不同的抗震等级，并应符合相应的计算和构造措施要求。抗震等级应按现行行业标准《装配式混凝土结构技术规程》JGJ 1 确定。

3）当建筑场地为Ⅰ类时，仍可按本地区抗震设防烈度的要求采取抗震构造措施。

4）大跨度框架指跨度不小于 18m 的框架结构。

5）预应力装配式混凝土结构构件的抗震等级应按现行行业标准《预应力混凝土结构抗震设计标准》JGJ/T 140 的要求执行。

5. 装配式混凝土校舍建筑的平面布置宜符合下列规定：

1）平面形状宜简单、规则、对称，质量、刚度分布宜均匀；不应采用严重不规则的平面布置；

2）平面长度不宜过长（图 2.1.5），长宽比（L/B）宜按表 2.1.5 采用；

3）平面突出部分的长度 l 不宜过大、宽度 b 不宜过小（图 2.1.5），l/B_{max} 宜按表 2.1.5 采用；

4）平面不宜采用角部重叠或细腰形平面布置。

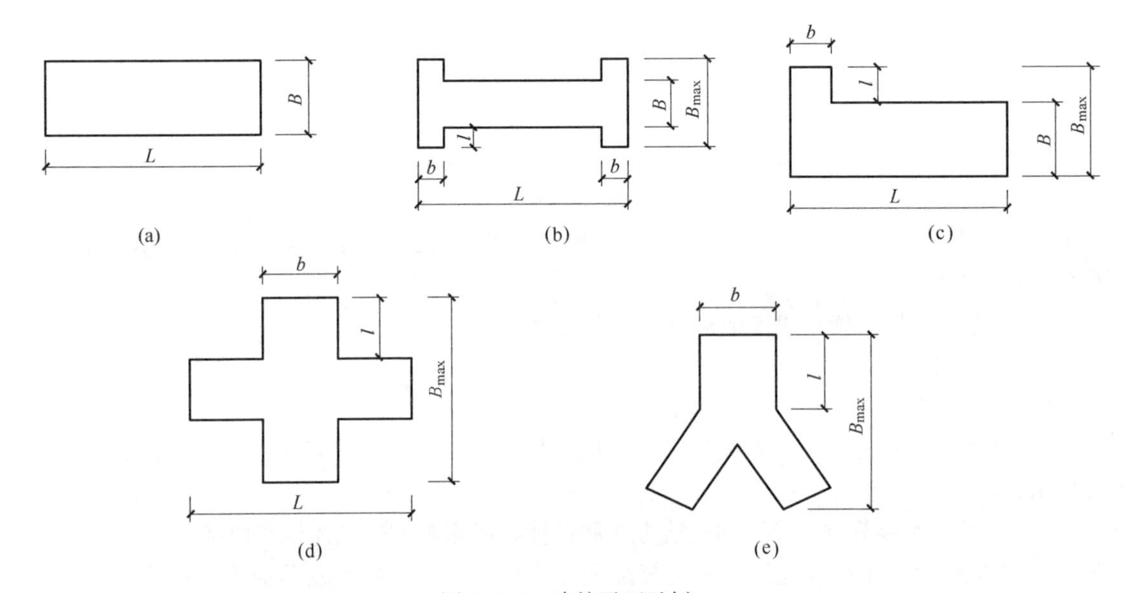

图 2.1.5　建筑平面示例

平面尺寸及突出部位尺寸的比值限值　　表 2.1.5

设防烈度	L/B	l/B_{max}	l/b
6、7 度	≤6.0	≤0.35	≤2.0
8 度	≤5.0	≤0.30	≤1.5

6. 装配式混凝土校舍建筑竖向布置应连续、均匀，应避免抗侧力结构的侧向刚度和承载力沿竖向突变，并应符合现行国家标准《建筑抗震设计规范》GB 50011 的有关规定。

7. 高层装配式混凝土校舍建筑，当其房屋高度、规则性、结构类型等超过本指南规定或者抗震设防标准有特殊要求时，可按现行行业标准《高层建筑混凝土结构技术规程》JGJ 3 的有关规定进行结构抗震性能设计。当采用规范未规定的结构类型时，可采用试验方法对结构整体或者局部构件的承载力能力极限状态和正常使用极限状态进行复核，并应进行专项论证。

8. 高层装配式混凝土校舍建筑应符合下列规定：

1）宜设置地下室，地下室宜采用现浇混凝土；

2）框架结构首层柱宜采用现浇混凝土，顶层宜采用现浇楼盖结构。

9. 装配式结构构件及节点应进行承载能力极限状态及正常使用极限状态设计，并应符合现行国家标准《混凝土结构设计规范》GB 50010、《建筑抗震设计规范》GB 50011、《混凝土结构工程施工规范》GB 50666 等的有关规定。

10. 抗震设计时，构件及节点的承载力抗震调整系数 γ_{RE} 应按现行国家标准《建筑抗震设计规范》GB 50011 进行取值。

11. 装配式混凝土校舍建筑应采取措施保证结构的整体性，安全等级为一级的高层装配式混凝土校舍建筑尚应按现行行业标准《高层建筑混凝土结构技术规程》JGJ 3 的有关规定进行抗连续倒塌概念设计。

12. 预制构件节点及接缝处后浇混凝土强度等级不应低于预制构件的混凝土强度等级。

13. 预埋件和连接件等外露金属件应按不同环境类别进行封闭或防腐、防锈、防火处理，并应符合耐久性要求。

2.2 材料规定

1. 混凝土、钢筋、钢材和连接材料的性能指标和耐久性要求等应符合国家现行标准《混凝土结构设计规范》GB 50010、《钢结构设计标准》GB 50017、《装配式混凝土结构技术规程》JGJ 1 和《装配式混凝土建筑技术标准》GB/T 51231 的规定。

2. 预制构件的混凝土强度等级不宜低于 C30；预应力混凝土预制构件的混凝土强度等级不宜低于 C40，且不应低于 C30；现浇混凝土的强度等级不应低于 C25。

3. 钢筋的选用应符合现行国家标准《混凝土结构设计规范》GB 50010 的规定。普通钢筋采用套筒灌浆连接和浆锚搭接连接时钢筋应采用热轧带肋钢筋。

4. 钢筋焊接网应符合现行行业标准《钢筋焊接网混凝土结构技术规程》JGJ 114 的规定。

5. 预制构件的吊环应采用未经冷加工的 HPB300 级钢筋制作。吊装用内埋式螺母或吊杆的材料应符合国家现行相关标准的规定。

6. 钢筋套筒灌浆连接接头采用的套筒应符合现行行业标准《钢筋连接用灌浆套筒》JG/T 398 的规定。

7. 钢筋套筒灌浆连接接头采用的灌浆料应符合现行行业标准《钢筋连接用套筒灌浆料》JG/T 408 的规定。

8. 钢筋锚固板的材料应符合现行行业标准《钢筋锚固板应用技术规程》JGJ 256 的规定。

9. 连接用焊接材料，螺栓、锚栓和铆钉等紧固件的材料应符合国家现行标准《钢结构设计标准》GB 50017、《钢结构焊接规范》GB 50661 和《钢筋焊接及验收规程》JGJ 18 等的规定。

10. 夹心外墙板中内外叶墙板的拉结件应符合下列规定：

1）金属及非金属材料拉结件均应具有规定的承载力、变形和耐久性能，并应经过试验验证；

2）拉结件应满足夹心外墙板的节能设计要求。

11. 外墙板接缝处的密封材料应符合下列规定：

1）密封胶应与混凝土具有相容性，以及具有规定的抗剪切和伸缩变形能力；密封胶尚应具有防霉、防水、防火、耐候等性能；

2）硅酮、聚氨酯、聚硫建筑密封胶应分别符合国家现行标准《硅酮和改性硅酮建筑密封胶》GB/T 14683、《聚氨酯建筑密封胶》JC/T 482、《聚硫建筑密封胶》JC/T 483 的规定；

3）夹心外墙板接缝处填充用保温材料的燃烧性能应满足国家标准《建筑材料及制品燃烧性能分级》GB 8624 中 B2 级要求。

2.3 作用及组合

1. 装配式混凝土校舍建筑的作用及作用组合应根据国家现行标准《建筑结构荷载规范》GB 50009、《建筑抗震设计规范》GB 50011、《高层建筑混凝土结构技术规程》JGJ 3 和《混凝土结构工程施工规范》GB 50666 等确定。

2. 预制构件在翻转、运输、吊运、安装等短暂设计状况下的施工验算应将构件自重标准值乘以动力系数后作为等效静力荷载标准值。构件运输、吊运时，动力系数宜取 1.5，构件翻转及安装过程中就位、临时固定时，动力系数可取 1.2。

3. 预制构件进行脱模验算时，等效静力荷载标准值应取构件自重标准值乘以动力系数后与脱模吸附力之和且不宜小于构件自重标准值的 1.5 倍。动力系数与脱模吸附力应符合下列规定：

1）动力系数不宜小于 1.2；

2）脱模吸附力应根据构件和模具的实际情况取用，且不宜小于 1.5kN/m^2。

2.4 结构分析和变形验算

1. 在各种设计状况下，装配整体式结构可采用与现浇混凝土结构相同的方法进行结构分析。当同一层内既有预制又有现浇抗侧力构件时，地震设计状况下宜对现浇抗侧力构件在地震作用下的弯矩和剪力进行适当放大。

2. 预应力装配整体式混凝土框架结构可按预应力现浇混凝土框架结构进行设计；无粘结预应力全装配混凝土框架结构的设计应符合现行行业标准《预应力混凝土结构抗震设计标准》JGJ/T 140 的有关规定。

3. 装配整体式结构承载能力极限状态及正常使用极限状态的作用效应分析可采用弹性方法。

4. 进行装配式混凝土结构弹性分析时，节点和接缝模拟应符合下列规定：

1）当预制构件之间采用后浇带连接且接缝构造及承载力满足现行国家标准《装配式混凝土建筑技术标准》GB/T 51231 的相应要求时，可按现浇混凝土结构进行模拟；

2）对现行国家标准《装配式混凝土建筑技术标准》GB/T 51231 中未包含的连接节点及接缝形式，应按照实际情况进行模拟。

5. 在进行抗震性能化设计时，对结构在设防烈度地震及罕遇地震作用下的内力及变形进行分析，可根据结构受力状态采用弹性分析方法或弹塑性分析方法。弹性分析时，宜根据节点和接缝在受力全过程中的特性进行节点和接缝的模拟。材料的非线性行为可根据现行国家标准《混凝土结构设计规范》GB 50010 确定，节点和接缝的非线性行为可根据试验研究确定。

6. 在竖向荷载和多遇地震作用下，无粘结预应力全装配混凝土框架结构可采用与现浇混凝土结构相同的方法进行内力分析，并应考虑次内力的影响。结构承载能力极限状态和正常使用极限状态的作用效应分析应采用弹性分析方法，重力荷载作用下的框架梁跨中弯矩应放大，按照梁端弯矩调整系数为 0.8 计算。在罕遇地震作用下，计算薄弱层或薄弱部位弹塑性变形时，可采用静力弹塑性分析方法或弹塑性时程分析法等。

7. 内力和变形计算时，应计入填充墙对结构刚度的影响。当采用轻质墙板填充墙时，可采用周期折减的方法考虑其对结构刚度的影响；对于框架结构，周期折减系数可取 0.7～0.9；对于剪力墙结构，周期折减系数可取 0.8～1.0。

8. 按弹性方法计算的风荷载或多遇地震标准值作用下的楼层层间最大位移 Δu 与层高 h 之比的限值不应大于 1/550。

9. 在罕遇地震作用下，结构薄弱层（部位）弹塑性层间位移 Δu_{P} 与层高 h 之比的限值不应大于 1/50。

10. 在结构内力与位移计算时，对现浇楼盖和叠合楼盖，均可假定楼盖在其自身平面内为无限刚性；楼面梁的刚度可计入翼缘作用予以增大；梁刚度增大系数可根据翼缘情况近似取为 1.3～2.0。

2.5　预制柱设计及构造

1. 预制柱的设计应符合下列规定：

1）对持久设计状况，应对预制构件进行承载力、变形、裂缝控制验算；

2）对地震设计状况，应对预制构件进行承载力验算；

3）对制作、运输和堆放、安装等短暂设计状况下的预制构件验算，应符合现行国家标准《混凝土结构工程施工规范》GB 50666 的有关规定。

2. 装配整体式框架结构中，预制柱水平接缝处不宜出现拉力。

3. 装配整体式框架结构中，预制柱的纵向钢筋连接应符合下列规定：

1）当房屋高度不大于 12m 或层数不超过 3 层时，可采用套筒灌浆、浆锚搭接、焊接等连接方式；

2）当房屋高度大于 12m 或层数超过 3 层时，宜采用套筒灌浆连接；

3）直径大于 20mm 的钢筋不宜采用浆锚搭接连接，直接承受动力荷载的构件纵向钢筋不应采用浆锚搭接连接；

4）当纵向钢筋连接采用挤压套筒时，应符合现行行业标准《钢筋机械连接技术规程》JGJ 107 的Ⅰ级接头规定；

5）预应力装配式混凝土框架结构中，预制柱的纵向钢筋连接宜采用套筒灌浆连接。

4. 在地震设计状况下，预制柱底水平接缝的受剪承载力设计值应按现行国家标准《装配式混凝土结构技术规程》JGJ 1 的相关规定计算。

5. 预制柱的设计应符合现行国家标准《混凝土结构设计规范》GB 50010 的要求，并应符合下列规定：

1）矩形柱截面边长不宜小于 400mm，圆形截面柱直径不宜小于 450mm，且不宜小于同方向梁宽的 1.5 倍。

2）柱纵向受力钢筋在柱底采用套筒灌浆连接或浆锚搭接连接时，柱箍筋加密区长度不应小于纵向受力钢筋连接区域长度与 500mm 之和；套筒或搭接段上端第一道箍筋距离套筒或搭接段顶部不应大于 50mm（图 2.5.5-1）。

3）柱纵向受力钢筋直径不宜小于 20mm，纵向受力钢筋的间距不宜大于 200mm 且不应大于 400mm。柱的纵向受力钢筋可集中于四角配置且宜对称布置。柱中可设置纵向辅助钢筋且直径不宜小于 12mm 和箍筋直径；当正截面承载力计算不计入纵向辅助钢筋时，纵向辅助钢筋可不伸入框架节点（图 2.5.5-2）。

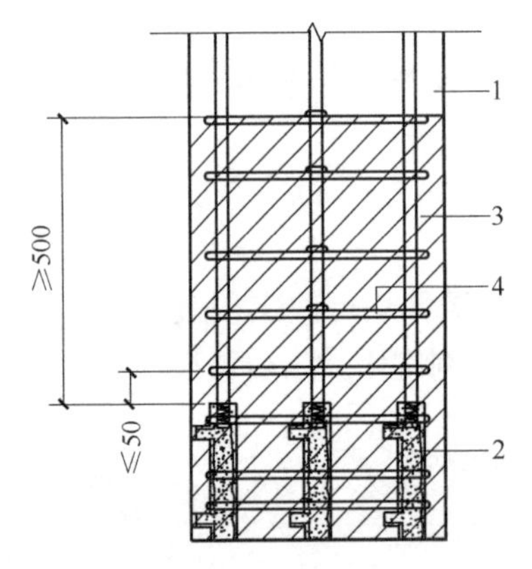

图 2.5.5-1 钢筋采用套筒灌浆连接时柱箍筋加密区域构造示意

1—预制柱；2—套筒灌浆连接接头；3—箍筋加密区（阴影区域）；4—加密区箍筋

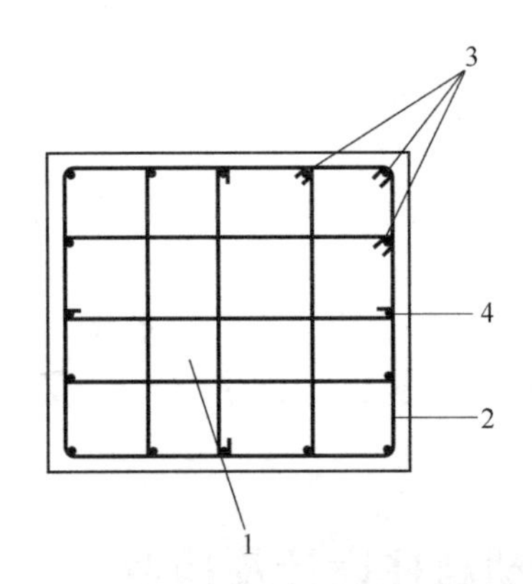

图 2.5.5-2 柱集中配筋构造平面示意

1—预制柱；2—箍筋；3—纵向受力钢筋；4—纵向辅助钢筋

6. 上、下层相邻预制柱纵向受力钢筋采用挤压套筒连接时（图 2.5.6），柱底后浇段的箍筋应满足下列要求：

1）套筒上端第一道箍筋距离套筒顶部不应大于 20mm，柱底部第一道箍筋距柱底面不应大于 50mm，箍筋间距不宜大于 75mm；

2）抗震等级为一、二级时，箍筋直径不应小于 10mm；抗震等级为三、四级时，箍筋直径不应小于 8mm。

7. 预制柱的底部应设置键槽且宜设置粗糙面，键槽应均匀布置，键槽深度不宜小于 30mm，键槽端部斜面倾角不宜大于 30°。柱顶应设置粗糙面。

8. 采用套筒灌浆连接时，套筒上端区域预制柱纵筋保护层厚度大于 50mm，可采取 1：6 弯折控制保护层厚度，或对钢筋的混凝土保护层采取有效的构造措施。

9. 采用预制柱及叠合梁的装配整体式框架中，柱底接缝宜设置在楼面标高处（图 2.5.9），并应符合下列规定：

1）后浇节点区混凝土上表面应设置粗糙面；

2）柱纵向受力钢筋应贯穿后浇节点区；

3）柱底接缝厚度宜为 20mm，并应采用灌浆料填实。

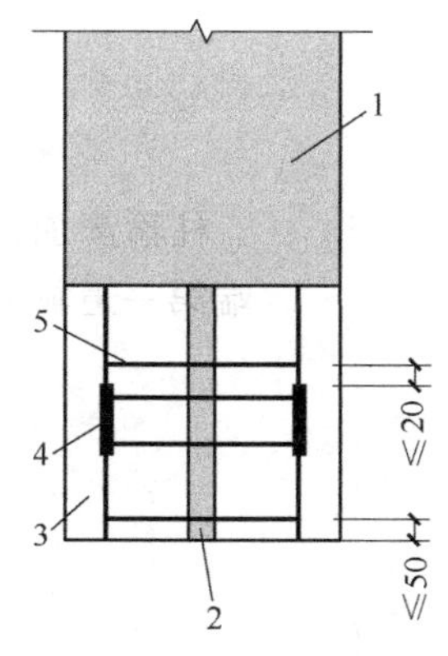

图 2.5.6 柱底后浇段箍筋配置示意

1—预制柱；2—支腿；3—柱底后浇段；
4—挤压套筒；5—箍筋

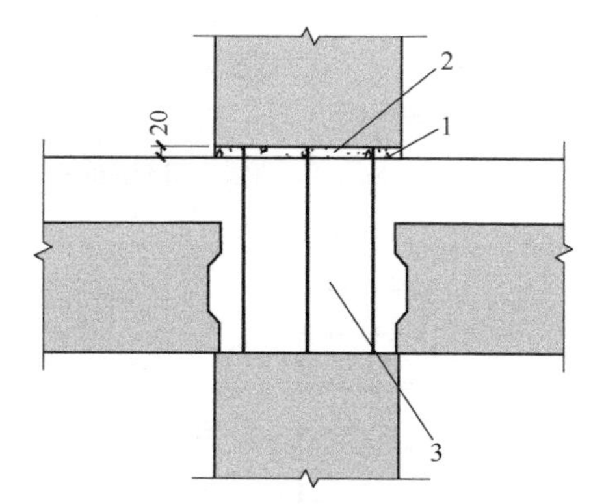

图 2.5.9 预制柱底接缝构造示意

1—后浇节点区混凝土上表面粗糙面；
2—接缝灌浆层；3—后浇区

2.6 预制叠合梁设计及构造

1. 混凝土叠合梁的设计应符合本指南和现行国家标准《混凝土结构设计规范》GB 50010 中的有关规定。

2. 对一、二、三级抗震等级的装配整体式框架，应进行梁柱节点核心区抗震受剪承载力验算；对四级抗震等级可不进行验算。梁柱节点核心区抗震受剪承载力验算和构造应符合现行国家标准《混凝土结构设计规范》GB 50010 和《建筑抗震设计规范》GB 50011 中的有关规定。

3. 叠合梁端竖向接缝的受剪承载力设计值应按现行行业标准《装配式混凝土结构技术规程》JGJ 1 相关要求进行计算。

4. 装配整体式框架结构中，当采用叠合梁时，框架梁的后浇混凝土叠合层厚度不宜小于 150mm（图 2.6.4-1），次梁的后浇混凝土叠合层厚度不宜小于 120mm；当采用凹口截面预制梁时（图 2.6.4-2），凹口深度不宜小于 50mm，凹口边厚度不宜小于 60mm。

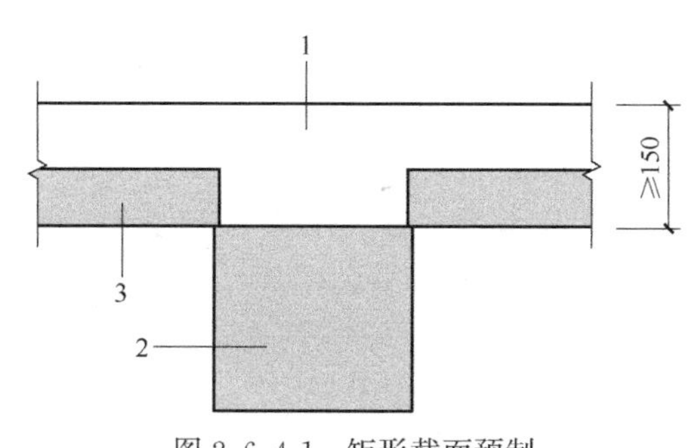

图 2.6.4-1 矩形截面预制叠合框架梁截面示意

1—后浇混凝土叠合层；2—预制梁；3—预制板

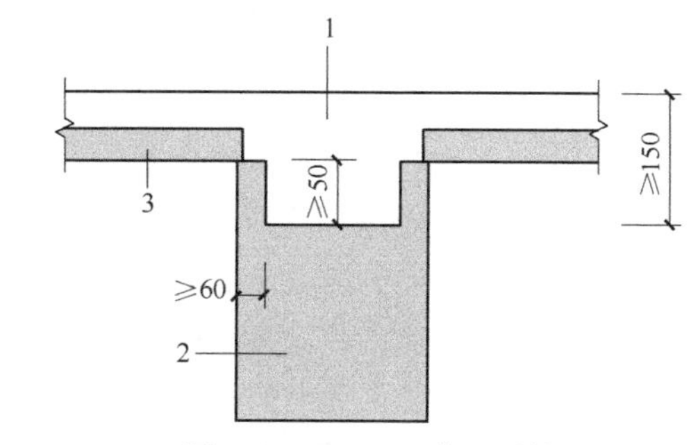

图 2.6.4-2 凹口截面预制叠合框架梁截面示意

1—后浇混凝土叠合层；2—预制梁；3—预制板

5. 预制梁与后浇混凝土叠合层之间的结合面应设置粗糙面；预制梁端面应设置键槽（图 2.6.5）且宜设置粗糙面。键槽的尺寸和数量应按现行行业标准《装配式混凝土结构技术规程》JGJ 1—2014 的规定计算确定；键槽的深度 t 不宜小于 30mm，宽度 w 不宜小于深度的 3 倍且不宜大于深度的 10 倍；键槽可贯通截面，当不贯通时槽口距离截面边缘不宜小于 50mm；键槽间距宜等于键槽宽度；键槽端部斜面倾角不宜大于 30°，粗糙面的面积不宜小于结合面的 80%，预制梁端的粗糙面凹凸深度不应小于 6mm。

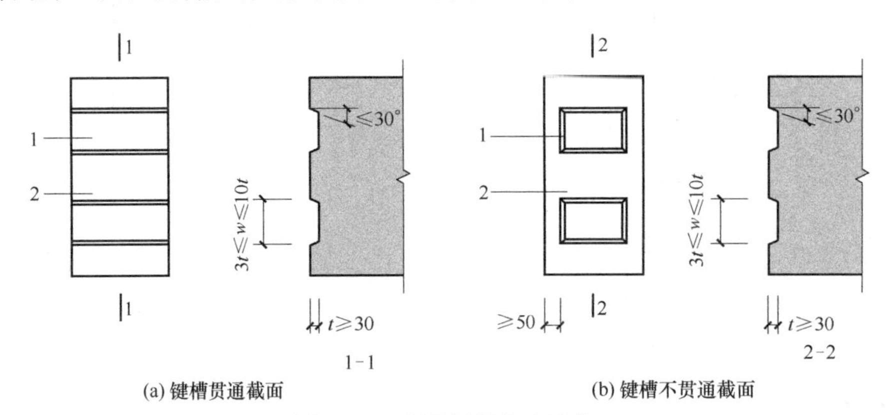

图 2.6.5　梁端键槽构造示意

1—键槽；2—梁端面

6. 叠合梁的箍筋配置应符合下列规定：

1）抗震等级为一、二级的叠合框架梁的梁端箍筋加密区宜采用整体封闭箍筋（图 2.6.6-1）；

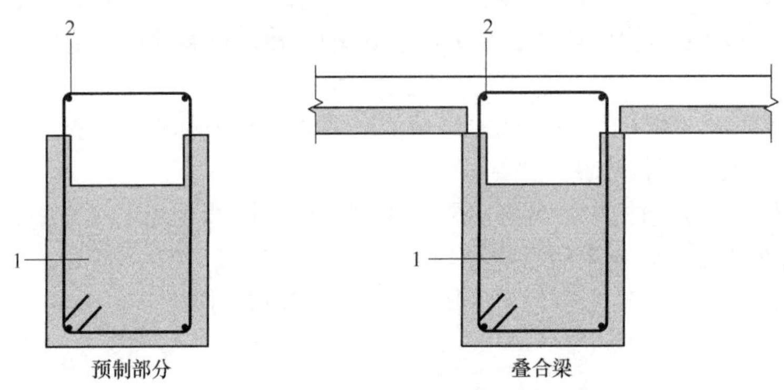

图 2.6.6-1　采用整体封闭箍筋的叠合梁箍筋构造示意

1—预制梁；2—上部纵向钢筋

2）采用组合封闭箍筋的形式（图 2.6.6-2）时，开口箍筋上方应做成 135°弯钩；非抗震设计时，弯钩端头平直段长度不应小于 $5d$（d 为箍筋直径）；抗震设计时，平直段长度不应小于 $10d$。现场应采用箍筋帽封闭开口箍，箍筋帽末端应做成 135°弯钩；非抗震设计时，弯钩端头平直段长度不应小于 $5d$；抗震设计时，平直段长度不应小于 $10d$。

7. 预应力装配整体式混凝土框架结构中，预应力混凝土叠合梁应符合下列规定：

1）预应力混凝土叠合梁的高宽比不宜大于 4；梁高宜取计算跨度的 1/12～1/22，净跨与截面高度之比不应小于 4。

2）预应力混凝土叠合梁的后浇混凝土叠合层厚度不宜小于 150mm。

3）预应力混凝土叠合梁的纵向钢筋应伸入后浇节点区内锚固或连接，并应符合现行行

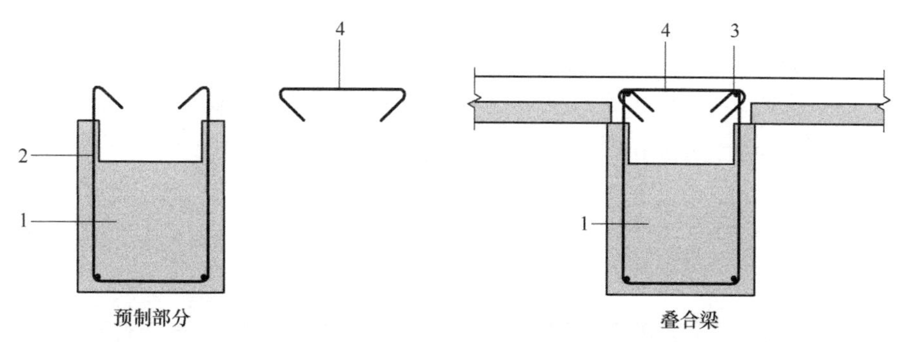

图 2.6.6-2 采用组合封闭箍筋的叠合梁箍筋构造示意

1—预制梁；2—开口箍筋；3—上部纵向钢筋；4—箍筋帽

业标准《装配式混凝土结构技术规程》JGJ 1 的相关规定。

4）预应力筋宜采用曲线布筋形式，可采用有粘结预应力筋或部分粘结预应力筋。当采用部分粘结预应力筋时，无粘结段宜设置在节点核心区附近，无粘结段长度宜取为节点核心区及两侧梁端各 1 倍梁高范围；无粘结段预应力筋的外包层材料及防腐层应符合现行行业标准《无粘结预应力混凝土结构技术规程》JGJ 92 的有关规定。

5）预应力混凝土叠合梁应进行施工阶段验算。

6）节点核心区的预应力孔道应与预制梁中的孔道可靠连接。

8. 无粘结预应力全装配混凝土框架结构计算及构造应符合现行行业标准《预应力混凝土结构抗震设计标准》JGJ/T 140 相关规定。

9. 叠合梁可采用对接连接（图 2.6.9），并应符合下列规定：

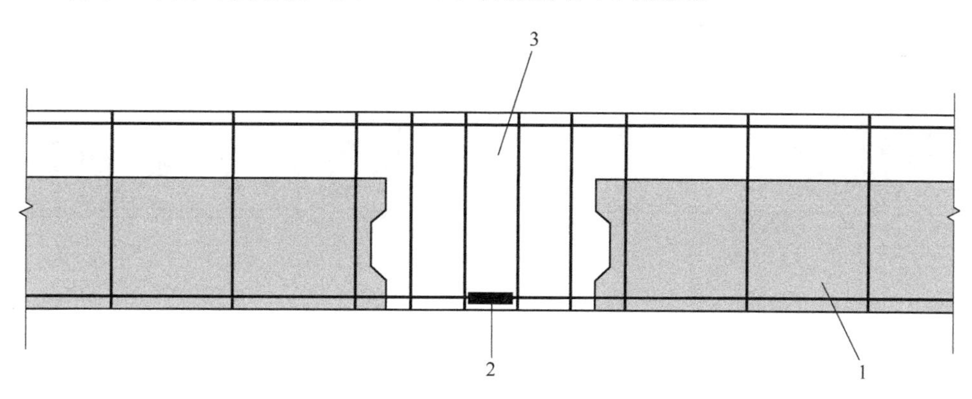

图 2.6.9 叠合梁连接节点示意

1—预制梁；2—钢筋连接接头；3—后浇段

1）连接处应设置后浇段，后浇段的长度应满足梁下部纵向钢筋连接作业的空间需求；

2）梁下部纵向钢筋在后浇段内宜采用机械连接、套筒灌浆连接或焊接连接；

3）后浇段内的箍筋应加密，箍筋间距不应大于 $5d$（d 为纵向钢筋直径），且不应大于 100mm。

10. 主梁与次梁采用后浇段连接时，应符合下列规定：

1）在端部节点处，次梁下部纵向钢筋伸入主梁后浇段内的长度不应小于 $12d$。次梁上部纵向钢筋应在主梁后浇段内锚固。当采用弯折锚固（图 2.6.10-1）或锚固板时，锚固直

段长度不应小于 $0.6l_{ab}$；当钢筋应力不大于钢筋强度设计值的 50%时，锚固直段长度不应小于 $0.35l_{ab}$；弯折锚固的弯折后直段长度不应小于 $12d$（d 为纵向钢筋直径）。

2）在中间节点处，两侧次梁的下部纵向钢筋伸入主梁后浇段内长度不应小于 $12d$（d 为纵向钢筋直径）；次梁上部纵向钢筋应在现浇层内贯通（图 2.6.10-2）。

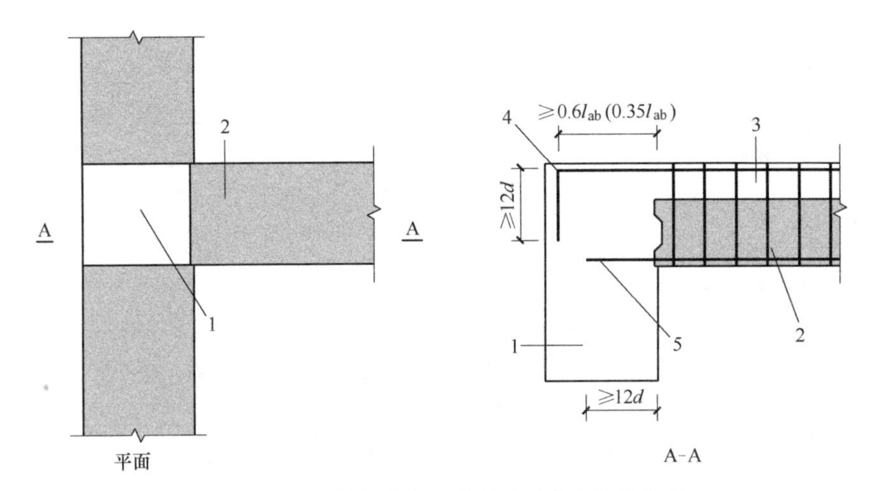

图 2.6.10-1　端部节点主次梁连接节点构造示意

1—主梁后浇段；2—次梁；3—后浇混凝土叠合层；4—次梁上部纵向钢筋；5—次梁下部纵向钢筋

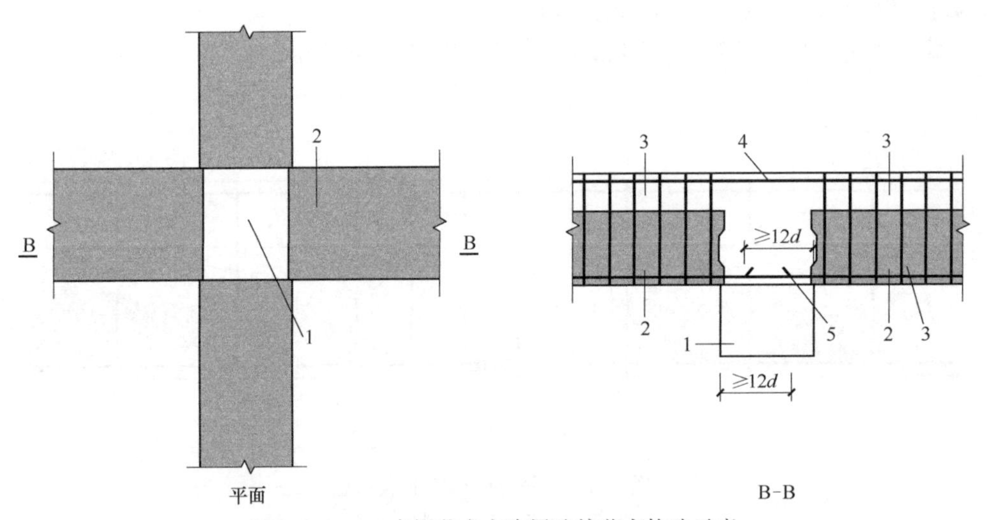

图 2.6.10-2　中间节点主次梁连接节点构造示意

1—主梁后浇段；2—次梁；3—后浇混凝土叠合层；4—次梁上部纵向钢筋；5—次梁下部纵向钢筋

11. 梁、柱纵向钢筋在后浇节点区内采用直线锚固、弯折锚固或机械锚固的方式时，其锚固长度应符合现行国家标准《混凝土结构设计规范》GB 50010 中的有关规定；当梁、柱纵向钢筋采用锚固板时，应符合现行行业标准《钢筋锚固板应用技术规程》JGJ 256 中的有关规定。

12. 采用预制柱及叠合梁的装配整体式框架节点，梁纵向受力钢筋应伸入后浇节点区内锚固或连接，并应符合下列规定：

1）对框架中间层中节点，节点两侧的梁下部纵向受力钢筋宜锚固在后浇节点区内（图 2.6.12-1），也可采用机械连接或焊接的方式直接连接（图 2.6.12-2）；梁的上部纵向受力钢筋应贯穿后浇节点区。

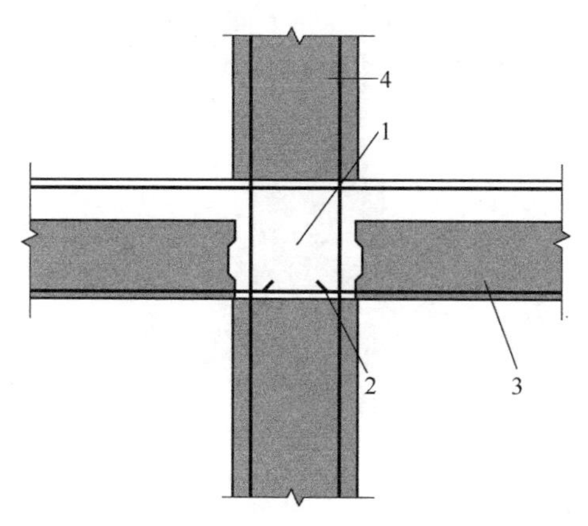

图 2.6.12-1 梁下部纵向受力钢筋锚固预制柱及叠合梁框架中间层端节点构造示意

1—后浇区；2—梁下部纵向受力钢筋锚固；3—预制梁；4—预制柱

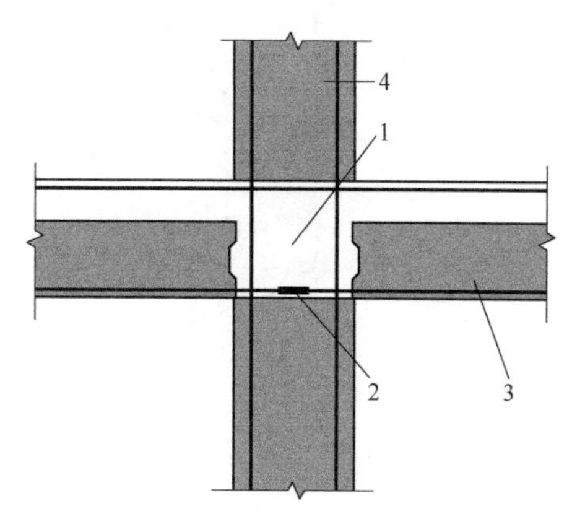

图 2.6.12-2 梁下部纵向受力钢筋连接预制柱及叠合梁框架中间层端节点构造示意

1—后浇区；2—梁下部纵向受力钢筋连接；3—预制梁；4—预制柱

2）对框架中间层端节点，当柱截面尺寸不满足梁纵向受力钢筋的直线锚固要求时，宜采用锚固板锚固（图 2.6.12-3），也可采用 90°弯折锚固。

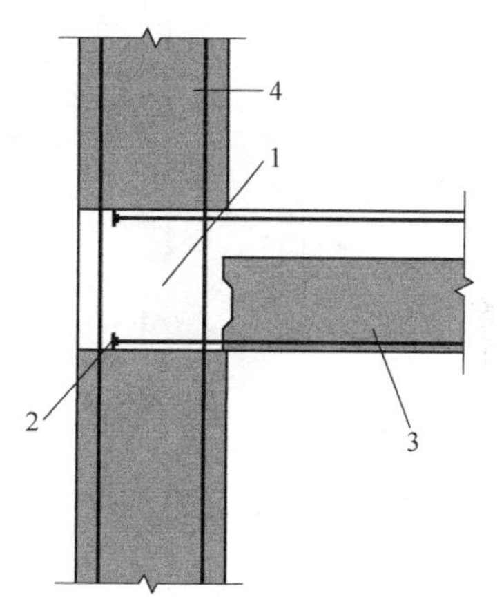

图 2.6.12-3 预制柱及叠合梁框架中间层端节点构造示意

1—后浇区；2—梁纵向受力钢筋锚固；3—预制梁；4—预制柱

3）对框架顶层中节点，梁纵向受力钢筋的构造应符合本条第 1）款的规定。柱纵向受力钢筋宜采用直线锚固；当梁截面尺寸不满足直线锚固要求时，宜采用锚固板锚固（图 2.6.12-4）。

4）对框架顶层端节点，梁下部纵向受力钢筋应锚固在后浇节点区内，且宜采用锚固板的锚固方式；梁、柱其他纵向受力钢筋的锚固应符合下列规定：

① 柱宜伸出屋面并将柱纵向受力钢筋锚固在伸出段内（图 2.6.12-5），伸出段长度不宜小于 500mm，伸出段内箍筋间距不应大于 $5d$（d 为柱纵向受力钢筋直径），且不应大于 100mm；柱纵向钢筋宜采用锚固板锚固，锚固长度不应小于 $40d$；梁上部纵向受力钢筋宜采用锚固板锚固；

② 柱外侧纵向受力钢筋也可与梁上部纵向受力钢筋在后浇节点区搭接（图 2.6.12-6），其构造要求应符合现行国家标准《混凝土结构设计规范》GB 50010 中的规定；柱内侧纵向受力钢筋宜采用锚固板锚固。

13. 采用预制柱及叠合梁的装配整体式框架节点，梁下部纵向受力钢筋也可伸至节点区外的后浇段内连接（图 2.6.13），连接接头与节点区的距离不应小于 $1.5h_0$（h_0 为梁截面有效高度）。

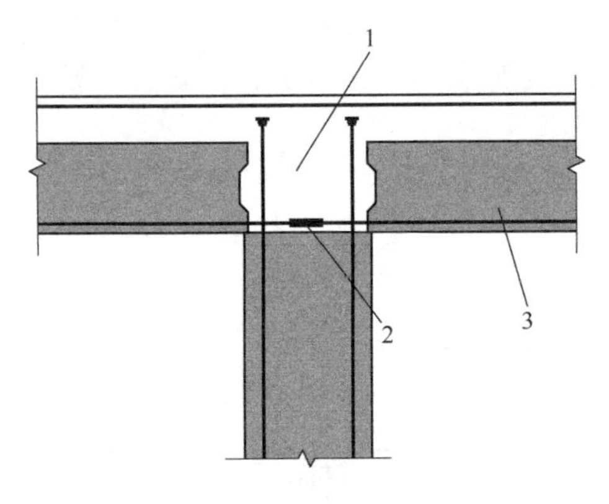

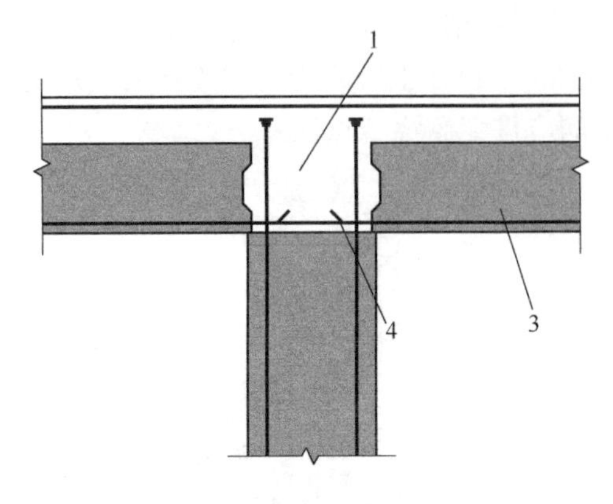

图 2.6.12-4 预制柱及叠合梁框架顶层中节点构造示意

1—后浇区；2—梁下部纵向受力钢筋连接；3—预制梁；4—梁下部纵向受力钢筋锚固

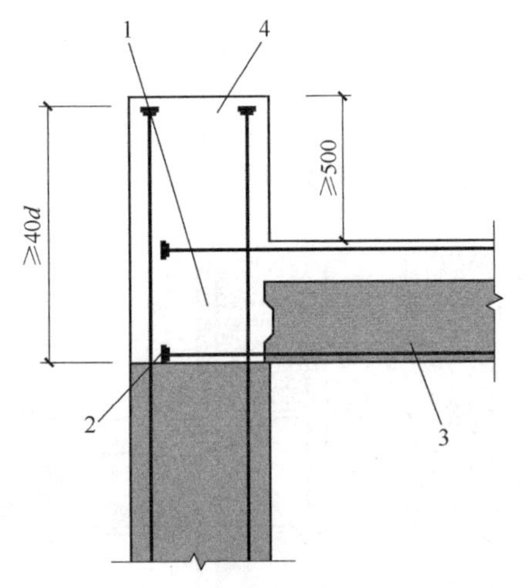

图 2.6.12-5 柱向上伸长预制柱及叠合梁框架顶层端节点构造示意

1—后浇区；2—梁下部纵向受力钢筋锚固；3—预制梁；4—柱延伸段

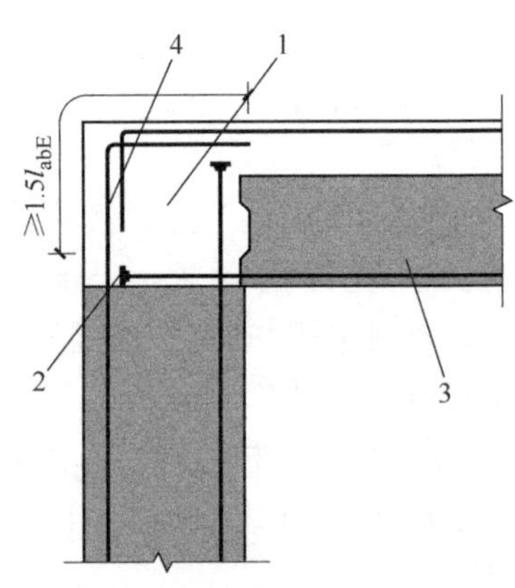

图 2.6.12-6 梁柱外侧钢筋搭接预制柱及叠合梁框架顶层端节点构造示意

1—后浇区；2—梁下部纵向受力钢筋锚固；3—预制梁；4—梁柱外侧钢筋搭接

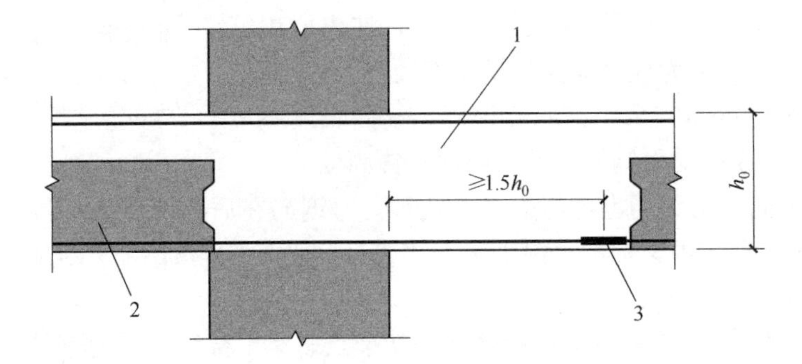

图 2.6.13 梁纵向钢筋在节点区外的后浇段内连接示意

1—后浇段；2—预制梁；3—纵向受力钢筋连接

14. 现浇柱与叠合梁组成的框架节点中，梁纵向受力钢筋的连接与锚固应符合本指南2.6节11～13条的规定。

2.7 楼盖设计及构造

1. 装配整体式校舍结构的楼盖宜采用叠合楼盖。结构转换层、平面复杂或开洞较大的楼层、作为上部结构嵌固部位的地下室楼层宜采用现浇楼盖，当采用叠合楼盖时，可适当增大后浇叠合层厚度并加强叠合板与支承结构的连接，也可将预制板仅作为模板使用。

2. 符合国家现行标准《装配式混凝土结构技术规程》JGJ 1、《装配式混凝土建筑技术标准》GB/T 51231、《钢筋桁架混凝土叠合板应用技术规程》T/CECS 715关于设计方法与构造措施的规定时，结构整体分析中叠合板可采用与现浇混凝土板相同的方法进行模拟。

3. 当施工阶段支设可靠支撑时，叠合楼盖计算仅考虑使用阶段；无支撑叠合板应按照现行国家标准《混凝土结构设计规范》GB 50010的要求分别进行施工阶段、使用阶段两个阶段的计算。

4. 叠合板应按现行国家标准《混凝土结构设计规范》GB 50010进行设计，并应符合下列规定：

1）叠合板的预制板厚度不宜小于60mm，后浇混凝土叠合层厚度不应小于60mm；

2）当叠合板的预制板采用空心板时，板端空腔应封堵；

3）跨度大于3m的叠合板，宜采用桁架钢筋混凝土叠合板；

4）跨度大于6m的叠合板，宜采用预应力混凝土预制板；

5）板厚大于180mm的叠合板，宜采用混凝土空心板。

5. 叠合板可根据预制板接缝构造、支座构造、长宽比按单向板或双向板设计。当预制板之间采用分离式接缝（图2.7.5-1）时，宜按单向板设计。对长宽比不大于3的四边支承叠合板，当其预制板之间采用整体式接缝（图2.7.5-2）或无接缝（图2.7.5-3）时，可按双向板设计。

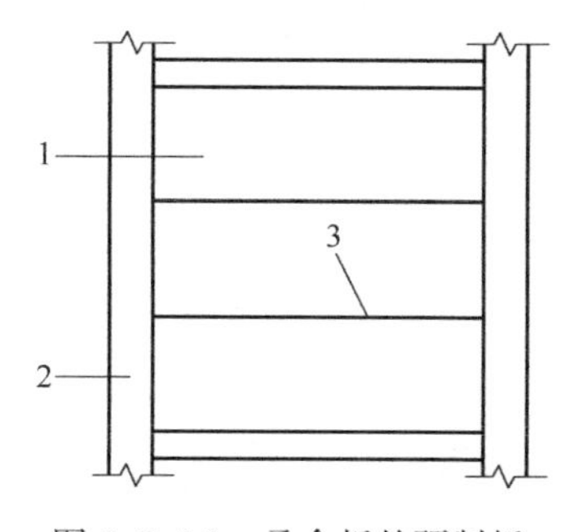

图2.7.5-1　叠合板的预制板分离式接缝示意

1—预制板；2—梁或墙；3—板侧分离式接缝

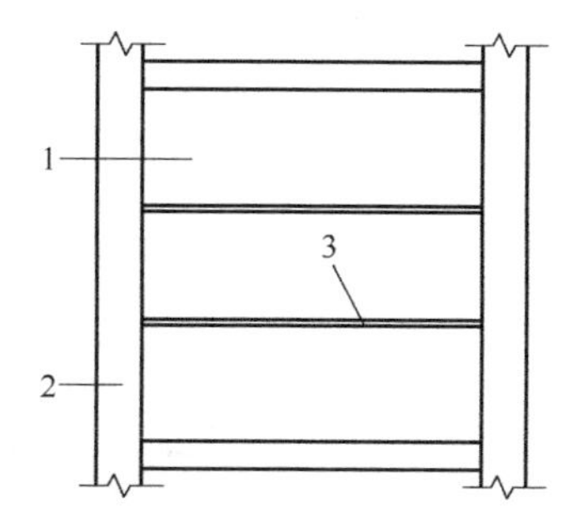

图2.7.5-2　叠合板的预制板整体式接缝示意

1—预制板；2—梁或墙；3—板侧整体式接缝

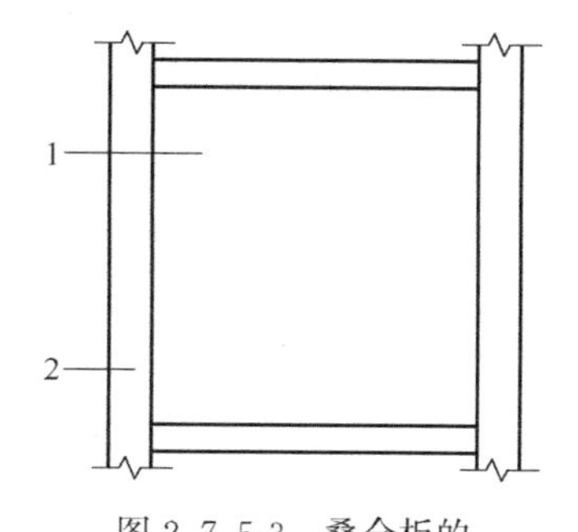

图2.7.5-3　叠合板的预制板无接缝示意

1—预制板；2—梁或墙

6. 叠合板支座处的纵向钢筋应符合下列规定：

1）板端支座处，预制板内的纵向受力钢筋宜从板端伸出并锚入支承梁或墙的后浇混凝土中，锚固长度不应小于 5d（d 为纵向受力钢筋直径），且宜伸过支座中心线（图 2.7.6-1）；

2）单向叠合板的板侧支座处，当预制板内的板底分布钢筋伸入支承梁或墙的后浇混凝土中时，应符合本条第 1）款的要求；当板底分布钢筋不伸入支座时，宜在紧邻预制板顶面的后浇混凝土叠合层中设置附加钢筋，附加钢筋截面面积不宜小于预制板内的同向分布钢筋面积，间距不宜大于 600mm，在板的后浇混凝土叠合层内锚固长度不应小于 15d，在支座内锚固长度不应小于 15d（d 为附加钢筋直径）且宜伸过支座中心线（图 2.7.6-2）。

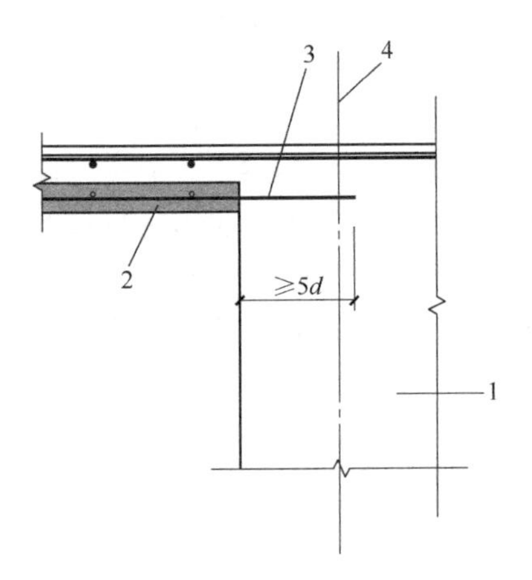

图 2.7.6-1　叠合板端及板侧支座构造示意 1

1—支承梁或墙；2—预制板；
3—纵向受力钢筋；4—支座中心线

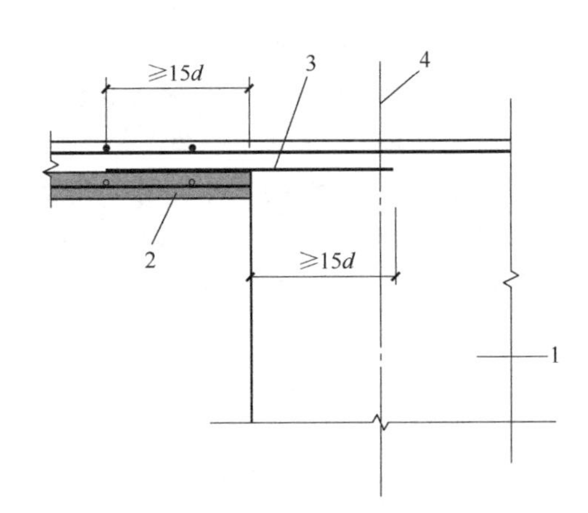

图 2.7.6-2　叠合板端及板侧支座构造示意 2

1—支承梁或墙；2—预制板；
3—附加钢筋；4—支座中心线

7. 单向叠合板板侧的分离式接缝宜配置附加钢筋（图 2.7.7），并应符合下列规定：

1）接缝处紧邻预制板顶面宜设置垂直于板缝的附加钢筋，附加钢筋伸入两侧后浇混凝土叠合层的锚固长度不应小于 15d（d 为附加钢筋直径）；

2）附加钢筋截面面积不宜小于预制板中该方向钢筋面积，钢筋直径不宜小于 6mm、间距不宜大于 250mm。

8. 双向叠合板板侧的整体式接缝宜设置在叠合板的次要受力方向上且宜避开最大弯矩截面。接缝可采用后浇带形式，并应符合下列规定：

1）后浇带宽度不宜小于 200mm；

2）后浇带两侧板底纵向受力钢筋可在后浇带中焊接、搭接连接、弯折锚固；

3）当后浇带两侧板底纵向受力钢筋在后浇带中弯折锚固时（图 2.7.8），应符合下列规定：

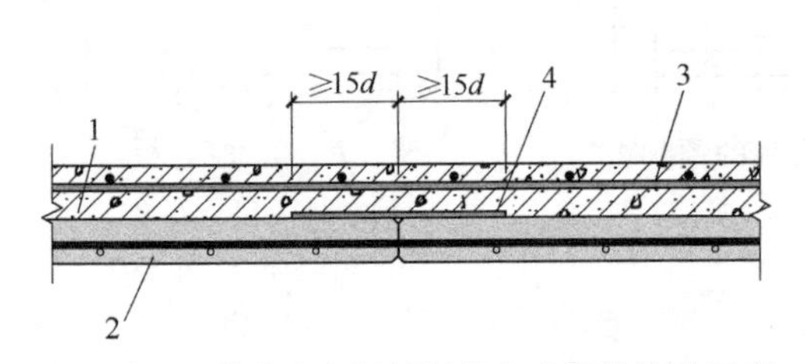

图 2.7.7　单向叠合板板侧分离式拼缝构造示意

1—后浇混凝土叠合层；2—预制板；
3—后浇层内钢筋；4—附加钢筋

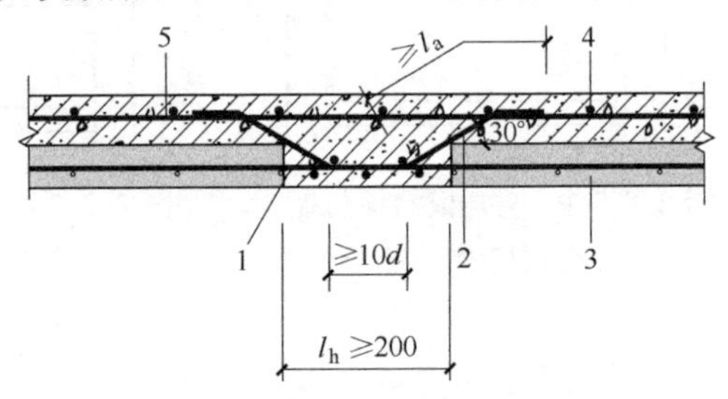

图 2.7.8　双向叠合板整体式接缝构造示意

1—通长构造钢筋；2—纵向受力钢筋；
3—预制板；4—后浇混凝土叠合层；5—后浇层内钢筋

叠合板厚度不应小于 10d（d 为弯折钢筋直径的较大值），且不应小于 120mm；

接缝处预制板侧伸出的纵向受力钢筋应在后浇混凝土叠合层内锚固，且锚固长度不应小于 l_a；两侧钢筋在接缝处重叠的长度不应小于 10d，钢筋弯折角度不应大于 30°，弯折处沿接缝方向应配置不少于 2 根通长构造钢筋，且直径不应小于该方向预制板内钢筋直径。

9. 桁架钢筋混凝土叠合板应满足下列要求：

1）桁架钢筋应沿主要受力方向布置；

2）桁架钢筋距板边不应大于 300mm，间距不宜大于 600mm；

3）桁架钢筋弦杆钢筋直径不宜小于 8mm，腹杆钢筋直径不应小于 4mm；

4）桁架钢筋弦杆混凝土保护层厚度不应小于 15mm。

10. 预制板与后浇混凝土叠合层之间的结合面应设置粗糙面，粗糙面的面积不宜小于结合面的 80%，预制板的粗糙面凹凸深度不应小于 4mm。

11. 当未设置桁架钢筋时，在下列情况下，叠合板的预制板与后浇混凝土叠合层之间应设置抗剪构造钢筋：

1）单向叠合板跨度大于 4.0m 时，距支座 1/4 跨范围内；

2）双向叠合板短向跨度大于 4.0m 时，距四边支座 1/4 短跨范围内；

3）悬挑叠合板；

4）悬挑板的上部纵向受力钢筋在相邻叠合板的后浇混凝土锚固范围内。

12. 叠合板的预制板与后浇混凝土叠合层之间设置的抗剪构造钢筋应符合下列规定：

1）抗剪构造钢筋宜采用马镫形状，间距不宜大于 400mm，钢筋直径 d 不应小于 6mm；

2）马镫钢筋宜伸到叠合板上、下部纵向钢筋处，预埋在预制板内的总长度不应小于 15d，水平段长度不应小于 50mm。

13. 阳台板、空调板宜采用叠合构件或预制构件。预制构件应与主体结构可靠连接；叠合构件的负弯矩钢筋应在相邻叠合板的后浇混凝土中可靠锚固，叠合构件中预制板底钢筋的锚固应符合下列规定：

1）当板底为构造配筋时，其钢筋锚固长度不应小于 5d，且宜伸过支座中心线；

2）当板底为计算要求配筋时，钢筋应满足受拉钢筋的锚固要求。

2.8 预制楼梯设计及构造

1. 预制楼梯与支承构件之间宜采用简支连接。采用简支连接时，应符合下列规定：

1）预制楼梯宜一端设置固定铰，另一端设置滑动铰，其转动及滑动变形能力应满足结构层间位移的要求，且预制楼梯在支承构件上的最小搁置长度应符合表 2.8.1 的规定；

预制楼梯在支承构件上的最小搁置长度 **表 2.8.1**

抗震设防烈度	6 度	7 度	8 度
最小搁置长度(mm)	75	75	100

2）预制楼梯设置滑动铰的端部应采取防止滑落的构造措施，楼梯挑耳的长度应保证大震情况下楼梯不滑落。

2. 预制楼梯常用规格宜符合下列规定：

1）预制楼梯踏步宽度宜不小于250mm，宜采用260mm、280mm、300mm。

2）预制梯段低、高端平台段长度应满足搁置长度要求，且宜不小于400mm。

3）同一梯段踏步高度应一致。

4）预制楼梯宽度宜为100mm的整数倍。

3. 一般要求

1）预制楼梯应根据不同建筑功能进行设计，相关尺寸应符合国家现行有关标准的要求。

2）混凝土的原材料质量应分别符合国家现行标准《通用硅酸盐水泥》GB 175、《混凝土外加剂应用技术规范》GB 50119、《用于水泥和混凝土中的粉煤灰》GB/T 1596、《用于水泥、砂浆和混凝土中的粒化高炉矿渣粉》GB/T 18046、《普通混凝土用砂、石质量及检验方法标准》JGJ 52、《普通混凝土配合比设计规程》JGJ 55、《混凝土用水标准》JGJ 63的规定。轻骨料质量应符合《轻集料及其试验方法　第1部分：轻集料》GB/T 17431.1、《膨胀珍珠岩》JC/T 209等的规定，轻骨料混凝土的密度等级应不小于1400kg/m^3。

3）预制楼梯上预留孔或预埋件应按照设计要求设置，且应符合国家现行相关标准的规定。

4）预制楼梯面层装修宜在出厂前完成。除踏步面二次装修外，预制楼梯踏步面应设置防滑措施。

5）混凝土强度等级应符合设计要求，且宜不低于30MPa。

4. 构造要求

预制楼梯采用高端支座为固定铰支座，低端支座为滑动铰支座的连接形式时，应满足以下构造要求：

1）平台梁与预制梯段间隙宽度应根据建筑物的结构体系、设防烈度、建筑层高等具体情况而定。高端固定铰支座与平台梁间隙宽度应不小于30mm，低端滑动铰支座与平台梁间隙宽度应不小于30mm，且不小于结构弹塑性层间位移。

2）平台梁挑耳厚度不应小于楼板厚度，且应保证楼梯荷载作用下，挑耳的抗剪与抗弯承载力满足设计要求。

3）预埋螺杆（钢筋）到预制楼梯端部的距离不小于$5d$（d为螺杆（钢筋）直径）的要求。

4）螺杆（钢筋）锚入下端梯梁挑耳$\geqslant 9d$，且螺杆末端设置钢筋锚固板，钢筋宜采用弯锚形式。

5）螺杆（钢筋）设计应考虑罕遇地震作用。

6）滑动铰支座在接触面必须设置“隔离层”，且滑动铰支座与平台梁间隙宽度不得填充刚性材料。

7）滑动铰支座端中空腔的高度大于$10d$，保证地震时楼梯能释放位移。

8）预制梯段宜采用轻质混凝土、抽孔，或采用高强混凝土减小板厚等措施降低构件自重。梯段宽度方向可以在踏步段内抽孔，梯段长度方向可以在梯段内填充轻质材料减重。

2.9　外挂墙板设计及构造

1. 在正常使用状态下，外挂墙板应具有良好的工作性能。外挂墙板在多遇地震作用下应能正常使用；在设防烈度地震作用下经修理后应仍可使用；在预估的罕遇地震作用下不应整体脱落；支承外挂墙板的结构构件应具有足够的承载力和刚度。

2. 外挂墙板与主体结构的连接节点应具有足够的承载力和适应主体结构变形的能力。外挂墙板和连接节点的结构分析、承载力计算和构造要求应符合现行国家标准《混凝土结构设计规范》GB 50010 和现行行业标准《装配式混凝土结构技术规程》JGJ 1 的有关规定。

3. 抗震设计时，外挂墙板与主体结构的连接节点在墙板平面内应具有不小于主体结构在设防烈度地震作用下弹性层间位移角 3 倍的变形能力。

4. 主体结构计算时，应按下列规定计入外挂墙板的影响：

1）应计入支承于主体结构的外挂墙板的自重；

2）当外挂墙板相对于其支承构件有偏心时，应计入外挂墙板重力荷载偏心产生的不利影响；

3）采用点支承与主体结构相连的外挂墙板，连接节点具有适应主体结构变形的能力时，可不计入其刚度影响；

4）采用线支承与主体结构相连的外挂墙板，应根据刚度等代原则计入其刚度影响，但不得考虑外挂墙板的有利影响。

5. 计算外挂墙板的地震作用标准值时，可采用等效侧力法，并应按现行国家标准《建筑抗震设计规范》GB 50011 的相关公式进行计算。

6. 外挂墙板的形式和尺寸应根据建筑立面造型、主体结构层间位移限值、楼层高度、节点连接形式、温度变化、接缝构造、运输限制条件和现场起吊能力等因素确定；板间接缝宽度应根据计算确定且不宜小于 10mm；当计算缝宽大于 30mm 时，宜调整外挂墙板的形式或连接方式。

7. 外挂墙板与主体结构采用点支承连接时，节点构造应符合下列规定：

1）连接点数量和位置应根据外挂墙板形状、尺寸确定，连接点不应少于 4 个，承重连接点不应多于 2 个（图 2.9.7-1）；

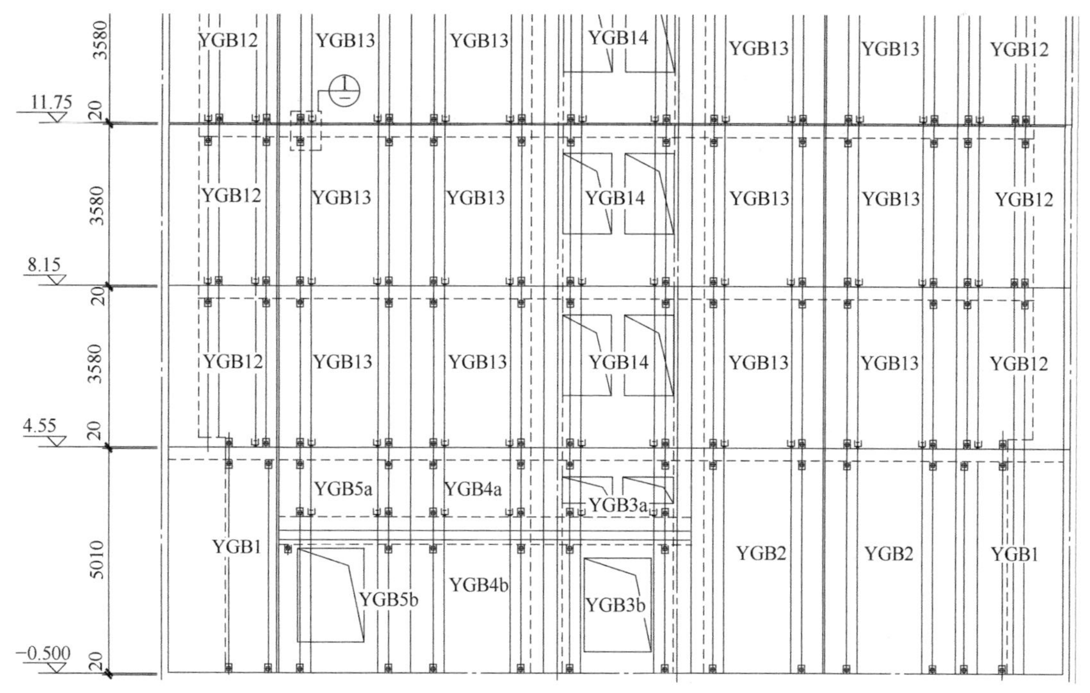

图 2.9.7-1 外挂墙板与主体结构采用点支承连接

2）在外力作用下，外挂墙板相对主体结构在墙板平面内应能水平滑动或转动（图 2.9.7-2）；

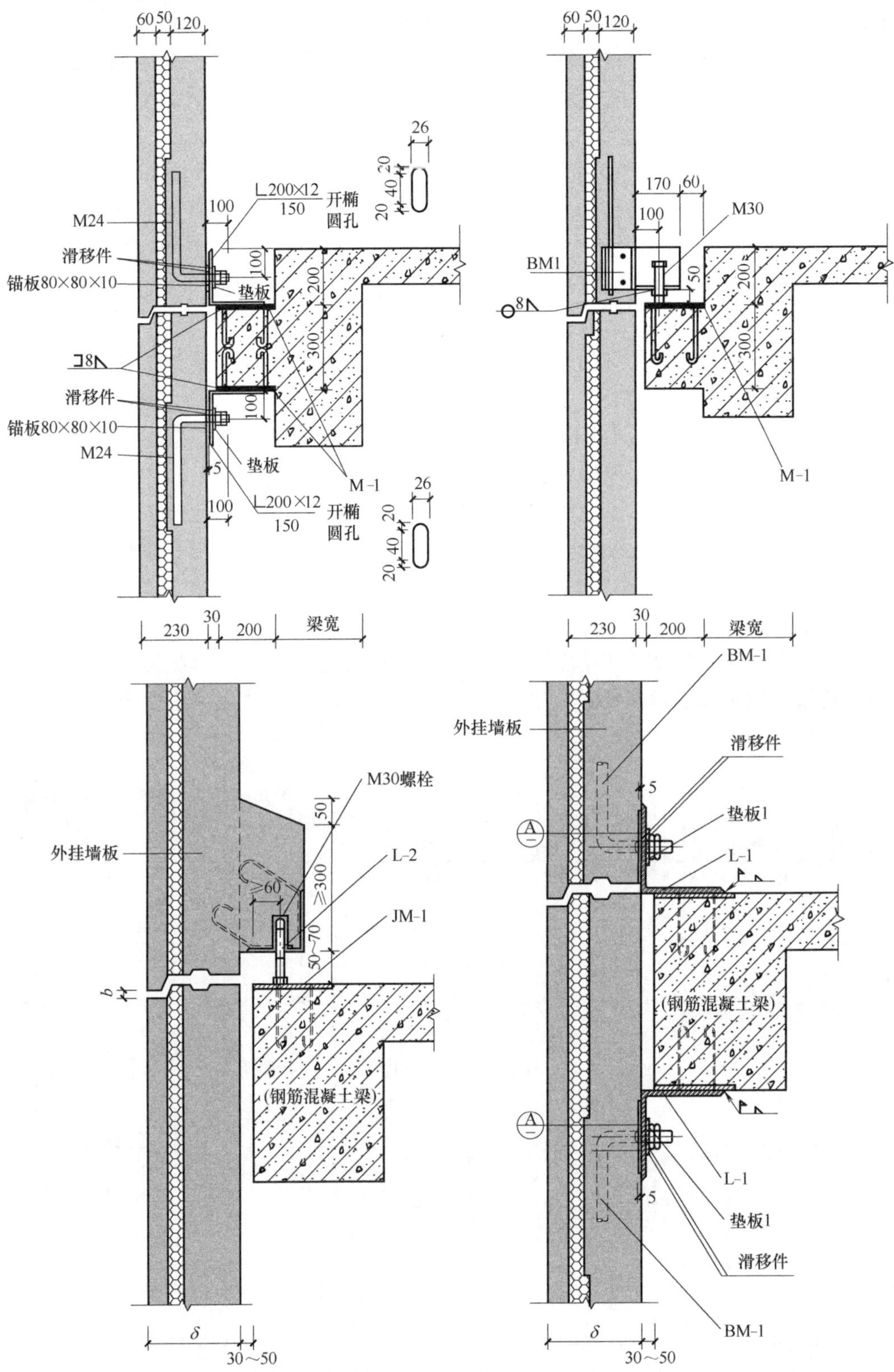

图 2.9.7-2　外挂墙板与主体结构采用点支承连接节点大样

3）连接件的滑动孔尺寸应根据穿孔螺栓直径、变形能力需求和施工允许偏差等因素确定（图 2.9.7-3、图 2.9.7-4）。

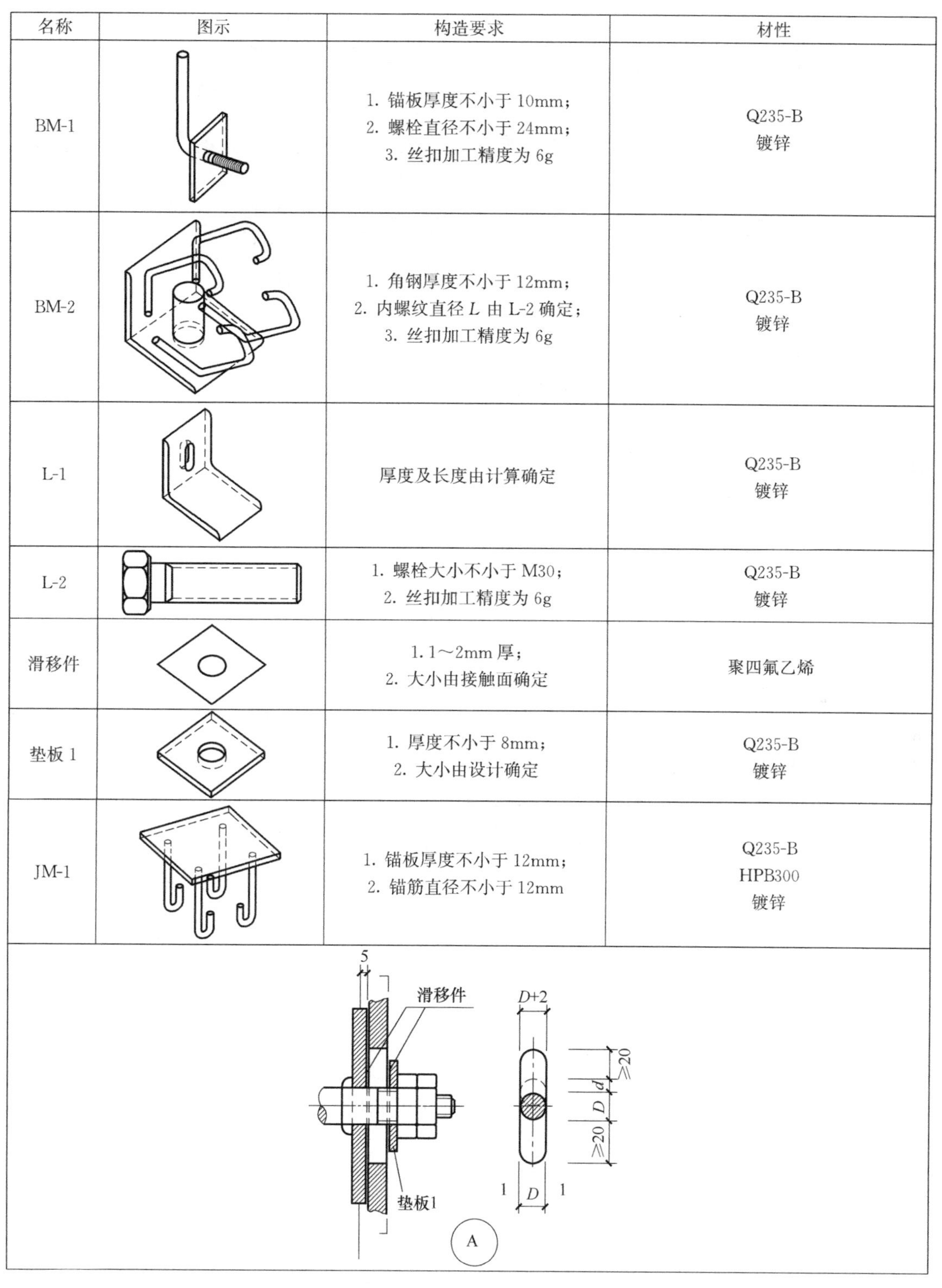

名称	图示	构造要求	材性
BM-1		1. 锚板厚度不小于 10mm； 2. 螺栓直径不小于 24mm； 3. 丝扣加工精度为 6g	Q235-B 镀锌
BM-2		1. 角钢厚度不小于 12mm； 2. 内螺纹直径 *L* 由 L-2 确定； 3. 丝扣加工精度为 6g	Q235-B 镀锌
L-1		厚度及长度由计算确定	Q235-B 镀锌
L-2		1. 螺栓大小不小于 M30； 2. 丝扣加工精度为 6g	Q235-B 镀锌
滑移件		1. 1～2mm 厚； 2. 大小由接触面确定	聚四氟乙烯
垫板 1		1. 厚度不小于 8mm； 2. 大小由设计确定	Q235-B 镀锌
JM-1		1. 锚板厚度不小于 12mm； 2. 锚筋直径不小于 12mm	Q235-B HPB300 镀锌

图 2.9.7-3 外挂墙板与主体结构连接预埋件、连接件构造大样

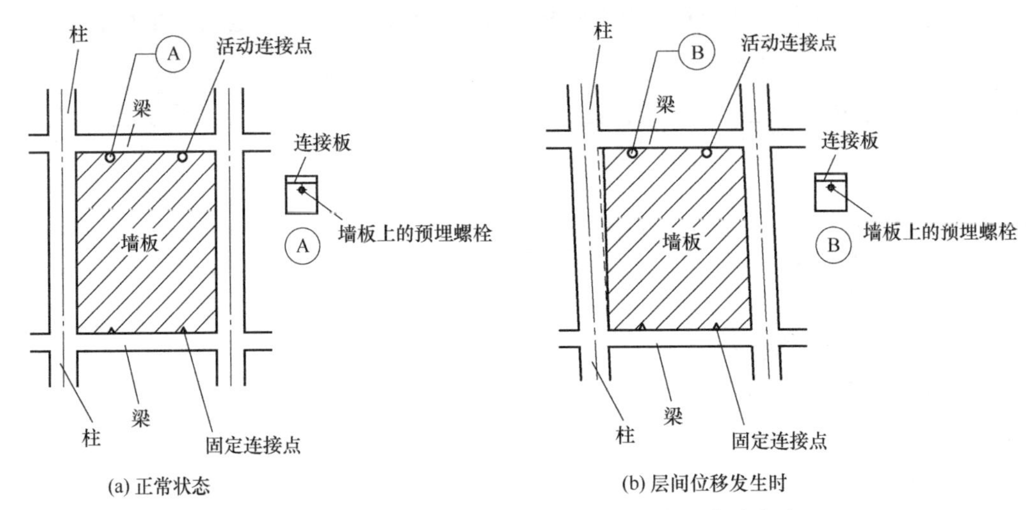

图 2.9.7-4　外挂墙板与主体结构采用点支承位移方式

8. 外挂墙板与主体结构采用线支承连接时（图 2.9.8-1～图 2.9.8-3），节点构造应符合下列规定：

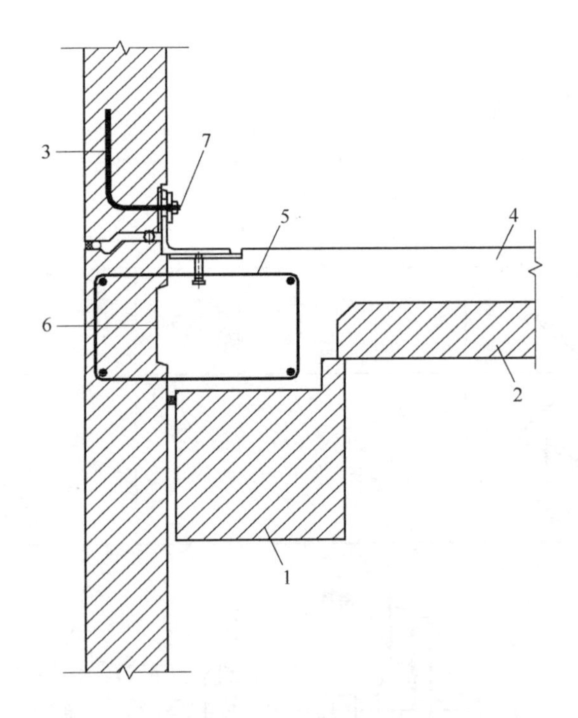

图 2.9.8-1　外挂墙板与主体结构采用线支承连接示意

1—预制梁；2—预制板；3—预制外挂墙板；4—后浇混凝土；
5—连接钢筋；6—剪力键槽；7—面外限位连接件

1）外挂墙板顶部与梁连接，且固定连接区段应避开梁端 1.5 倍梁高长度范围；

2）外挂墙板与梁的结合面应采用粗糙面并设置键槽；接缝处应设置连接钢筋，连接钢筋数量应经过计算确定且钢筋直径不宜小于 10mm，间距不宜大于 200mm；连接钢筋在外

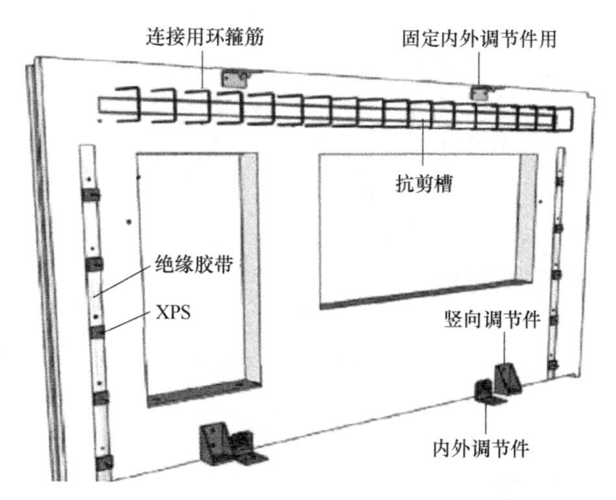

图 2.9.8-2 外挂墙板整体连接示意（线支承）

挂墙板和楼面梁后浇混凝土中的锚固应符合现行国家标准《混凝土结构设计规范》GB 50010 的有关规定；

3）外挂墙板的底端应设置不少于 2 个仅对墙板有平面外约束的连接节点；

4）外挂墙板的侧边不应与主体结构连接。

图 2.9.8-3 外挂墙板现场施工图

9. 外挂墙板不应跨越主体结构的变形缝。主体结构变形缝两侧的外挂墙板的构造缝应能适应主体结构的变形要求，宜采用柔性连接设计或滑动型连接设计，并采取易于修复的构造措施。

10. 外挂墙板的高度不宜大于一个层高，厚度不宜小于 100mm；宜采用双层、双向配筋，竖向和水平钢筋的配筋率均不应小于 0.15%，且钢筋直径不宜小于 5mm，间距不宜大于 200mm；门窗洞口周边、角部应配置加强钢筋。

11. 外挂墙板最外层钢筋的混凝土保护层厚度除有专门要求外，应符合下列规定：

1）对石材或面砖饰面，不应小于 15mm；

2）对清水混凝土，不应小于 20mm；

3）对露骨料装饰面，应从最凹处混凝土表面计起，且不应小于 20mm。

12. 外挂墙板间接缝的构造应符合下列规定：

1）接缝构造应满足防水、防火、隔声等建筑功能要求；

2）接缝宽度应满足主体结构的层间位移、密封材料的变形能力、施工误差、温差引起变形等要求，且不应小于 15mm。

2.10 构件拆分标准化

1. 平、立面标准化研究

装配式校舍建筑，方案设计阶段在满足建筑功能要求的前提下，应考虑平、立面标准化的实施与应用。

教室作为重复使用量最多的基本单元，应着重研究该基本单元的标准化。该基本单元内柱截面尺寸、柱网尺寸，以及开间进深、楼层高度在满足校舍建筑功能和结构安全要求的前提下，应遵循模数协调原则，少规格、多组合；组合平面宜规整，单开间平面内避免不必要的凹凸；立面设计宜协调立面多样化和经济美观的要求，洞口宜上下对齐，成列布置，窗洞布置应考虑外墙构件拆分的影响，窗洞布置宜满足构件自对称要求，窗洞尺寸及窗台高度宜协调统一。

在满足建筑功能和结构安全要求的前提下，结构平面布置应综合考虑构件标准化的应用，结构构件截面尺寸宜协调统一，预制柱截面尺寸在满足计算要求的前提下应符合预制梁安装连接空间要求，预制柱规格宜少且上下层尽量保持一致（节省模具及降低安装难度）；结构梁宽及梁位置宜上下层一致，不同楼层相应位置荷载差异较大时宜采用加大梁高提高承载力，不宜加大梁宽，结构梁高应根据计算确定且宜合理归并统一；预制楼梯宜采用标准化梯段，标准梯段踏步高度及宽度宜统一（图 2.10.1）。

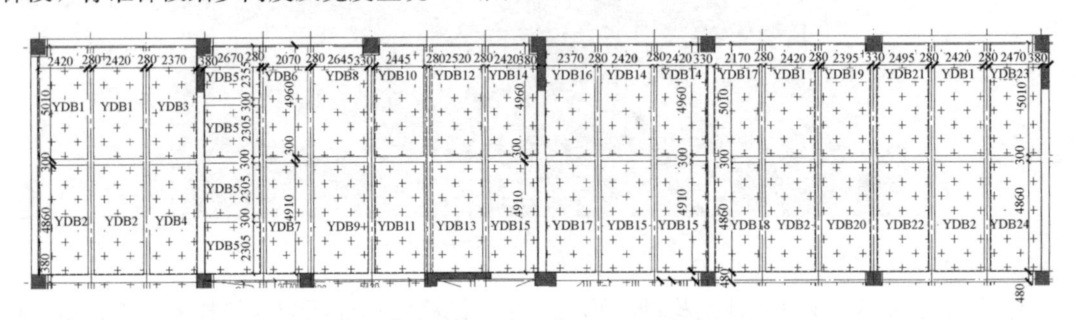

(a) 标准化优化前局部叠合板平面布置

图 2.10.1　平面标准化优化示意图（一）

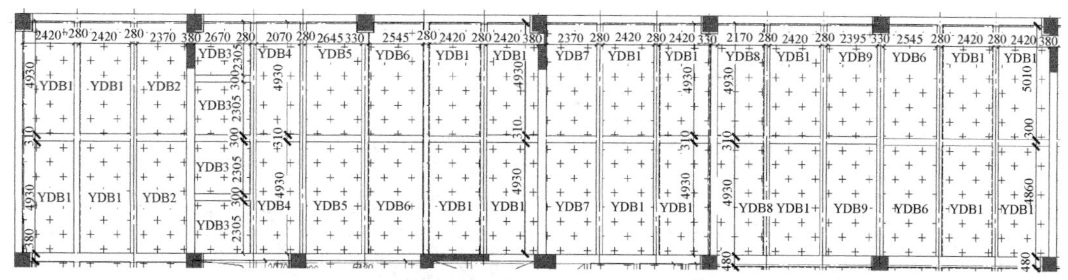

(b) 标准化优化后局部叠合板平面布置

图 2.10.1 平面标准化优化示意图（二）

2. 叠合板拆分标准化

叠合板尺寸标准化程度高低取决于结构平面布置形式，大量实践表明采取如下措施可以提高叠合板标准化程度。

1）调整标准单元结构平面梁位置，确保楼板跨度方向梁格净宽标准化，从而保证叠合板跨度尺寸标准化（图 2.10.2-1），当上下层使用荷载差异造成梁截面尺寸不一致时，宜采用加大梁高不改变梁宽的措施，确保全楼同部位拆分单元的标准化（图 2.10.2-2）。

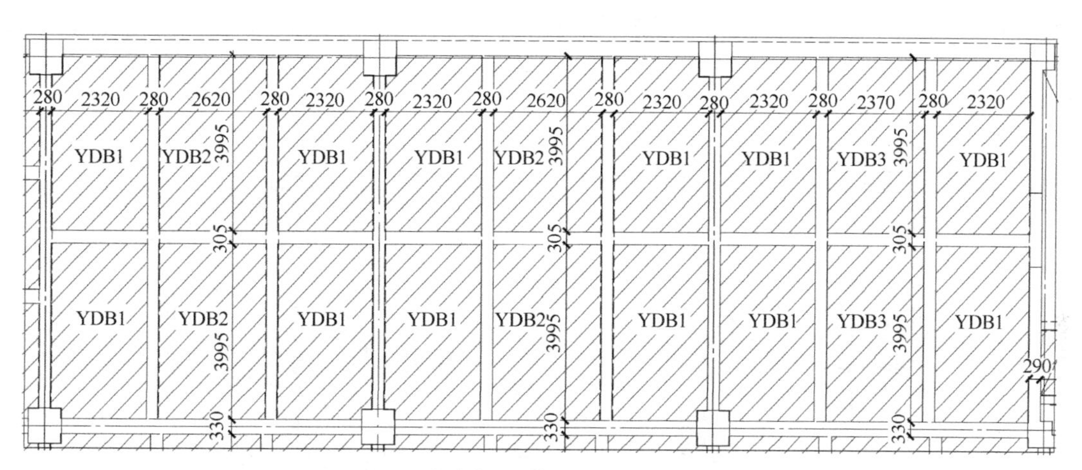

(a) 梁格净宽调整前局部叠合板平面布置

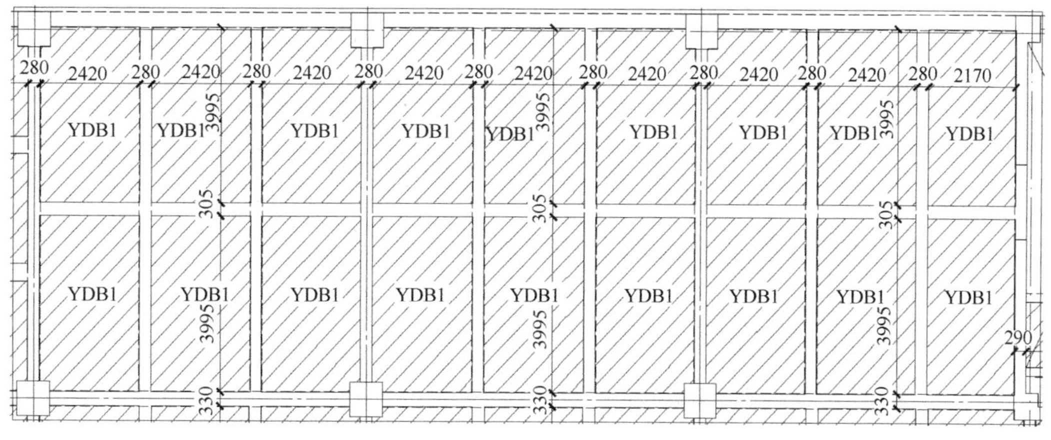

(b) 梁格净宽调整后局部叠合板平面布置

图 2.10.2-1 梁格净宽调整优化示意图

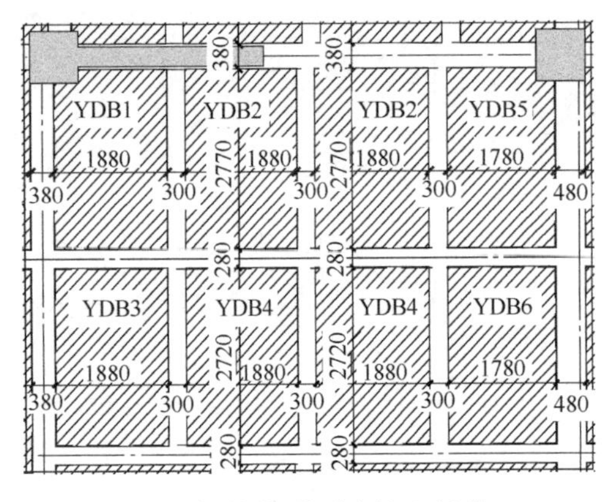

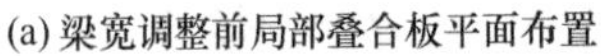
(a) 梁宽调整前局部叠合板平面布置

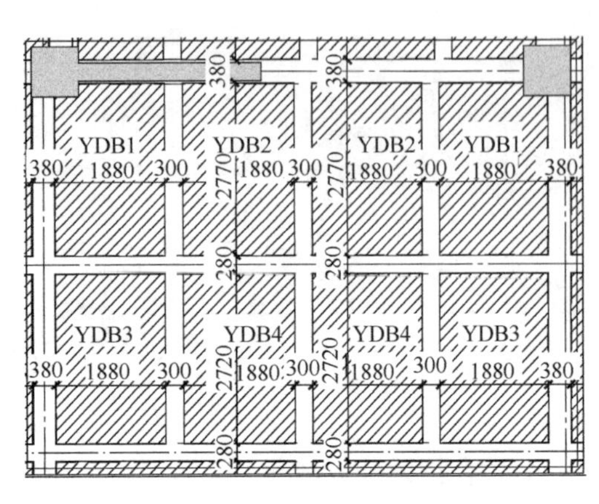

(b) 梁宽调整后局部叠合板平面布置

图 2.10.2-2　梁宽调整优化示意图

2）当标准单元沿叠合板宽度方向尺寸因梁宽变化造成非标时，可通过调整叠合板接缝宽度提高叠合板标准化程度（图 2.10.2-3），对整体式接缝，调整缝宽时，接缝钢筋长度应相应调整保证搭接长度；分离式接缝可采取增加搭接钢筋措施保证楼板整体性（图 2.10.2-4）。

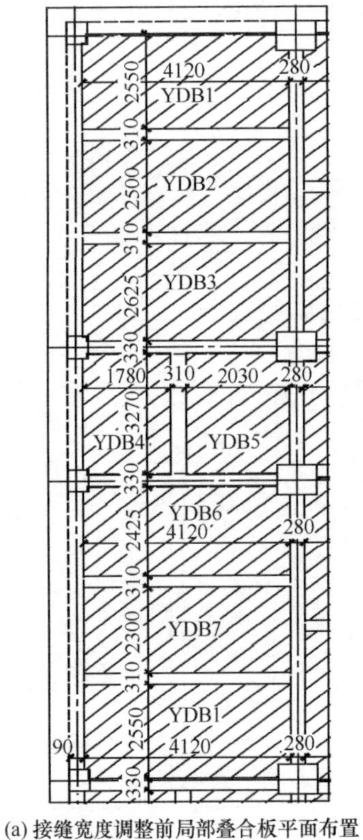

(a) 接缝宽度调整前局部叠合板平面布置

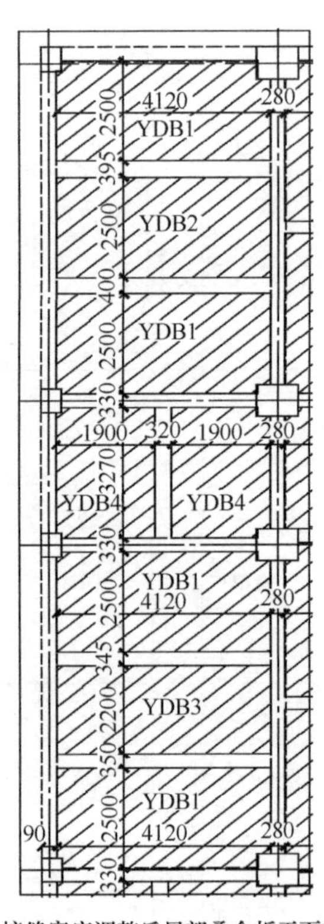

(b) 接缝宽度调整后局部叠合板平面布置

图 2.10.2-3　接缝宽度调整优化示意图

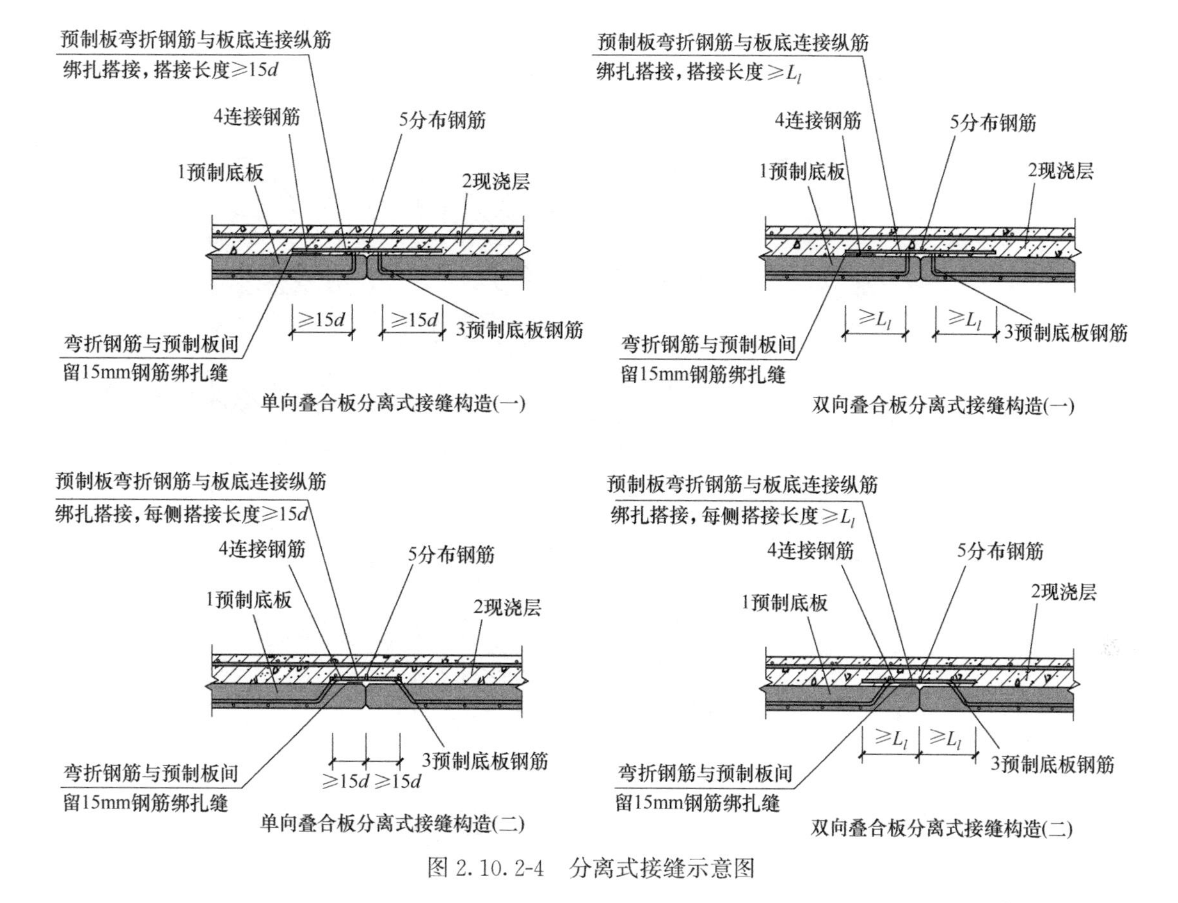

图 2.10.2-4　分离式接缝示意图

3）对标准单元内因框架柱凸角影响，叠合板需要切角处理造成非标时，可取消切角长度h 范围内预制部分形成矩形板，切角范围采用现浇以提高构件标准化程度（图 2.10.2-5）。

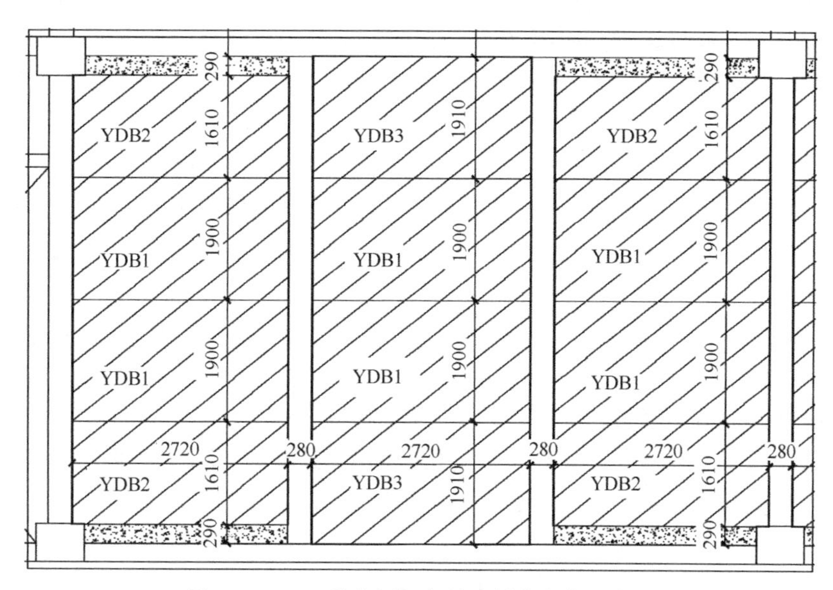

图 2.10.2-5　叠合板切角处理拆分方案示意图

4）对标准化程度非常低的平面布置，可采用固定板宽预制叠合板拆分方案，沿开间逐块排布直至开间内剩余宽度小于预制板宽，对该非标部位采用现浇，从而提高叠合板宽度标准化程度（图 2.10.2-6）。

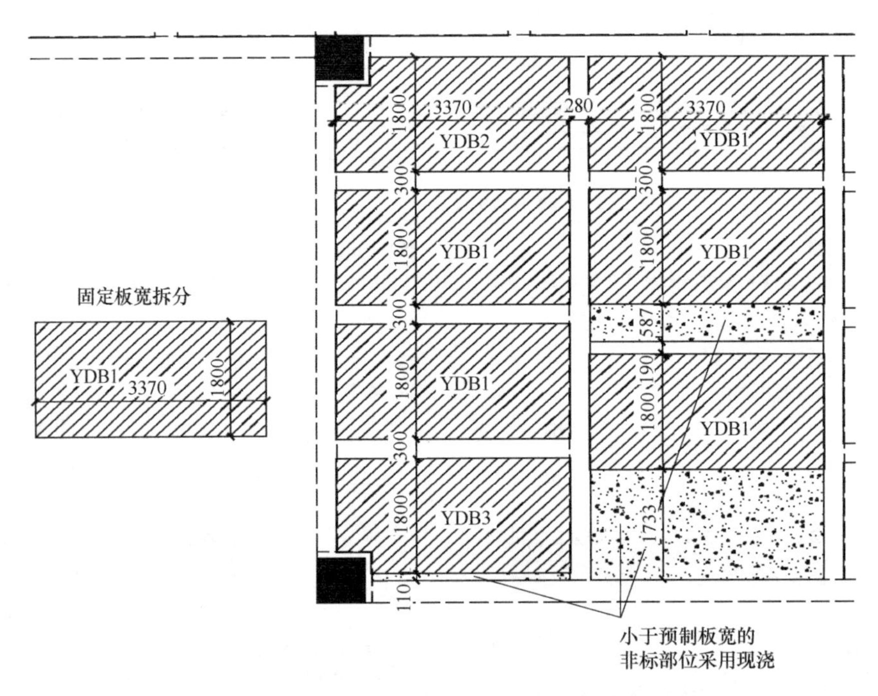

图 2.10.2-6　叠合板固定板宽拆分方案示意图

5）叠合板分离式接缝不出筋连接标准化，通过分离式接缝连接不出筋，控制叠合板宽度，降低整体式接缝宽度对标准化的影响，取消施工过程中接缝处支模，降低措施费用。

3. 叠合梁拆分标准化

叠合梁拆分影响因素主要包括：梁截面尺寸、预制梁配筋、预制梁现浇层厚度、预制梁箍筋设置、预制梁平面外梁-梁连接构造等，采取如下措施可以提高叠合梁标准化程度。

1）预制梁宽度标准化

设计阶段未考虑装配式拆分标准化时，结构梁截面尺寸种类较多，在荷载较大单元内为保证净高一般采取局部加大梁宽的方式提高梁的承载力，局部加大梁宽一方面会影响叠合板的标准化程度，另一方面梁宽变化会增加预制梁的种类，通过合理归并梁宽增加梁高，同时调整叠合梁后浇层厚度以保证预制段高度相同可以提高预制梁的标准化程度（图 2.10.3-1）。

2）预制梁端出筋标准化

预制梁顶部钢筋采用现场绑扎，不影响构件的标准化，底筋及腰筋均设置在预制梁内，端部出筋差异会影响模具标准化，增加模具摊销费用，在设计阶段通过合理构造，在满足计算要求的前提下，一方面通过归并底筋差异较小的梁，另一方面对底筋计算值较大的梁可以采取底筋局部截断不伸入支座，外伸钢筋规格、间距与同截面配筋较小钢筋一致以提高模具的通用性。预制梁配筋宜采用大直径、大间距提高安装的便捷性，同时截断钢筋能保证梁柱连接现浇节点有限空间的施工质量，钢筋锚固宜采用机械锚固（图 2.10.3-2）降低节点区域施工复杂程度，确保节点核心区施工质量的可靠性（图 2.10.3-3）。

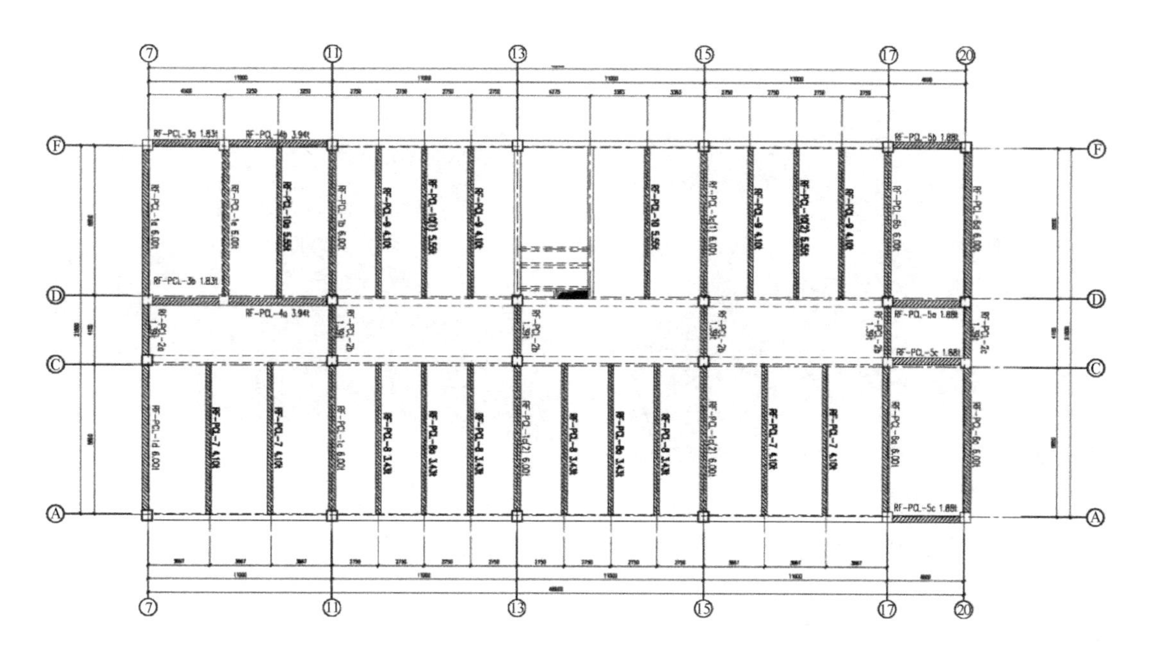

图 2.10.3-1　预制梁标准化拆分示意图

图 2.10.3-2　预制梁端机械锚固

3）箍筋设置标准化

等跨预制梁箍筋的设置宜采用同规格、同间距箍筋，对内部预制梁箍筋标准化可以减少预制梁模具种类，对外圈设置挂板的预制梁，箍筋需要考虑挂板连接钢筋的适配性，梁箍筋间距标准化可以降低挂板出筋非标准化程度；预制次梁优选组合封闭箍，即开口箍加箍筋帽的形式，预制框架梁加密区选用整体封闭箍，非加密区优选组合封闭箍，降低现场穿筋难度（图 2.10.3-4）。

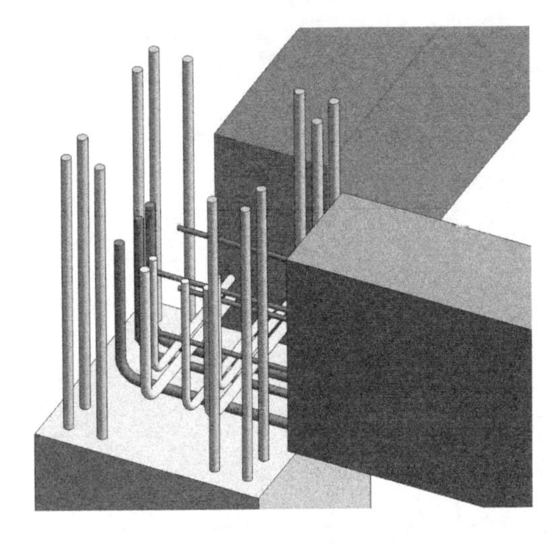

(a) 角柱梁柱节点核心区

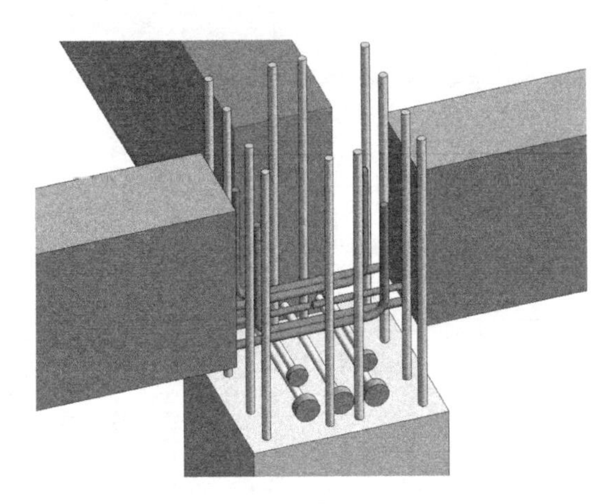

(b) 边柱梁柱节点核心区

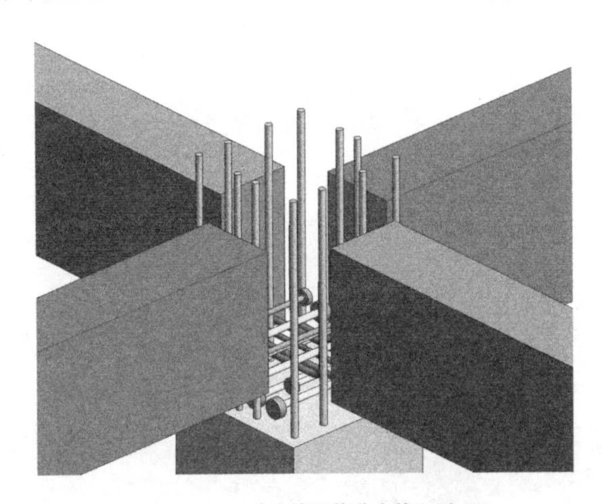

(c) 中柱梁柱节点核心区

图 2.10.3-3　梁柱节点核心区连接

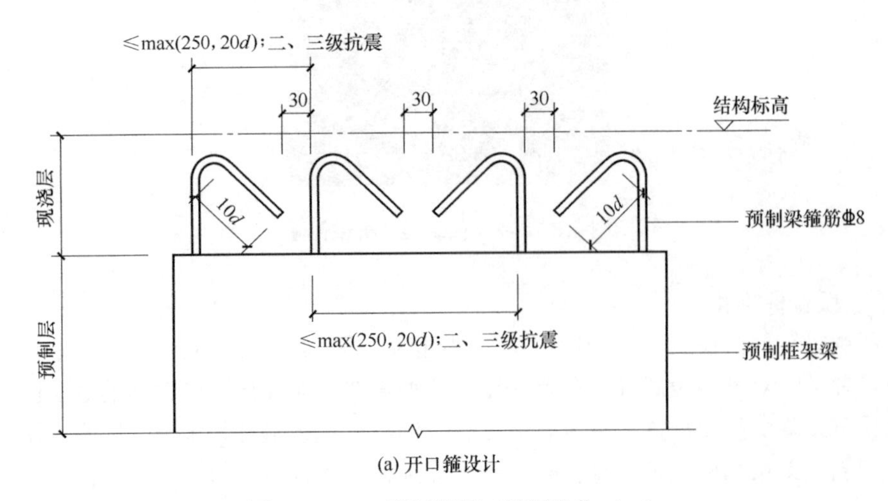

(a) 开口箍设计

图 2.10.3-4　预制梁开口箍标准化（一）

(b) 预制梁开口箍（两肢箍、四肢箍）

图 2.10.3-4 预制梁开口箍标准化（二）

4）预制段高度标准化

等跨预制梁当梁高差异不大时，可采用调整现浇段高度等高预制段提高标准化程度，例如梁高分别为 700mm 和 800mm 时，预制段可以采用相同高度 550mm，对梁高 700mm 的梁，现浇段选用 150mm，对梁高 800mm 的梁，现浇段选用 250mm，再根据实际情况判断是否符合本节第 2）款，进一步提高标准化程度；当等高次梁因结构降板造成预制段高度不一致时，需根据预制梁数量及规格判断调整现浇段高度的经济性与合理性，以酌情选用。

5）梁侧连接标准化

预制次梁宜采用单次梁或双次梁布置减少梁侧连接，尽量不要在梁侧设置二级次梁，如必须设置，可以采用牛担板连接（图 2.10.3-5）或预留钢筋机械连接接头降低连接施工难度；预制主梁宜采用牛担板连接（钢企口）或次梁采用刀把梁，梁-梁连接在现浇层采用湿法连接锚固，同时预制次梁底筋不伸入预制框梁内。对需要在预制框梁内连接的钢筋应采用大直径、大间距，且宜调整连接钢筋规格以提高标准化程度。

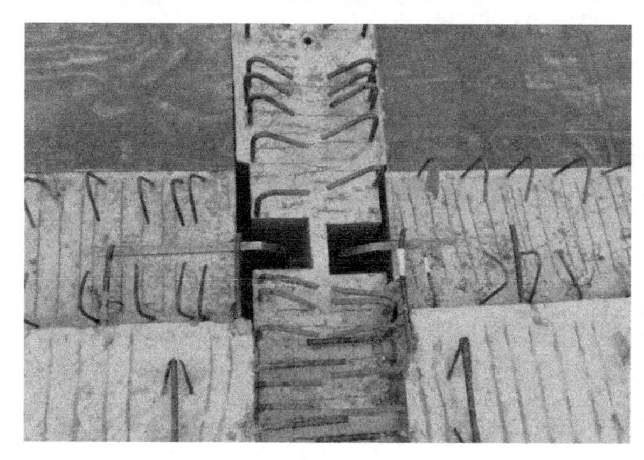
(a) 主次梁牛担板连接节点

(b) 预制主梁上预留企口

图 2.10.3-5 主次梁牛担板连接示意图（一）

(c) 预制次梁端部牛担板

图 2.10.3-5　主次梁牛担板连接示意图（二）

6）预埋预留标准化

预埋宜考虑提高接口兼容性以降低设计差异造成的非标准化程度，提升标准化程度，梁内预埋如无构造要求宜采用内凹式（图 2.10.3-6）降低构件差异性。

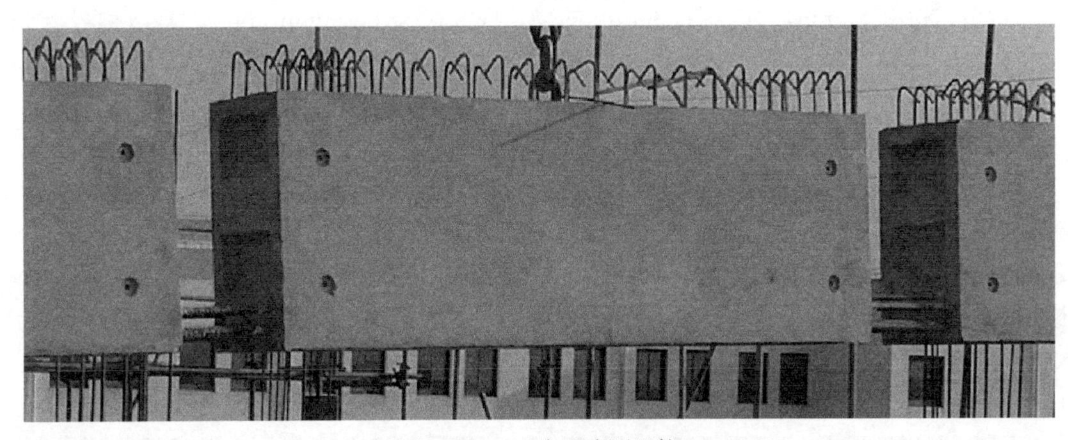

图 2.10.3-6　内凹式预埋件

4. 预制柱拆分标准化

预制柱拆分影响因素主要包括：柱截面尺寸、预制柱纵筋规格、柱预制段高度、预制柱预留预埋等，采取如下措施可以提高预制柱标准化程度。

1）截面尺寸标准化

预制柱在满足计算要求的前提下宜采用方柱，柱截面尺寸不宜小于 600mm×600mm，对现浇结构当柱上存在多向框架梁交汇时，同向底筋可以贯通柱截面，且柱纵筋及梁纵筋位置可以现场灵活调整，而预制梁底筋无法贯通，且预制梁底纵筋位置固定，加之预制柱纵筋位置固定后，钢筋交汇较多且空间有限，增加了吊装难度，因此提高预制柱截面尺寸，减少配筋，增大纵筋间距可降低连接难度，对纵筋连接数量少且连接简单的框架节点可根据钢筋排布及综合经济性考虑优化柱截面尺寸；同层柱截面尺寸宜合理归并减少构件种类，上下层柱截面尺寸宜保持一致以提高模具通用性，降低预制柱连接难度。

2）纵筋配筋标准化

预制柱纵筋在满足计算要求的前提下宜采用大直径、大间距，当间距大于抗规限定值时，可参照润泰体系增设上下层不连接的辅助纵筋，柱纵筋规格间距宜合理归并以降低非标准化程度，当柱纵筋考虑避让梁纵筋出现非自对称时，宜结合梁纵筋交替布置以提高通用性；上下层纵筋数量及规格不一致时，宜考虑提高直径，统一数量，采用变径套筒实现上下层连接钢筋数量一致（图 2.10.4）。

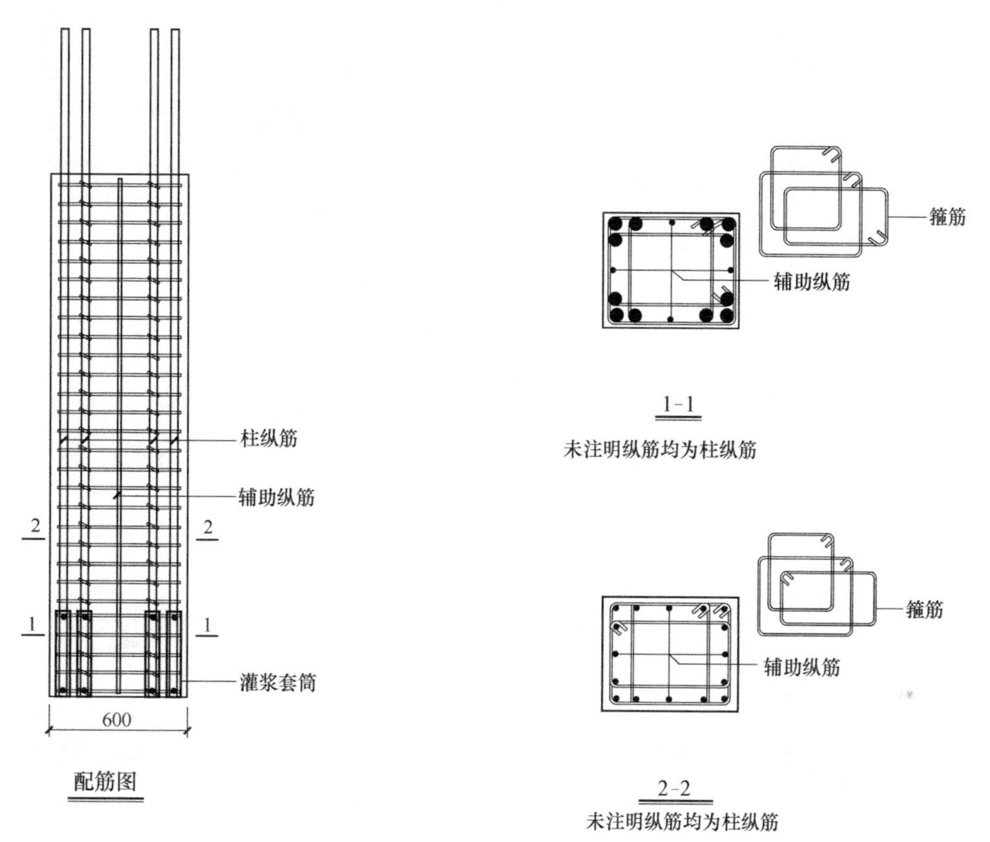

图 2.10.4　预制柱辅助纵筋

3）预制柱预制段高度

预制柱预制段高度标准化主要影响因素包括层高、梁高；在方案设计阶段就要考虑该因素的影响，采用标准层高，控制框架梁高宜协调统一，以提高预制柱标准化程度，预制柱尚应考虑塔式起重机适配性。

5. 预制楼梯拆分标准化

1）梯段标准化

梯段标准化主要影响因素包括踏步高度、踏步宽度、梯段长度、梯段高度、梯段宽度及梯段厚度；当采用标准层高时，宜使上述尺寸协调统一，当无法全楼统一时，针对预制梯段外伸正反模具问题，对标准化程度高、适合预制梯段采取预制，非标准化梯段采用现浇（图 2.10.5-1）。

2）连接标准化

预制楼梯与梯梁根据结构形式不同，可以采用不同的连接方式。

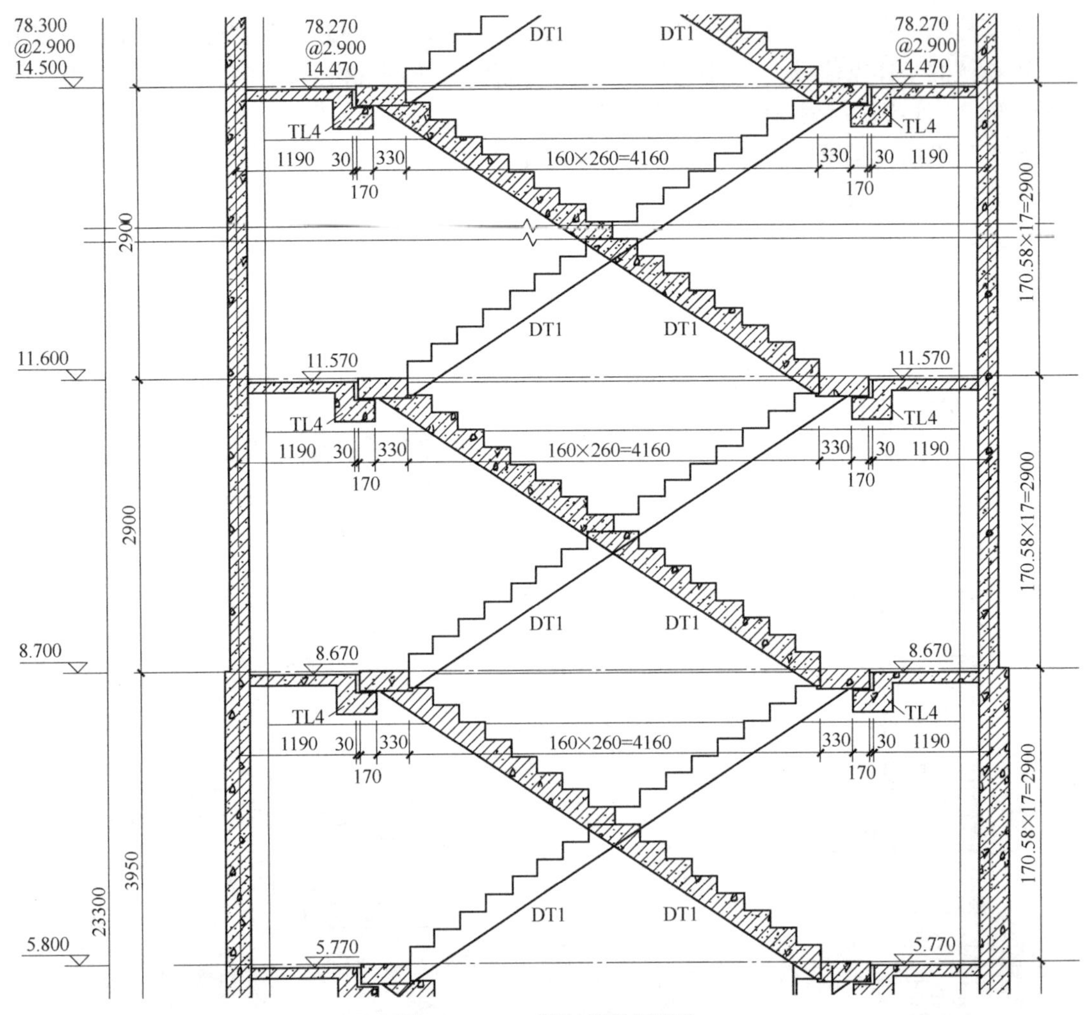

图 2.10.5-1　预制楼梯标准化

对框架-剪力墙结构，当楼梯间两个方向剪力墙围合长度大于相应方向尺寸 1/2 时，可以忽略楼梯斜撑件对整体结构的影响，楼梯支座采用半刚结连接，此时，预制楼梯通过预留胡子筋锚固于现浇结构中实现连接构造（图 2.10.5-2），该连接标准化需要注意预留钢筋规

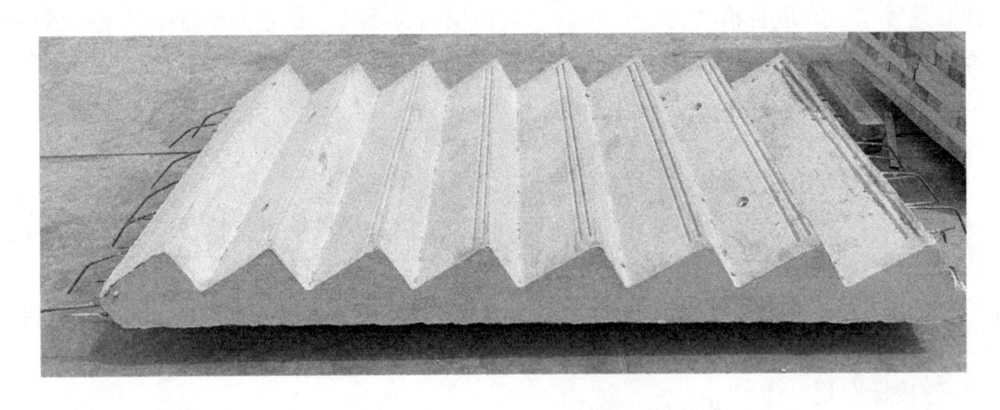

图 2.10.5-2　预留出筋预制楼梯

格及间距标准化。

对框架结构，因无法忽略楼梯对主体结构的影响，需要采用滑动支座，此时楼梯上端采用固定铰支座，下端采用滑动铰支座，与梯梁牛腿中预埋锚筋实现连接构造，此种连接应注意预制段端部外伸长度及预留孔位置、预留孔尺寸、梯段与梯梁滑移量的标准化（图 2.10.5-3）。

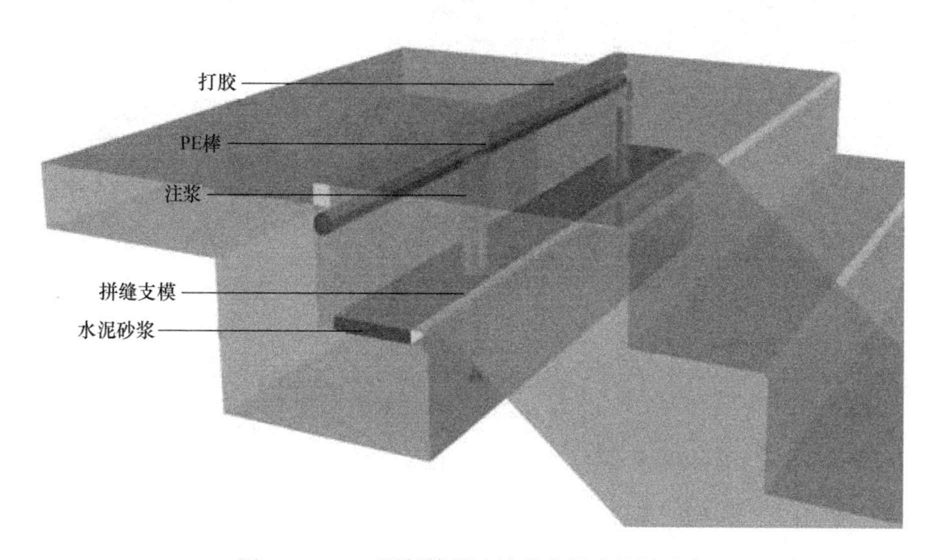

图 2.10.5-3　预制楼梯连接节点做法效果示意

3）预留预埋件标准化

预制梯段预埋件包含吊装设置、栏杆预埋件，构件设计时需要考虑固定预埋件位置，且需要考虑正反梯段的标准化。

6. 预制外挂墙板拆分标准化

1）构件尺寸标准化

框架结构外挂墙板标准化主要受层高、立面造型、外凸空调板、开间宽度、窗台高度、窗洞尺寸等因素的影响，为保证构件标准化，首先需要满足层高标准化要求，层高固定可保证外墙板竖向尺寸标准化；同时对外墙窗洞处，窗台高度及窗洞尺寸需协调统一；为避免立面单调可选用构件饰面形式色彩多样化，实现构件少规格、多组合，构件组合层间交替变化丰富立面效果；开间尺寸较大时，开间内构件可二次拆分，拆分形成的构件宜互为对称或构件自对称以提高模具通用性；对外凸空调板等需要对外墙板切角处理时，宜考虑构件切角后加工及安装难度，必要时可调整空调板宽度至构件缝边，保证构件不出现小凸角。

2）构件连接标准化

外挂墙板与主体结构连接宜按照图集《预制混凝土外墙挂板（一）》16J110-2 16G333推荐做法实施连接构造，且同规格构件宜实现连接标准化，当采用现行国家标准《装配式混凝土建筑技术标准》GB/T 51231 第 5.9.8 条线支承连接时，外伸钢筋规格、间距应考虑与预制梁钢筋的避让，尽量实现出筋标准化（图 2.10.6-1～图 2.10.6-6）。

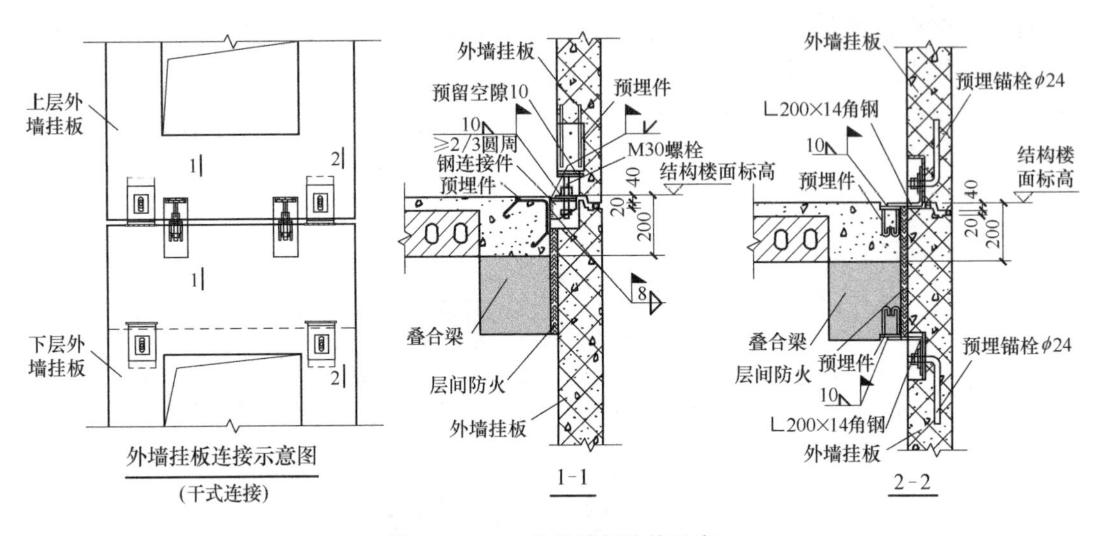

图 2.10.6-1　外挂墙板连接示意

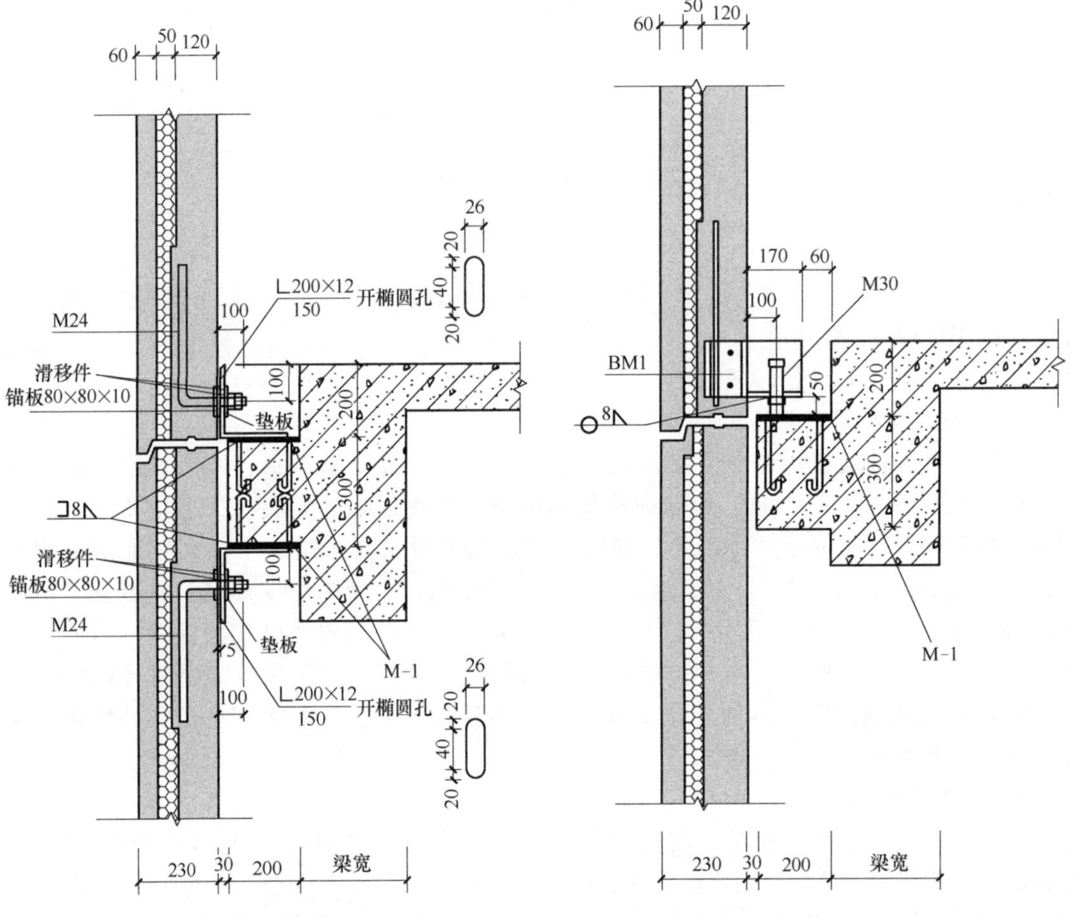

图 2.10.6-2　外挂墙板与主体结构点支承连接节点示意 1

图 2.10.6-3　外挂墙板与主体结构点支承连接节点示意 2

图 2.10.6-4 外挂墙板与主体结构点支承连接节点示意 3

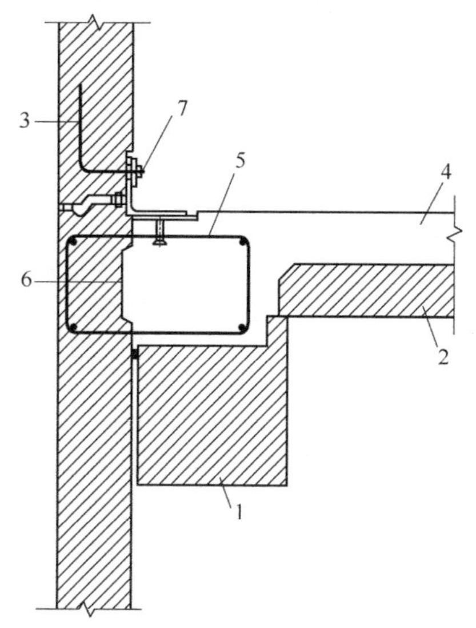

图 2.10.6-5 外挂墙板与主体结构线支承连接示意 1

1—预制梁；2—预制板；3—预制外挂墙板；4—后浇混凝土；

5—连接钢筋；6—剪力键槽；7—面外限位连接件

图 2.10.6-6 外挂墙板与主体结构线支承示意 2

2.11 课题研究成果

1. 叠合板不出筋技术

1）现状简介

现阶段叠合板拆分主要采用分离式接缝及整体式接缝，其中单向板采用分离式接缝，双向板采用整体式接缝。单向板分离式接缝拼缝处采用不出筋设计，支座处采用出筋和不出筋两种设计；双向板整体式接缝拼缝处预留连接钢筋，钢筋在拼缝处现浇段搭接连接；《装配式混凝土结构连接节点构造》15G310-1～2 提出一种双向板密缝的连接构造，该构造类似单向板密缝拼接，连接钢筋连接长度需满足 100%搭接要求，现浇层厚度不小于 80mm；现行国家标准《装配式混凝土建筑技术标准》GB/T 51231 第 5.5.3 条指出，当桁架钢筋混凝土叠合板的后浇层厚度不小于 100mm 且不小于预制板厚度的 1.5 倍时，支座钢筋可不出筋，采用间接搭接设置（图 2.11.1-1～图 2.11.1-5）。

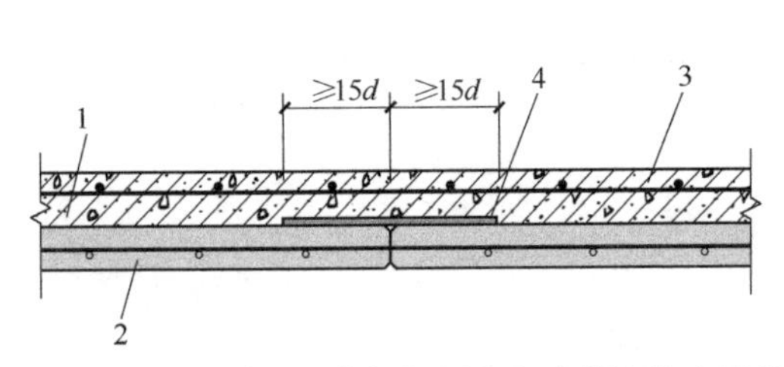

图 2.11.1-1 单向叠合板板侧分离式拼缝构造示意

1—后浇混凝土叠合层；2—预制板；

3—后浇层内钢筋；4—附加钢筋

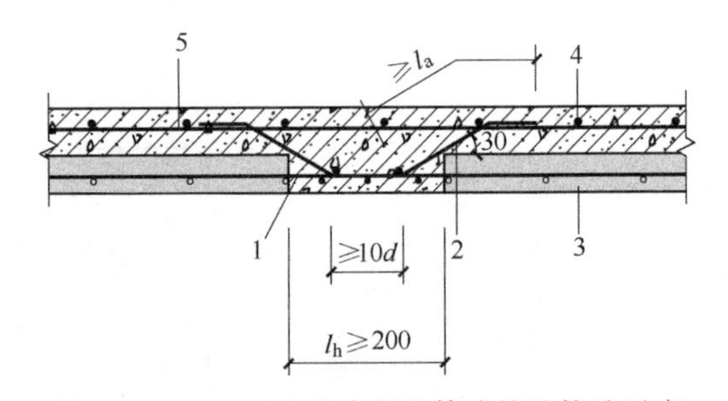

图 2.11.1-2 双向叠合板整体式接缝构造示意

1—通长构造钢筋；2—纵向受力钢筋；

3—预制板；4—后浇混凝土叠合层；5—后浇层内钢筋

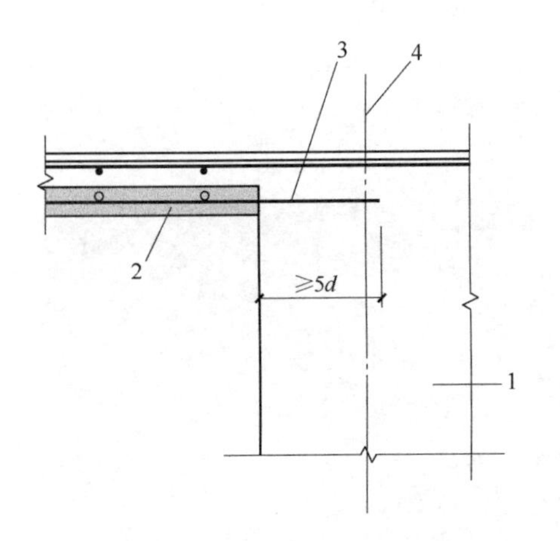

图 2.11.1-3 叠合板端及板侧支座构造示意 1

1—支承梁或墙；2—预制板；

3—纵向受力钢筋；4—支座中心线

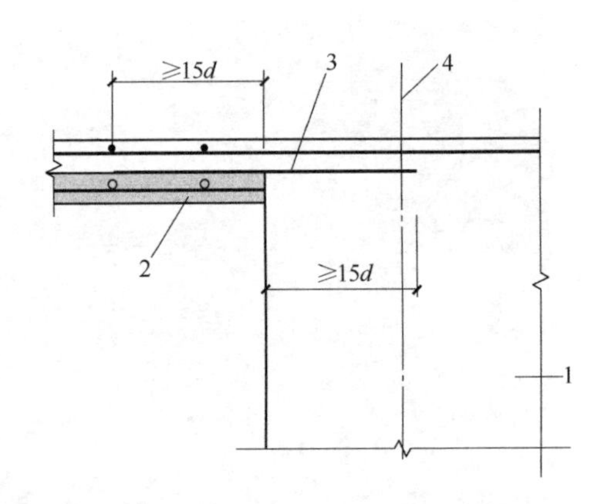

图 2.11.1-4 叠合板端及板侧支座构造示意 2

1—支承梁或墙；2—预制板；

3—附加钢筋；4—支座中心线

2）叠合板出筋影响情况分析

（1）无论是单向板还是双向板板侧出筋时，当采用预制梁，外伸钢筋与预制梁箍筋未考虑避让时会存在钢筋碰撞；吊运至现场后只能采取现场人工调整校正，一方面降低了施工效率，另一方面人工调整可能会损伤构件或外伸钢筋，考虑钢筋碰撞，会增加构件加工工作的难度，且钢筋间距非标无法利用成品钢筋网片，影响构件厂生产效率；当采用现浇梁时，习惯上会先绑扎梁钢筋骨架，支模，然后再吊装叠合板，但是叠合板进行垂直吊运时其外伸筋会受现浇梁顶部钢筋限制，无法安装就位，须先吊装叠合板，后绑扎梁顶部钢筋，叠合板就位后，梁顶部钢筋无论是后穿筋还是调整均存在较大的施工难度（图 2.11.1-6）。

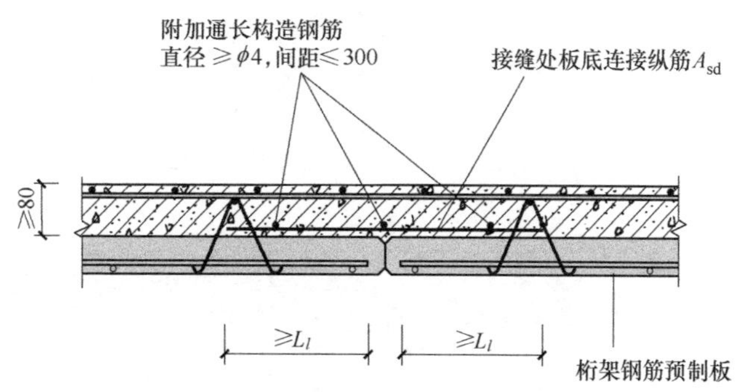

图 2.11.1-5 双向叠合板密拼缝构造示意
（适用于叠合板间密拼接缝）

图 2.11.1-6 叠合板与预制（现浇）梁节点

（2）双向板接缝出筋时，现浇接缝增加了现场的支模工作量及工作难度，且接缝施工养护难度较大，易开缝、漏浆（图 2.11.1-7）；调整接缝宽度受限于钢筋搭接锚固长度只能增大不能减小，增加了现场施工难度。

3）现阶段叠合板不出筋情况分析

无论是单向板还是双向板板侧不出筋时，附加连接钢筋直接放置于预制层顶面，钢筋沿径向锚固偏小，锚固破坏锥体不完整造成粘结力小于现浇混凝土内锚固，且无论是支座处还是接缝处连接钢筋极易受到施工阶段混凝土振捣扰动发生偏位，最终达不到设计效果。

2. 叠合板不出筋技术

结合工程实践，本课题提出一种新型不出筋连接构造，通过预制底板钢筋接缝处或支座

图 2.11.1-7 叠合楼板整体式接缝施工示意图

处弯折上浮，连接钢筋与底板钢筋形成直接绑扎搭接，一方面能提高连接钢筋的粘结锚固力，另一方面直接绑扎搭接能固定连接钢筋，不受施工扰动，从而确保连接质量（图 2.11.2-1～图 2.11.2-5）。

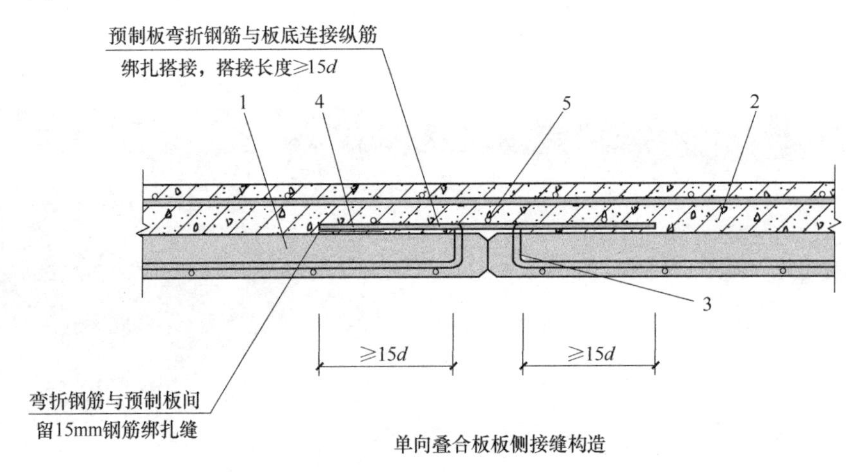

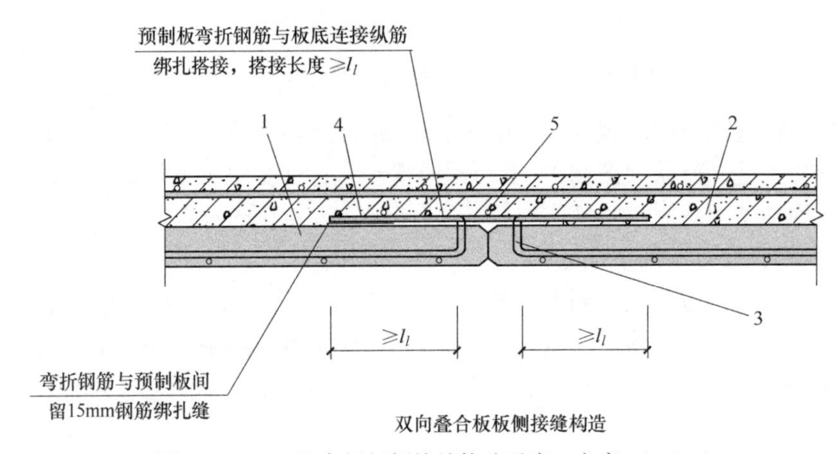

图 2.11.2-1 叠合板板侧接缝构造示意（方案一）（一）

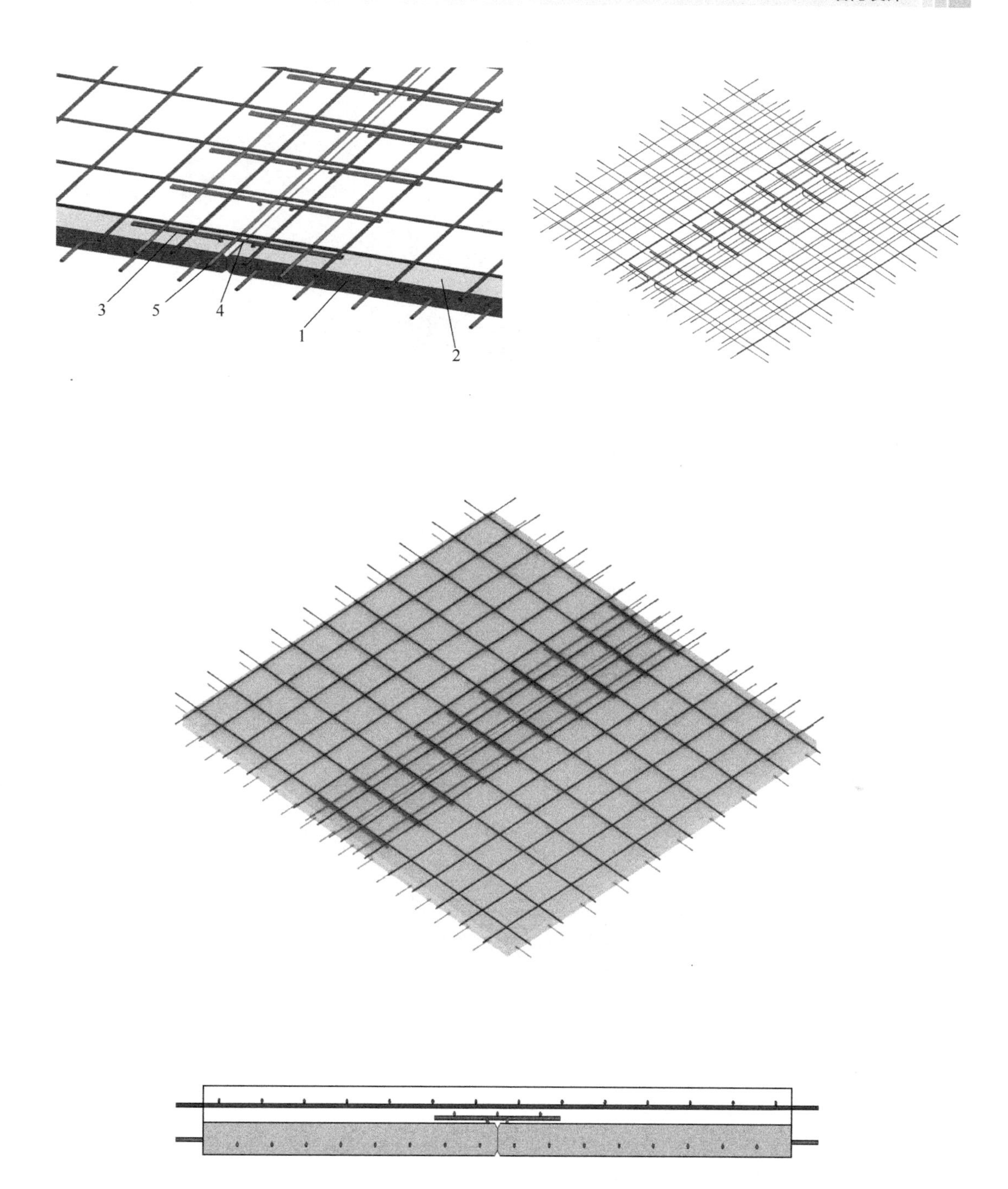

图 2.11.2-1　叠合板板侧接缝构造示意（方案一）（二）

1—叠合板预制层；2—叠合板现浇层；3—预制板纵向弯折钢筋；
4—板底连接纵筋；5—附加通长钢筋

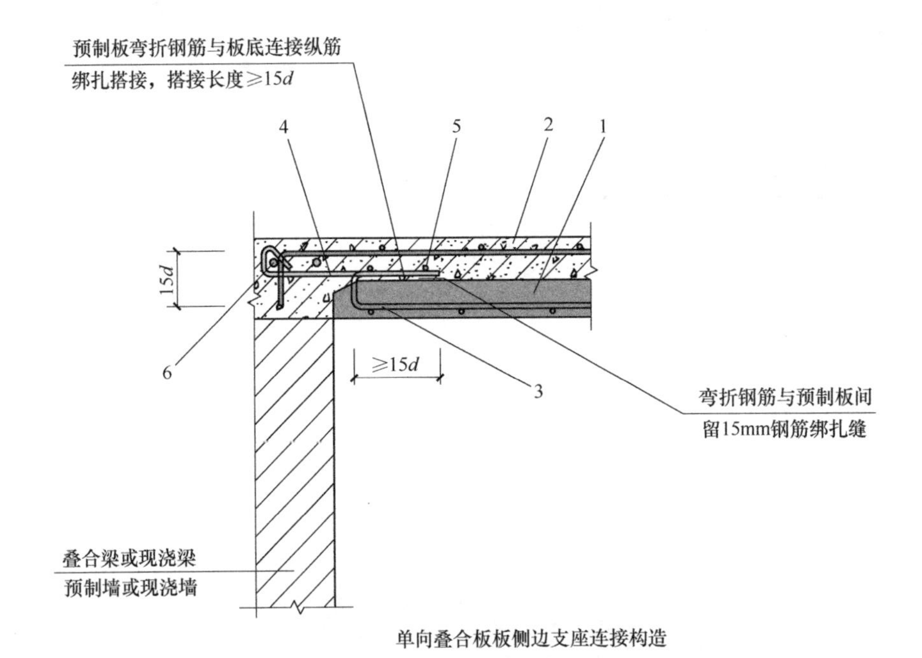

单向叠合板板侧边支座连接构造

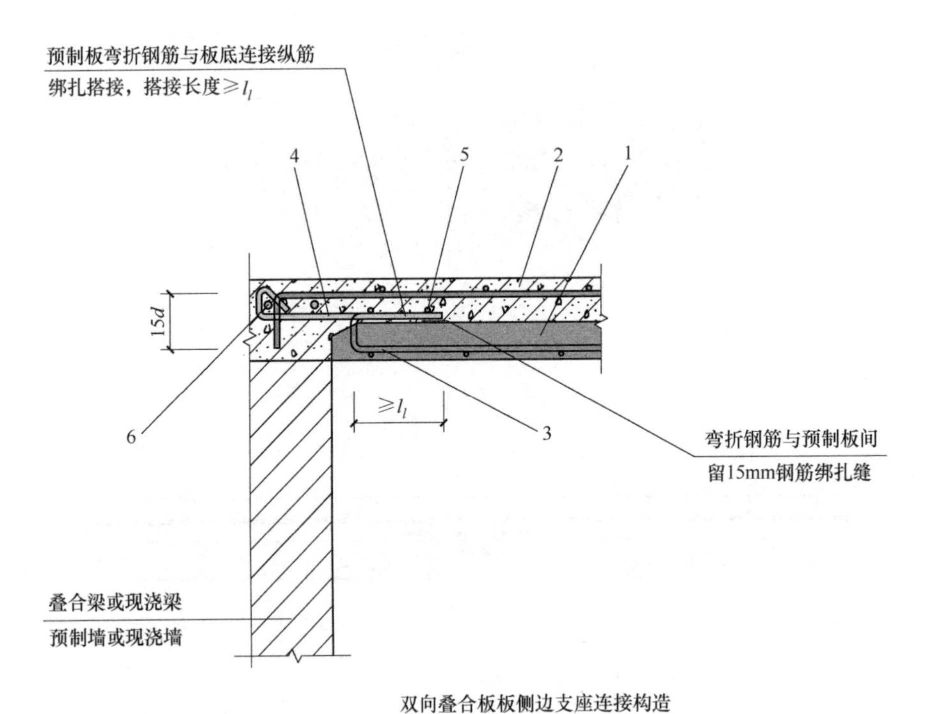

双向叠合板板侧边支座连接构造

图 2.11.2-2　叠合板板侧边支座连接构造（方案一）

1—叠合板预制层；2—叠合板现浇层；3—预制板纵向弯折钢筋；4—板底连接纵筋；
5—附加通长钢筋；6—弯折后与梁（墙）纵向钢筋

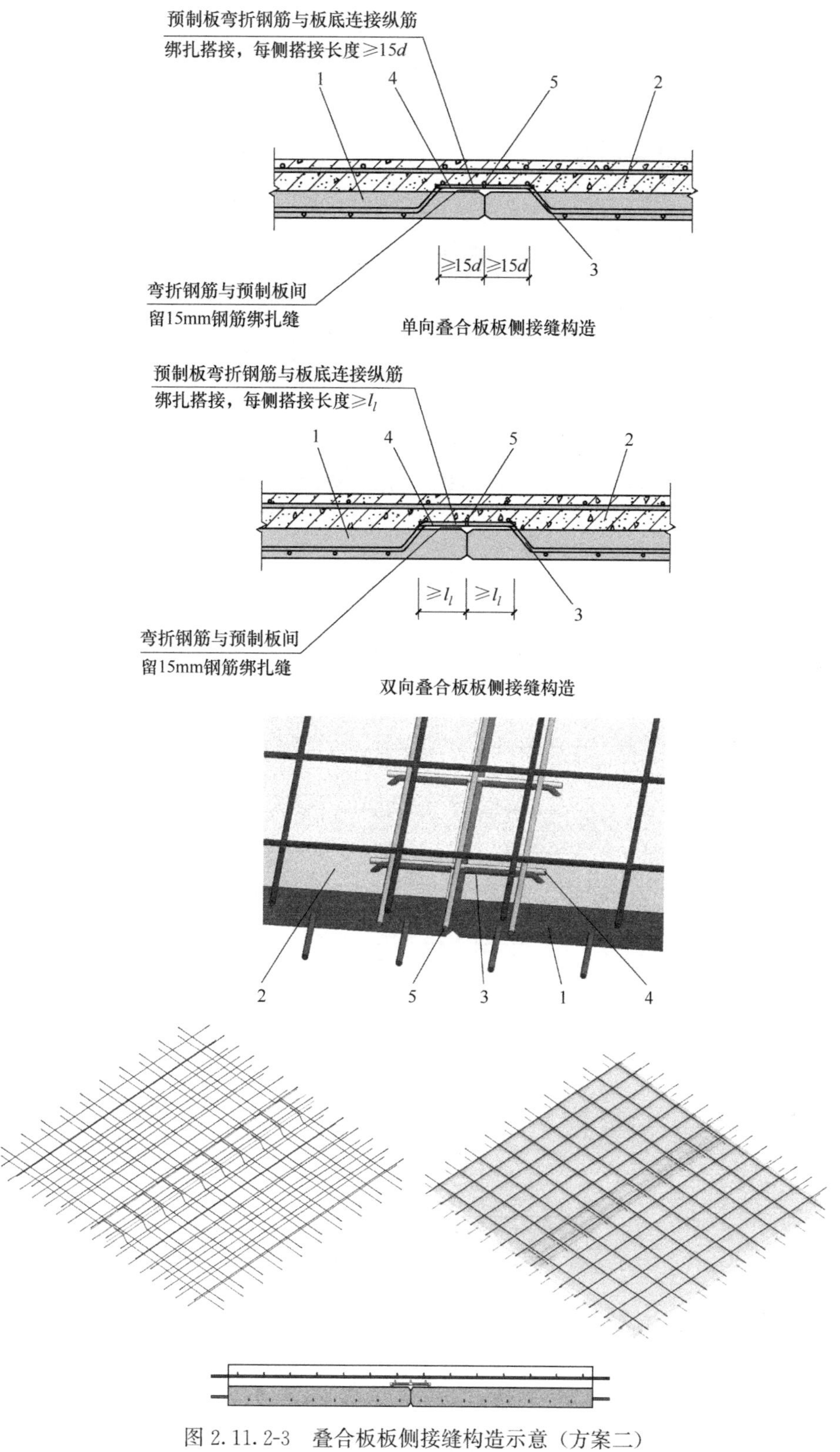

图 2.11.2-3　叠合板板侧接缝构造示意（方案二）

1—叠合板预制层；2—叠合板现浇层；3—预制板纵向弯折钢筋；4—板底连接纵筋；5—附加通长钢筋

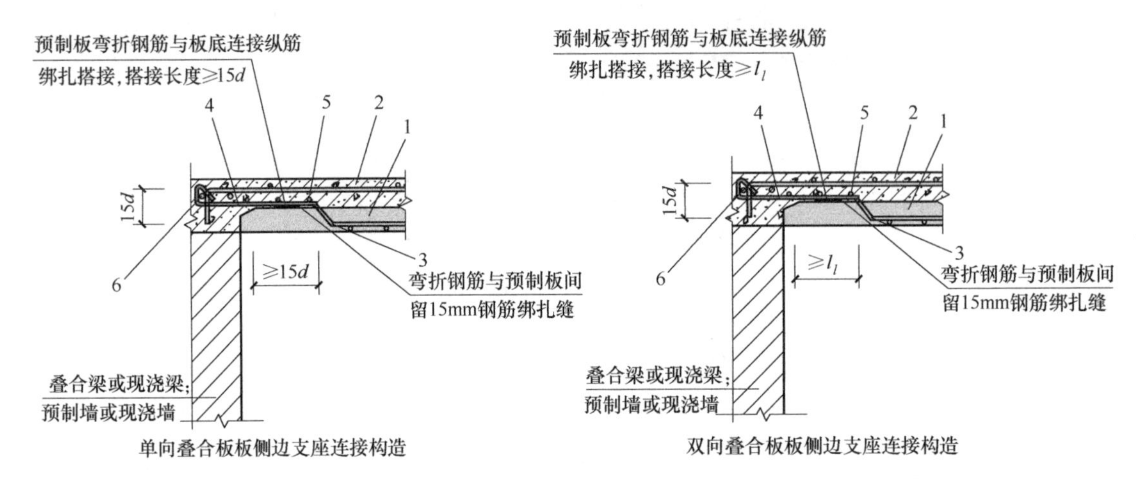

图 2.11.2-4　叠合板板侧边支座连接构造（方案二）

1—叠合板预制层；2—叠合板现浇层；3—预制板纵向弯折钢筋；
4—板底连接纵筋；5—附加通长钢筋；6—弯折后与梁（墙）纵向钢筋

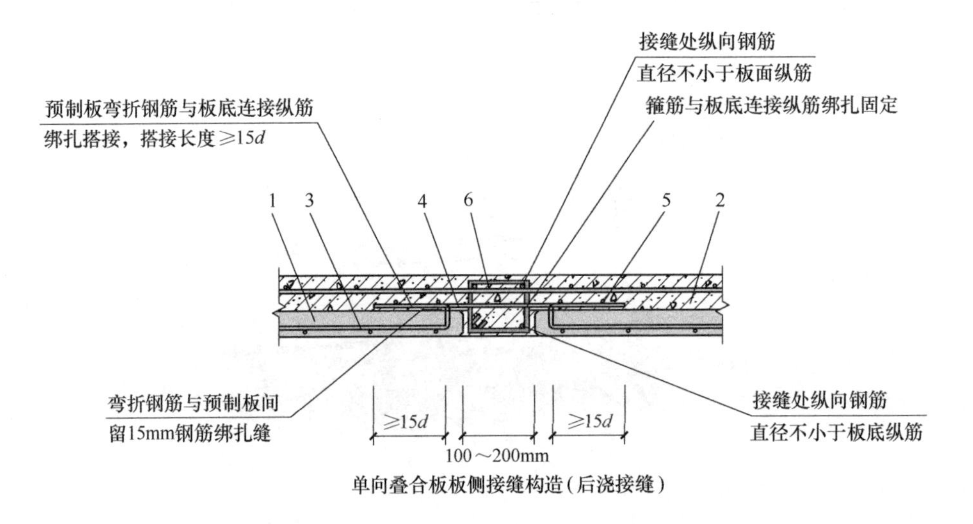

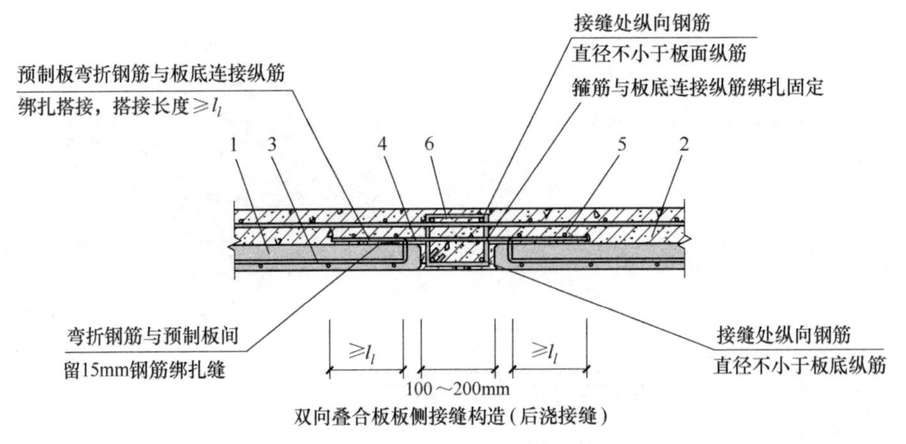

图 2.11.2-5　叠合板板侧接缝构造示意（方案三）（一）

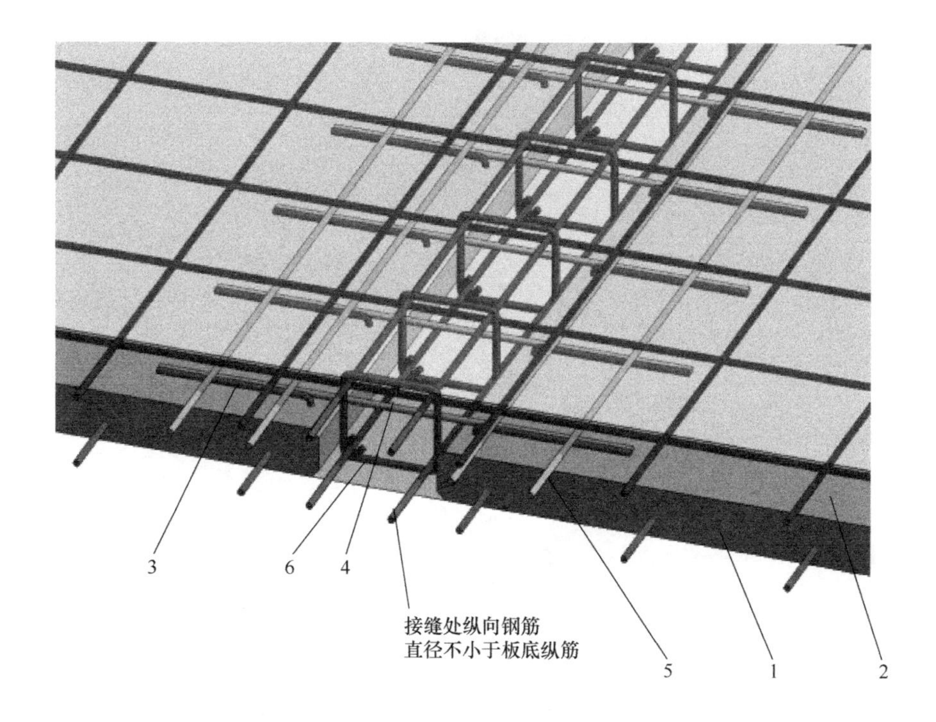

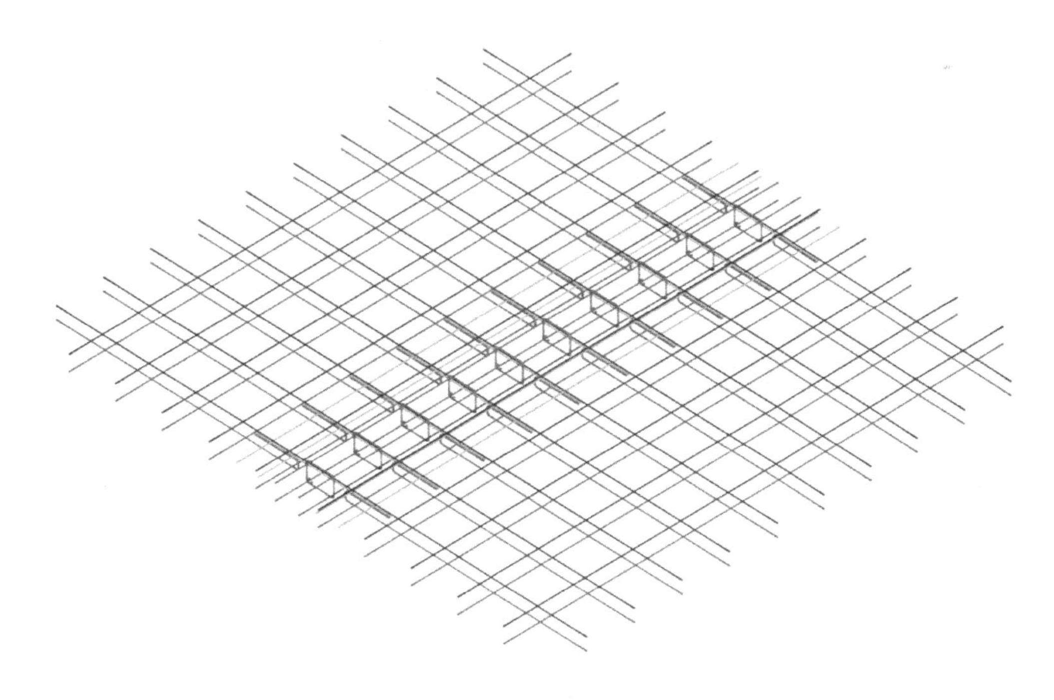

图 2.11.2-5 叠合板板侧接缝构造示意（方案三）（二）

1—叠合板预制层；2—叠合板现浇层；3—预制板纵向弯折钢筋；4—板底连接纵筋；5—附加通长钢筋；6—接缝处箍筋

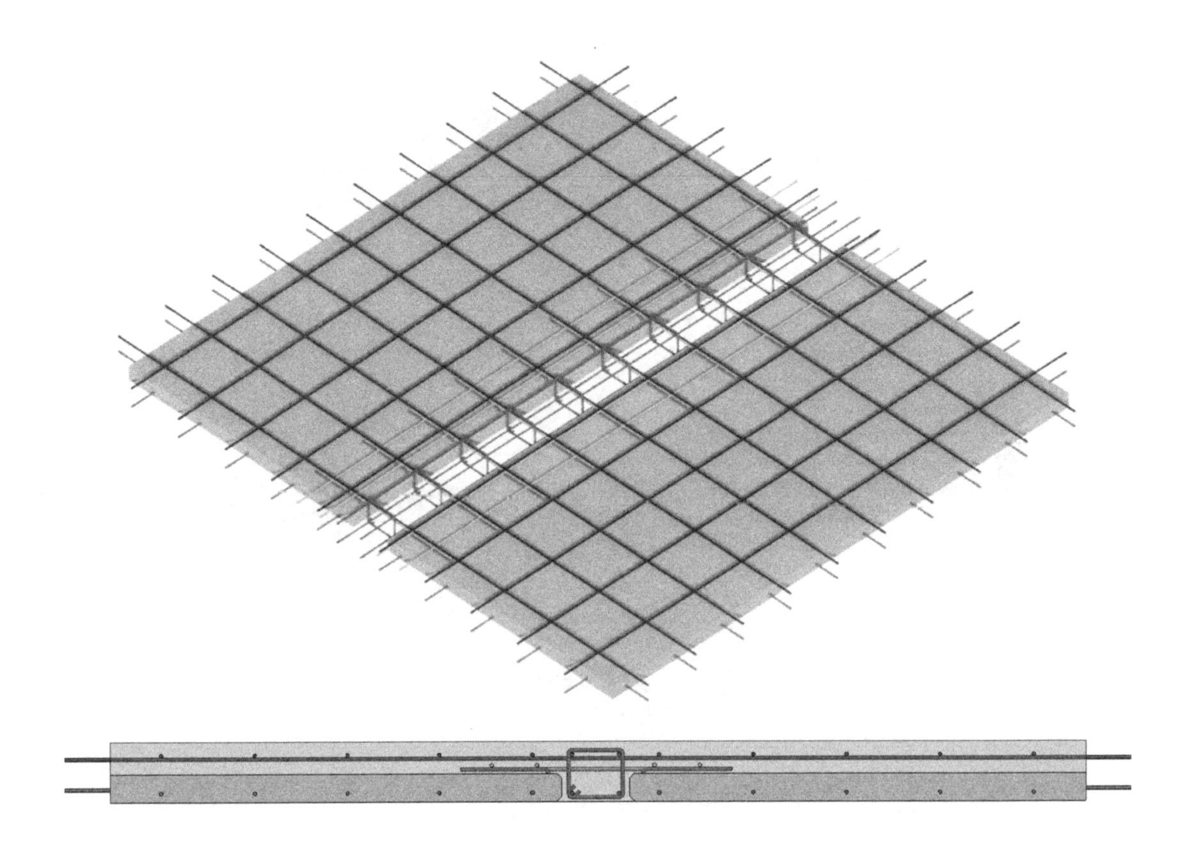

图 2.11.2-5　叠合板板侧接缝构造示意（方案三）（三）

3. 外挂墙板连接构造技术

1）现状简介

外挂墙板与主体结构连接有以下几种方式：

（1）连接外挂墙板不设置外伸筋，墙板自重采用点支承，一般有两个承重点，由墙底预埋牛腿及承重螺栓传递至梁外牛腿或梁顶面，面外通过设置锚栓形成四点约束，保证墙板平面外稳定，面内通过设置圆孔，保证地震作用下墙板面内平动或转动，理论上可以不计墙板刚度贡献，该工法业内称为后安装工法，详见图 2.9.7-1。

（2）连接外挂墙板采用顶部外伸钢筋，伸入叠合梁现浇段内，墙板自重采用线支承，由墙顶连接承担，面外通过顶部钢筋及墙底设置锚栓形成约束，保证墙板平面外稳定，面内通过底部连接设置圆孔，保证地震作用下墙板面内平动或转动，理论上可以不计墙板刚度贡献，该工法业内称为先安装工法，详见图 2.9.7-2。

2）连接优缺点分析

（1）采用后安装工法时，外墙板无须设置连接钢筋，预制构件加工简单，因为无外伸钢筋，无须考虑叠合梁箍筋避让，现场湿作业少，墙板受力简单，但是对预制构件预留预埋连接定位要求精准，墙板安装容错率低，安装累积误差大时极易造成墙板板间拼缝宽度不均匀，过大的缝会影响拼缝防水，过小的缝会造成墙板相互约束，刚度影响不可忽略，且按照图集《预制混凝土外挂墙板（一）》16J110-2 16G333 的做法，存在罕遇地震作用下墙板平动及转动行程不足的缺陷。

（2）采用先安装工法时，外墙板受力简单，连接可靠，且容错率相对较高，目前应用较多，但是该连接外墙板需设置连接钢筋，预制构件加工复杂程度高，因采取顶部外伸钢筋，需考虑叠合梁箍筋避让，现场湿作业多，因墙板与预制梁间隙小，上部连接部位底模支设困难，也存在罕遇地震作用下墙板平动及转动行程不足的缺陷。

4. 预制外挂墙板连接技术

通过对现行国家标准《装配式混凝土建筑技术标准》GB/T 51231 第 5.9.8 条规定的连接构造提出改进，沿用顶部湿连接降低安装难度，墙板顶部埋设限位钢筋，墙板底部预留限位滑移孔，实现平面外约束墙板平面内自由平动或转动；该滑移孔无论墙板平动还是转动均预留较大行程，确保墙板平面内位移不受限制，达到忽略墙板刚度的效果，该连接受力清晰，连接构造简单可靠（图 2.11.4-1～图 2.11.4-5）。

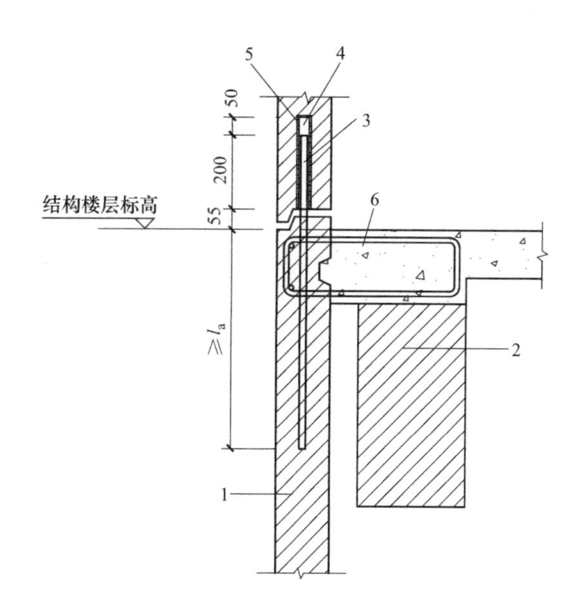

图 2.11.4-1　一种装配式钢筋混凝土外挂墙板的设计连接构造示意图

1—钢筋混凝土外挂墙板；2—叠合梁；
3—面外销键钢筋；4—限位孔；5—预埋件；
6—钢筋混凝土外挂墙板顶部外伸钢筋

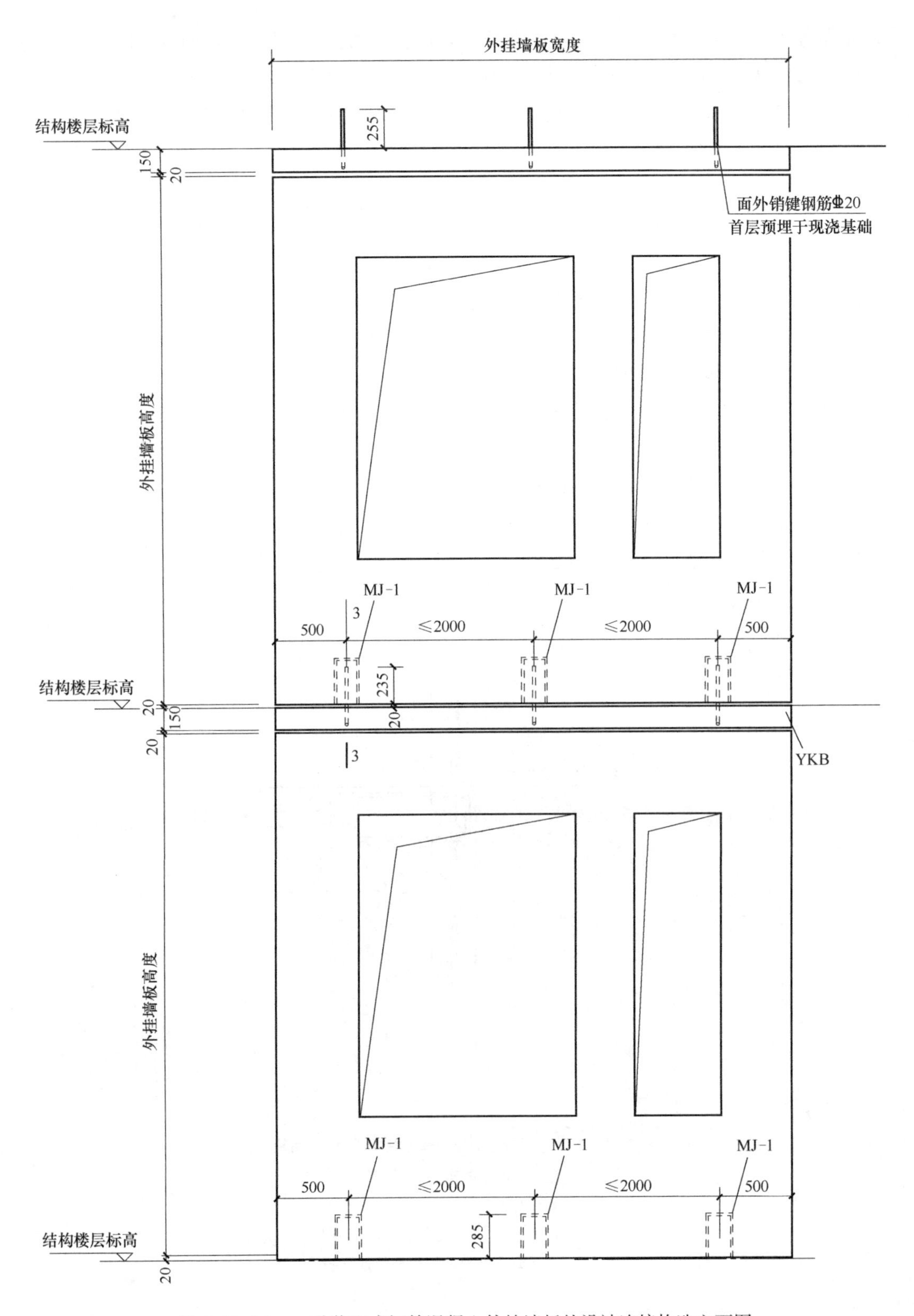

图 2.11.4-2　一种装配式钢筋混凝土外挂墙板的设计连接构造立面图

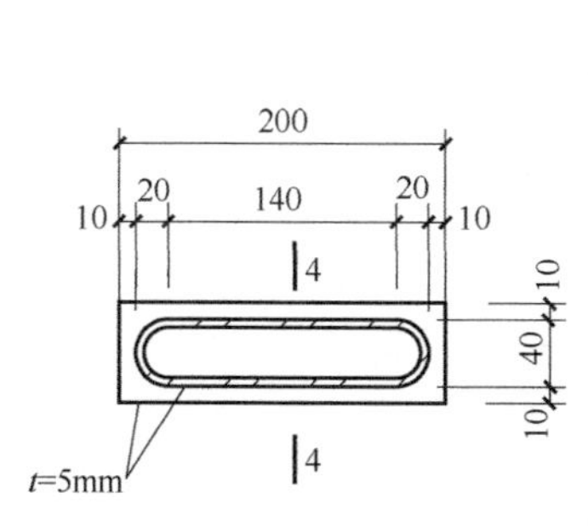

图 2.11.4-3 一种装配式钢筋混凝土外挂墙板的设计连接构造预埋件平面图

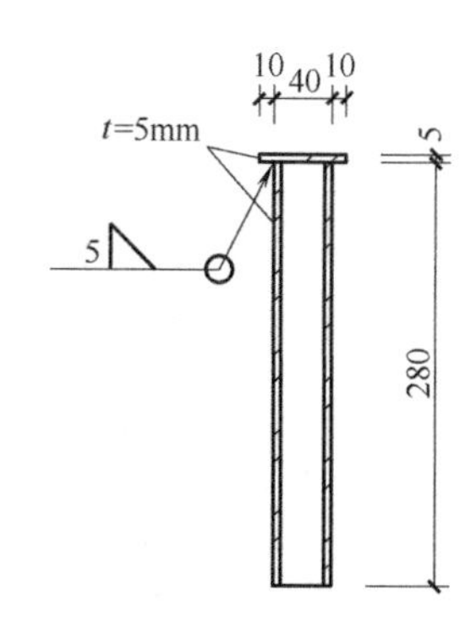

图 2.11.4-4 一种装配式钢筋混凝土外挂墙板的设计连接构造预埋件剖面图

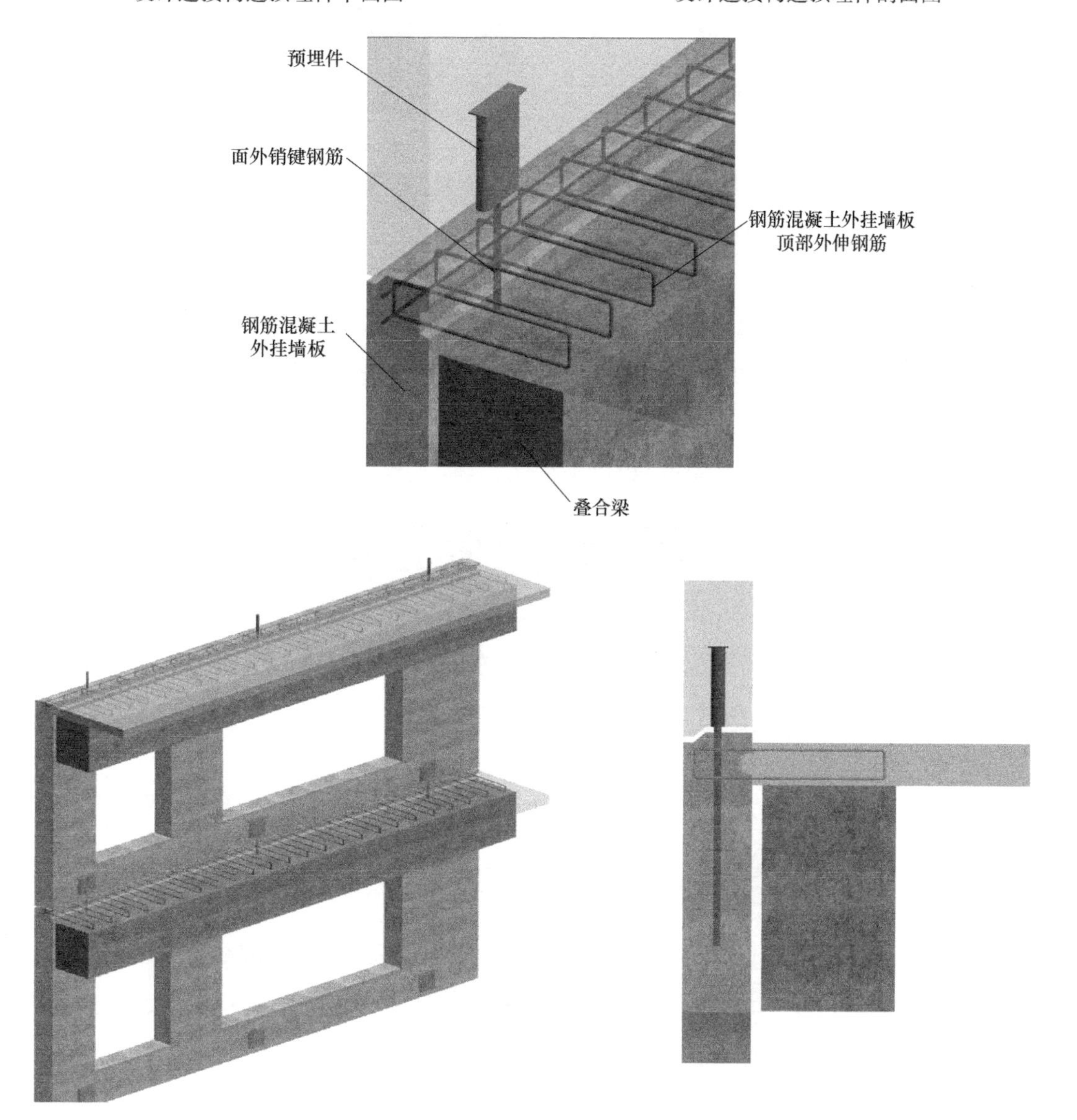

图 2.11.4-5 预制外挂墙板连接改进效果图（一）

图 2.11.4-5　预制外挂墙板连接改进效果图（二）

5. 主次梁连接构造技术

1）现状简介

预制次梁与预制框梁连接的常用做法有以下几种：

（1）预制框梁预留连接槽口，预制次梁局部伸入槽口（一般为 10mm），其纵筋锚入槽口内，与框梁通过现浇连接成整体（图 2.11.5-1）。

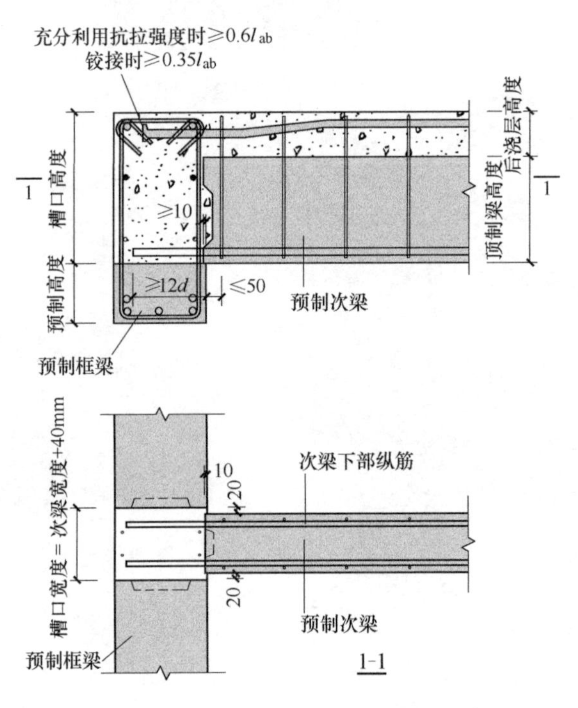

图 2.11.5-1　预制主次梁连接构造示意图 1

(2) 预制框梁预留V形槽口及预埋件，预制次梁采用钢企口搁置于主梁预埋件上部，且次梁顶部现浇钢筋伸入框梁顶部现浇层，底筋不伸入预制框梁内，次梁端部抗剪由钢企口、现浇段及现浇钢筋销栓作用共同承担（图2.11.5-2）。

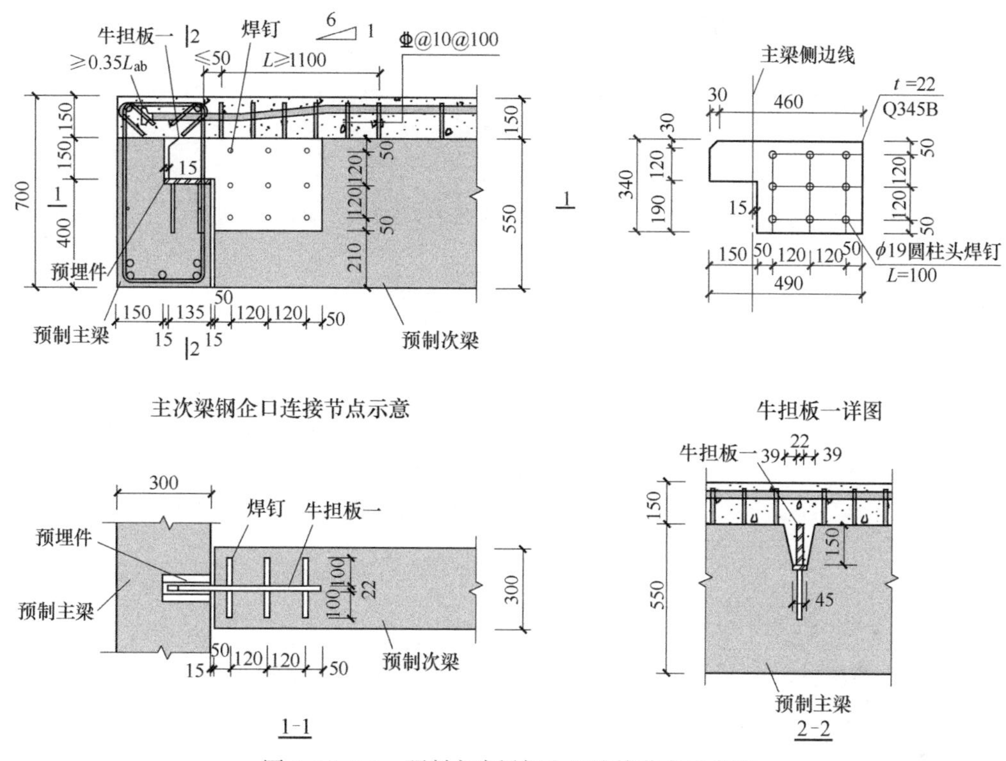

图2.11.5-2 预制主次梁钢企口连接节点示意图

(3) 预制框梁预留外伸钢筋，与预制次梁外伸钢筋机械连接，连接部位及后浇层现浇成为整体（图2.11.5-3）。

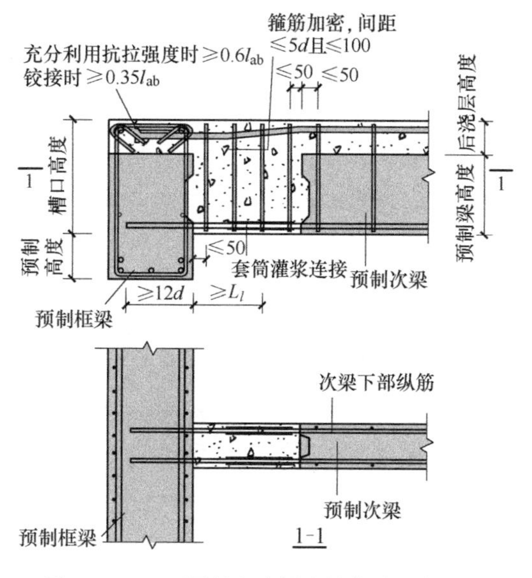

图2.11.5-3 预制主次梁连接构造示意图2

(4) 预制框梁预留钢筋机械连接接头，与预制次梁外伸钢筋机械连接，连接部位及后浇层现浇成为整体（图 2.11.5-4）。

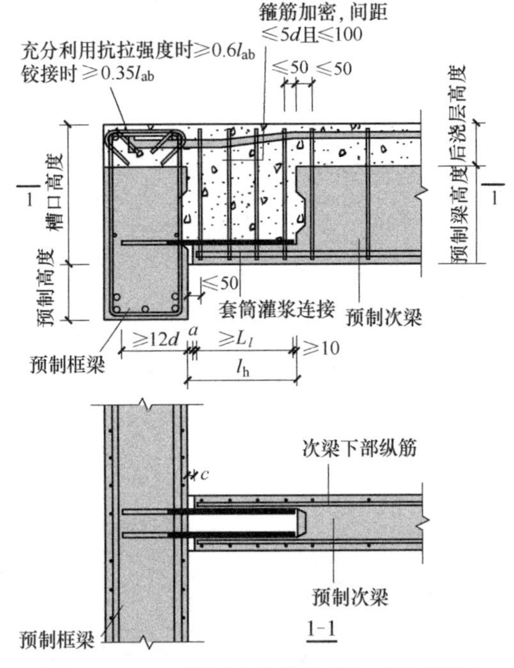

图 2.11.5-4 预制主次梁连接构造示意图 3

2) 连接优缺点分析

当预制次梁与框梁梁高差异较大时，预制框梁局部开槽型口对构件截面削弱有限，连接简单可靠；当预制次梁与框梁梁高差异不大时，预制框梁局部开槽型口对构件截面削弱严重，框梁施工阶段易损伤甚至破坏，且框梁的腰筋会对次梁的安装造成影响。

预制次梁采用钢企口与框梁连接时对框梁的截面削弱影响较小，连接简单可靠，但是钢企口的连接次梁抗扭能力不足，预埋钢板处栓钉易形成应力集中。

预制次梁与框梁采用外伸筋机械连接传力清晰，接头可靠性高，但过多的湿连接降低了工业化程度，增加了现场支模的工作量，且该连接接头处形成两道缝，增加了后期贯通开裂的风险。

预制次梁与框梁采用内埋套筒机械连接，理论上传力清晰，但连接操作空间小，机械连接及预埋质量难以检验，连接质量难以保证。

3) 主次梁连接构造技术

参照《混凝土结构构造手册》，提出一种新型预制叠合缺口梁设计，该预制叠合缺口梁底筋不伸入框梁支座，在支座附加钢筋设计长度范围内减少预制层高度，提高现浇层高度，现浇层高度范围内次梁纵筋全部锚入预制框梁的槽口中，因预制段钢筋不用锚入框梁中，降低了施工难度，支座处现浇层厚度较大，提高了该连接的抗扭能力（图 2.11.5-5）。

6. 预制构件减重技术

1) 现状简介

预制楼梯以标准化程度高、生产施工方便、质量提升显著、相较现浇楼梯减少大量模板

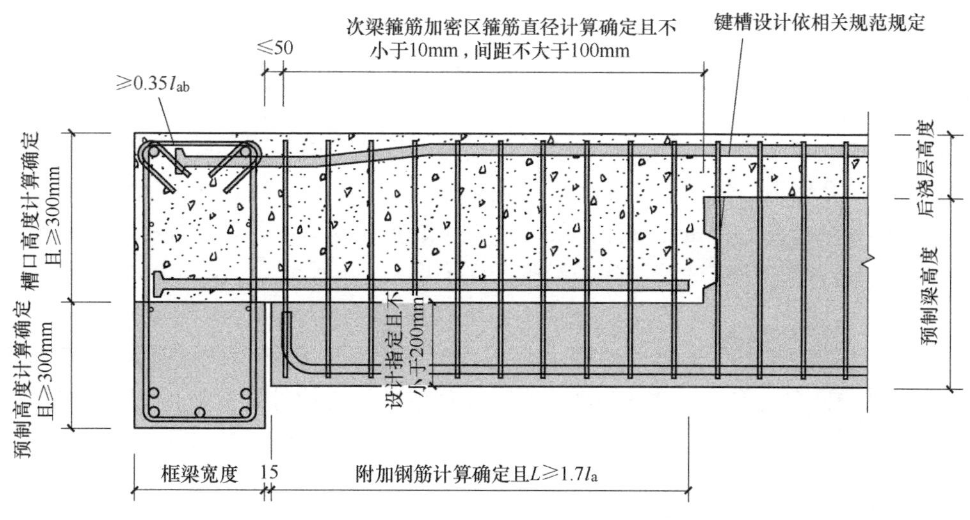

图 2.11.5-5 预制主次梁连接构造示意图 4

及人工作业等诸多优点，成为装配式建筑中性价比最高的预制构件。但在某些装配式项目中，预制楼梯相比于其他预制构件，跨度更大，板厚较大，故整个预制楼梯的重量较大（图 2.11.6-1）。

预制外挂墙板尺寸较大，厚度较大，因此构件整体重量较大，尤其是预制混凝土夹心保温外挂墙板、不开洞的预制混凝土外挂墙板和带装饰造型的外挂墙板（图 2.11.6-2）等，其中预制混凝土夹心保温外挂墙板由内叶墙板、夹心保温层、外叶墙板和拉结件组成，其内外叶墙板均由预制混凝土组成，故重量较大。

图 2.11.6-1 预制楼梯示意图

图 2.11.6-2 预制外挂墙板示意图

以上构件的自重往往过大并处于塔式起重机的远端，因此会对塔式起重机选型等造成影响，进而导致施工措施费大大增加，所以要对其采取一定的减重措施，以保证整个工程的安全经济性。

2）构件自重优化

常见的几种预制构件减重措施及各自优缺点如下：

（1）减小预制构件尺寸，分段进行预制。该方法是实现减轻预制构件重量的最有效方式，将大型预制构件分段预制，现场组装，方便预制构件的生产、运输及吊装，对施工现场塔式起重机选型影响较小。缺点是预制构件进行分段预制后，构件数量增加，生产、施工吊装效率降低，同时预制构件分段预制也将产生现场整体连接问题，可能导致现场湿作业的增加及相关施工工艺的复杂化。

（2）采用轻质材料。轻质材料相比混凝土重度有所降低，如泡沫混凝土、加气混凝土和石灰粉煤灰加气混凝土等，重度约为混凝土的1/6～1/4，对减轻预制构件自重效果十分显著。缺点是轻质混凝土的强度不高，不能用于受力构件，应用范围具有一定的局限性。

（3）采用抽孔构造。抽孔构造主要针对预制构件非主要受力部位，采取抽空部分混凝土的措施，减轻整个构件的重量。缺点是抽孔局限于非主要受力部位，且抽孔不能影响预制构件的功能，抽孔部位应适当地采取加强措施及保护措施。

（4）采用高强材料减少预制构件厚度。如采用高强度等级的混凝土，达到减小板厚的目标。缺点是高强度等级材料价格偏高，同时针对结构受力构件的强度等级也非越高越好，如高强度等级的混凝土预制构件更容易出现裂缝。

7. 楼梯减重

预制楼梯的减重措施主要有：采用梁式楼梯、踏步抽孔减重。

1）采用梁式楼梯

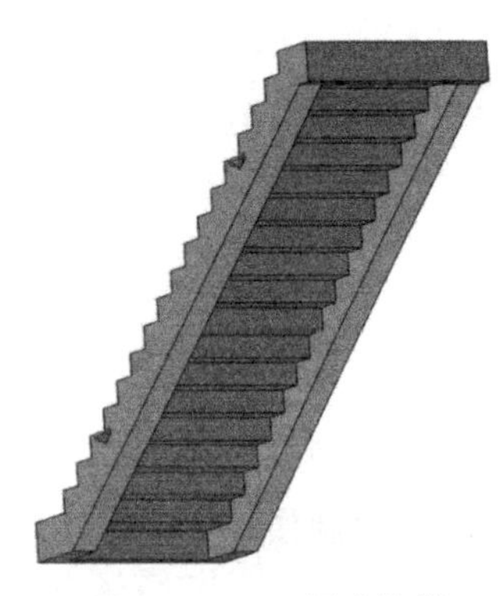

图 2.11.7-1　梁式楼梯

梁式楼梯（图 2.11.7-1）一般适用于大中型楼梯。梁式楼梯的踏步板直接搁置在斜梁上，斜梁搁置在梯段两端的楼梯梁上，有效减少了梯段板厚，相比板式楼梯的自重较轻。

2）踏步抽孔减重

预制楼梯踏步混凝土为非主要受力部分，可采取在预制楼梯踏步中预埋套管的方式减轻预制楼梯的自重（图 2.11.7-2）。

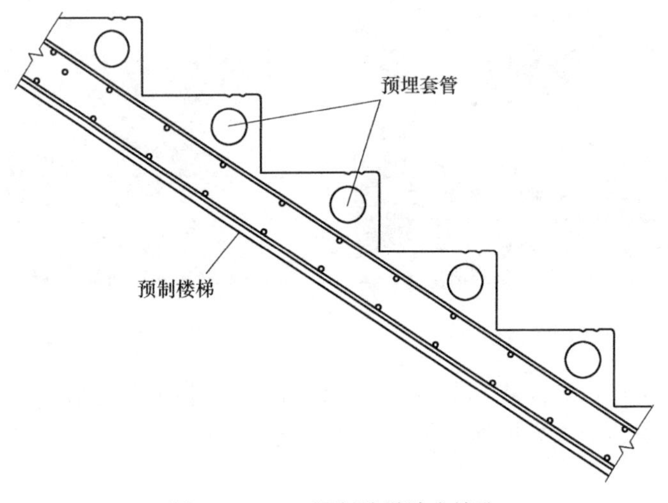

图 2.11.7-2　预制楼梯踏步抽孔

8. 外挂墙板减重（抽孔、轻质材料）

预制外挂墙板的减重措施主要包括：①填充轻质材料（图 2.11.8），如 XPS 泡沫塑料板等；②采用轻质高强混凝土材料；③在不影响结构安全及防水保温位置处预埋套管进行抽孔减重。

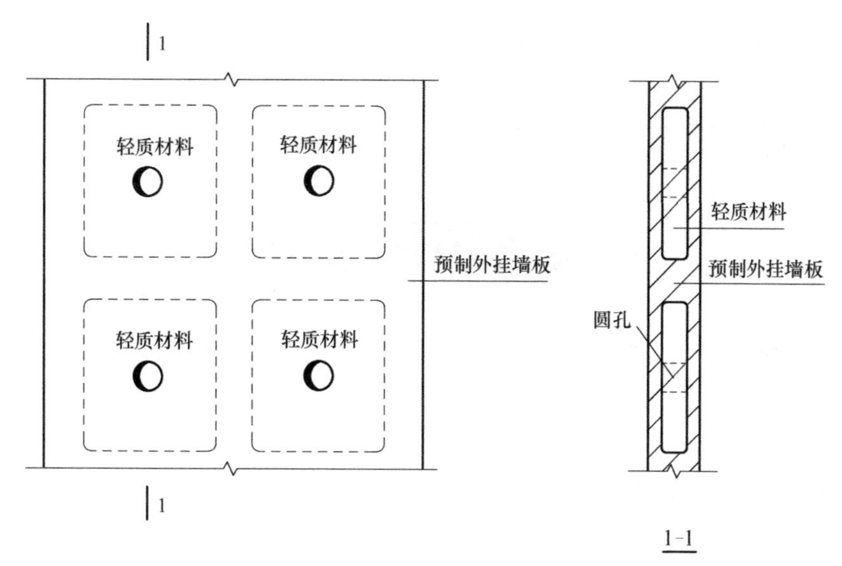

图 2.11.8 预制外挂墙板填充轻质材料减重示意图

设备管线设计

3.1 给水排水系统及管线设计

1. 装配式混凝土结构中小学校舍建筑的给水系统设计应符合下列规定：

1）给水系统配水管道与部品的接口形式及位置应便于检修更换，并应采取措施避免结构变形或温度变化对给水管道接口产生影响；

2）给水分水器与用水器具的管道接口应一对一连接（图 3.1.1），在架空层或吊顶内敷设时，中间不得有连接配件，分水器设置位置应便于检修，并宜有排水措施；

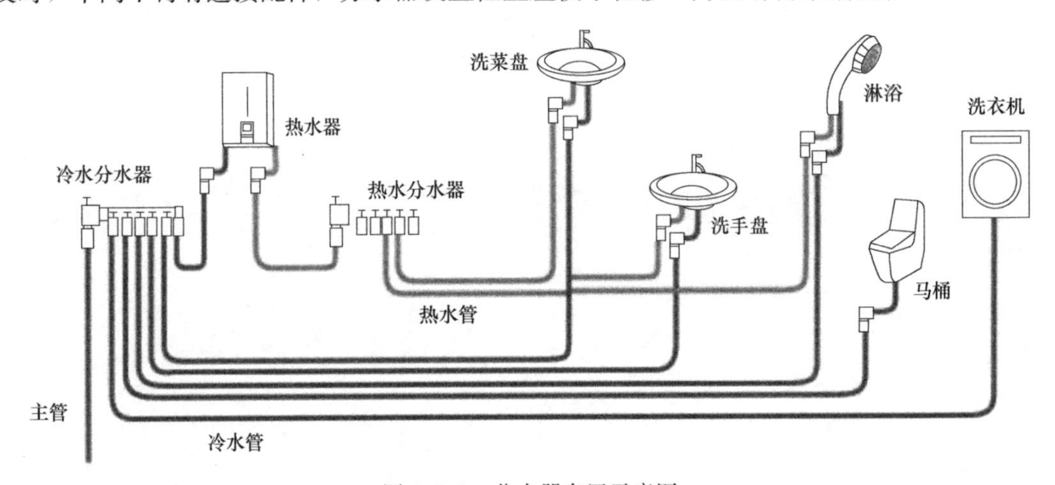

图 3.1.1　分水器布置示意图

3）敷设在吊顶或楼地面架空层的给水管道应采取防腐蚀、隔声减噪和防结露等措施。

2. 给水管道暗设时，应符合下列规定：

1）不得直接敷设在建筑物结构层内；

2）干管和立管应敷设在吊顶、管井、管窿内，支管可敷设在吊顶、楼（地）面的垫层内或沿墙敷设在管槽内；

3）敷设在垫层或墙体管槽内的给水支管的外径不宜大于 25mm；

4）敷设在垫层或墙体管槽内的给水管宜采用塑料、金属与塑料复合管材或耐腐蚀的金属管材；

5）敷设在垫层或墙体管槽内的管道，不得采用可拆卸的连接方式；柔性管材宜采用分水器向各卫生器具配水，中途不得有连接配件，两端接口应明露。

3. 装配式混凝土结构中小学校舍建筑的太阳能热水系统应与建筑一体化设计。太阳能热水系统集热器、储水罐等的安装应考虑与建筑一体化，做好预留预埋。

4. 校舍建筑物水表应根据分区计量管理需求设置计量水表，设置位置应便于读表和维修。对设在套内的水表应采用远传水表或IC卡水表等智能化水表。每一间宿舍宜设置一支计量水表。

5. 装配式混凝土校舍的排水系统宜采用同层排水技术（图 3.1.5），同层排水的卫生间应有可靠的防渗漏措施，同层排水管道敷设在架空层时，宜设积水排出措施。

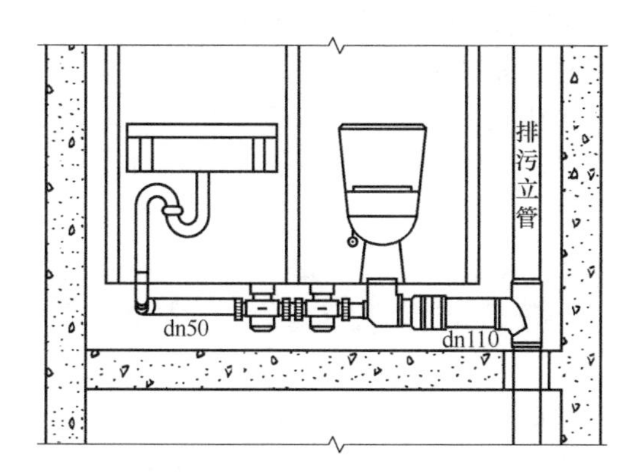

图 3.1.5 卫生间同层排水示意图

6. 整体浴室的同层排水管道和给水管道，均应在设计预留的安装空间内敷设（图 3.1.6），同时预留和明示与外部管道接口的位置，并预留足够的操作空间便于后期设备安装。

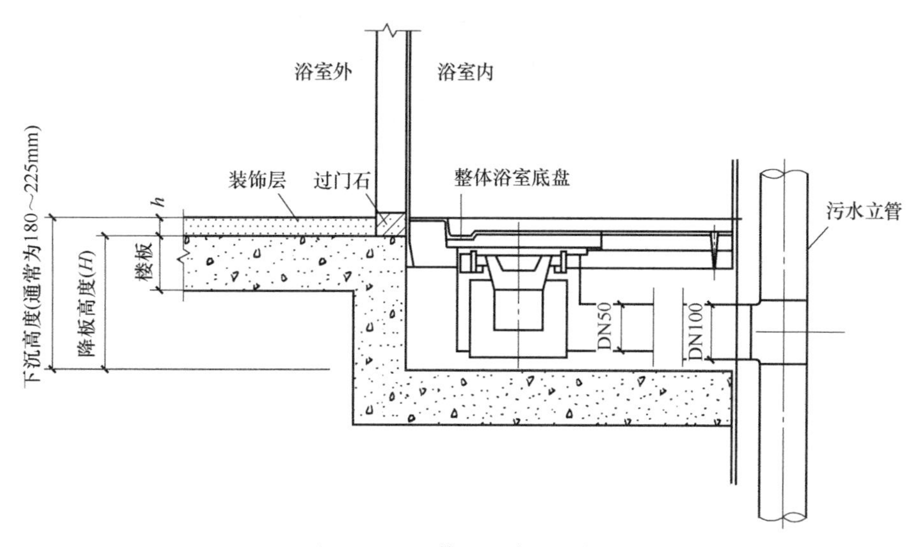

图 3.1.6 整体浴室降板示意图

7. 给水排水管道应进行管线集成化设计，管线集成化设计应遵循：集中布置、节省空间、节能、节材、卫生、环保、减少建筑垃圾产生、减少施工检修难度和有利于实现工厂化生产等原则。消防管道应与其他机电管道进行集成化设计，水平横向敷设的管道宜采用共用的装配式支吊架，并满足维修的间距要求。

8. 给水排水管道应与结构本体分离，给水排水立管、地漏等穿越结构楼板、预制结构部件时，均需准确定位，并预留足够的管件安装空间。给水排水管道垂直穿越结构楼板时，宜采用预埋模式，应安装套管，连接接头不得埋设在结构楼板内，屋面雨水斗宜采用预埋式雨水斗。

9. 装配式混凝土校舍的给水排水立管宜设在独立的管道井内，控制阀门、检查口及检修口应设在公共部位。

10. 装配式混凝土校舍的给水排水横管应敷设在架空地板下方、吊顶内或其他装饰层内。当条件受限管线必须暗埋时，宜结合叠合楼板现浇层以及建筑垫层进行设计。

11. 成排管道或设备应在预制构件上预埋用于支吊架安装的埋件。

12. 经管线集成化设计的给水排水管道支吊架系统应优先采用装配式支吊架。装配式支吊架系统应进行荷载计算，并满足现行国家标准《建筑机电工程抗震设计规范》GB 50981的规定。

13. 固定设备、管道及其附件的支吊架安装应牢固可靠，并具有一定的耐久性，支吊架应安装在实体结构上，支架间距应符合相关工艺标准的要求，同一部品内的管道支架应设置在同一高度上。

14. 各种管道外壁应用不同颜色区分。给水管外壁应标识蓝色；消防栓管外壁应标识红色和黄色色环；自动喷水管外壁应标识红色和白色色环；热水管外壁应标识红色；中水管外壁应标识浅绿色；排水污水管外壁应标识黑色；废水管外壁应标识银粉色；雨水管外壁应标识黑色和白色色环；且应作汉字标记。

15. 给水排水管道、消防管道及其管件宜选用装配化集成部件。部品部件应以通用性设计为目的，减少规格数量及连接接口。

16. 装配式混凝土建筑应选用耐腐蚀、使用寿命长、降噪性能好、便于安装及维修的管材、管件，以及连接可靠、密封性能好的管道阀门设备。

17. 预制构件上孔洞的预留及套管的预埋应满足以下规定：

1）给水排水管道设计中应避免管道穿梁以及在预制构件上开孔、开槽。当条件受限必须穿越时，可在穿预制梁及预制构件处预埋钢套管，套管位置不应影响结构安全且需满足建筑净高要求。

2）设备及其管线和预留孔洞（管道井）设计应做到构配件规格化和模数化，符合装配式混凝土结构中小学校舍建筑的整体要求。

3）预制构件上预留的孔洞、套管、坑槽应选择在对构件受力影响最小的部位。

4）安装在楼板内的套管，其顶部应高出装饰地面20mm；安装在卫生间内的套管，其顶部应高出装饰地面50mm，底部应与楼板底面相平；安装在墙壁内的套管，其两端与饰面相平。穿过楼板的套管与管道之间缝隙应用阻燃密实材料和防水油膏填实，端面光滑。穿墙套管与管道之间缝隙宜用阻燃密实材料填实，且端面应光滑；管道的接口不得设在套管内。

5）管道穿过有沉降可能的承重墙板时，预留洞口尺寸在管道或保温层外皮上下部宜留有不小于0.15m净空。

18. 装配式建筑的给水排水管道设计应采用建筑信息模型（BIM）技术，并采用通用的

BIM 设计软件进行深化设计。给水排水管道定位及管道的预留孔洞等，应采用 BIM 技术，实现数据化、精确化。

19. 装配式建筑中，给水排水管道管线分离比例应以单体建筑作为计算和评价单元，并应符合现行国家标准《装配式建筑评价标准》GB/T 51129 的规定。装配式建筑各楼层电气、给水排水和采暖管线的总的管线分离比例应处于 50%～70%之间。

20. 标准教学建筑卫生间给水排水平面见图 3.1.20-1，系统图布置见图 3.1.20-2、图 3.1.20-3，给水排水 BIM 模型见图 3.1.20-4。

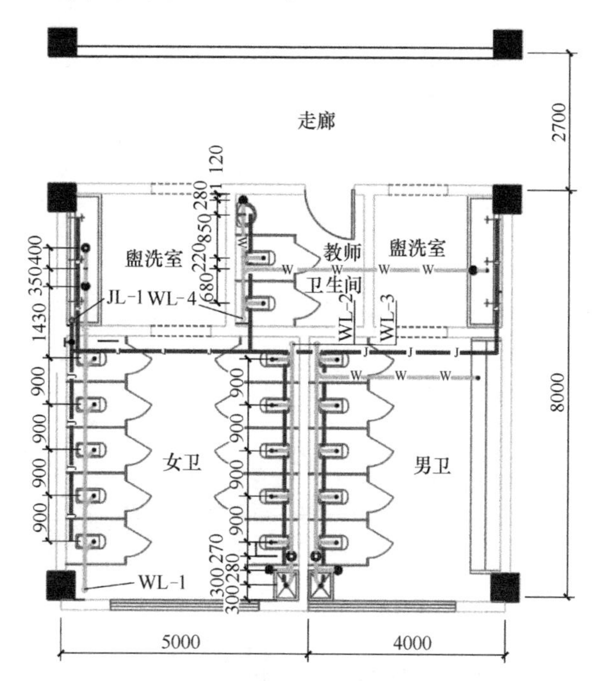

图 3.1.20-1 标准卫生间给水排水平面图

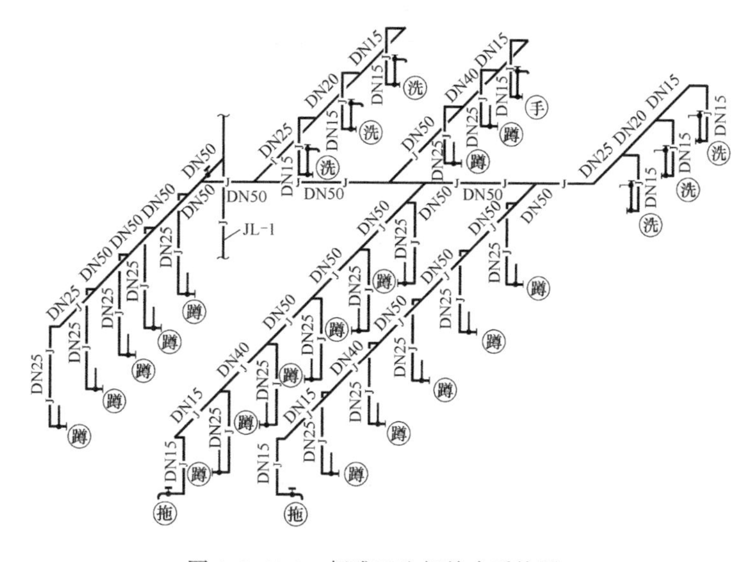

图 3.1.20-2 标准卫生间给水系统图

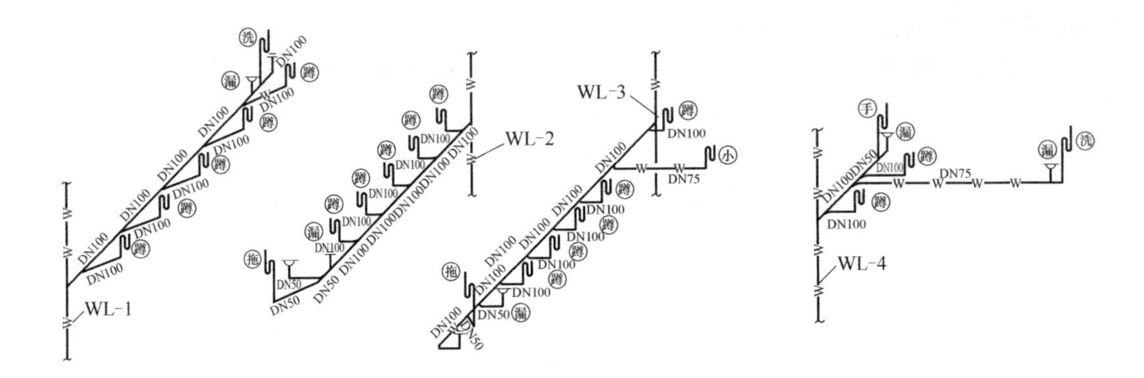

图 3.1.20-3　标准卫生间排水系统图

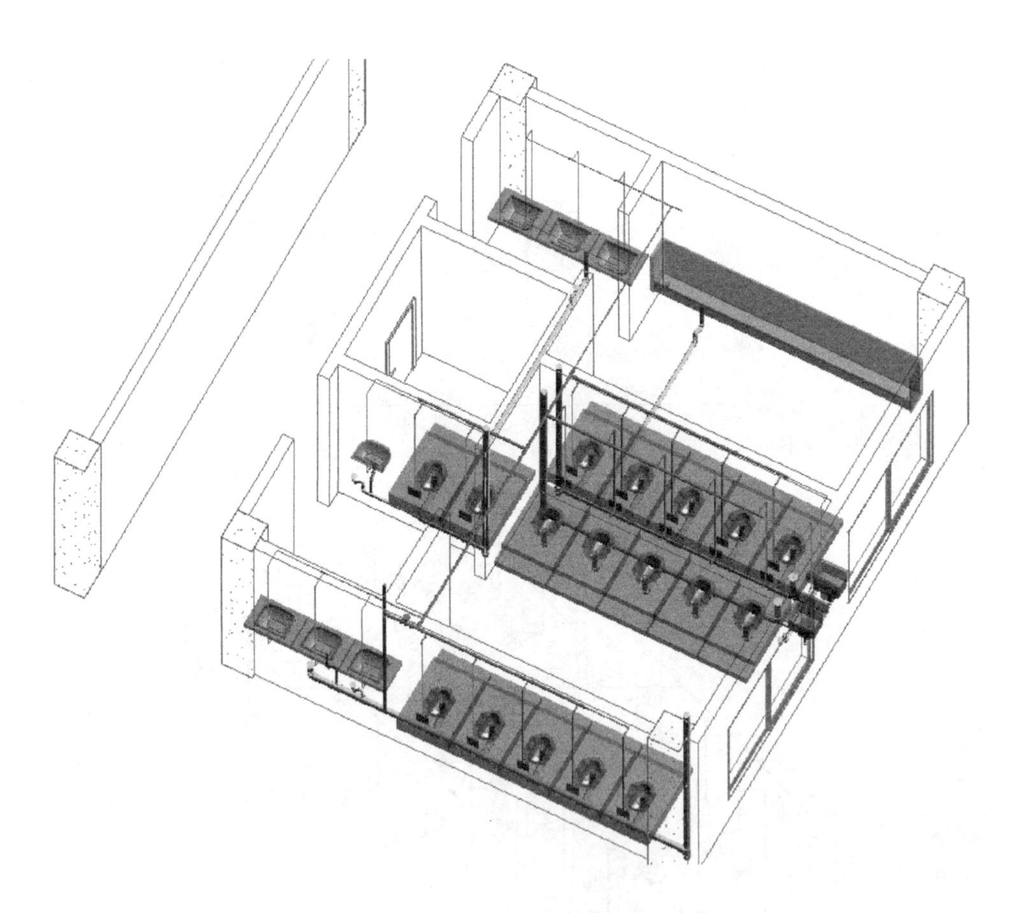

图 3.1.20-4　标准卫生间给水排水 BIM 模型

21. 宿舍建筑卫生间给水排水平面见图 3.1.21-1，系统图布置见图 3.1.21-2、图 3.1.21-3，给水排水 BIM 模型见图 3.1.21-4。

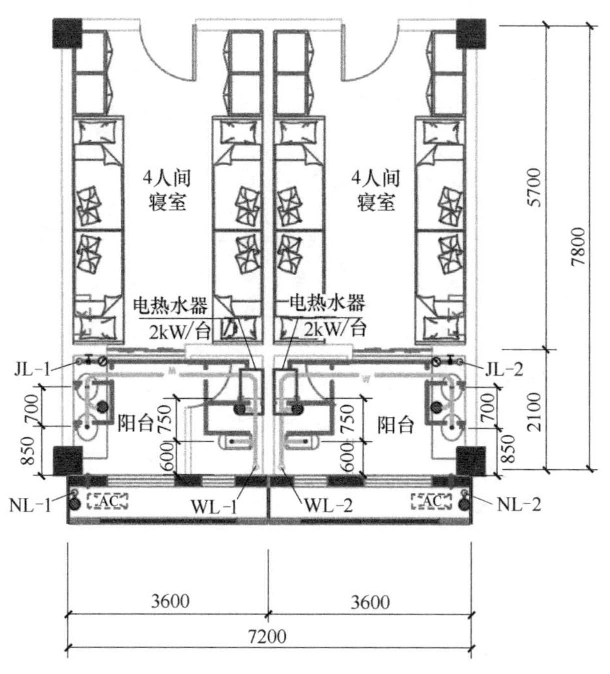

图 3.1.21-1 宿舍卫生间给水排水平面图

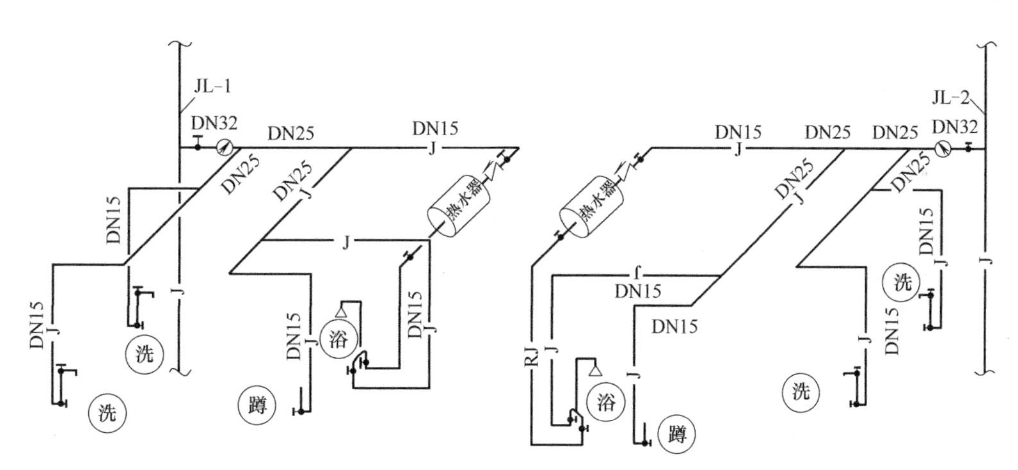

图 3.1.21-2 宿舍卫生间给水系统图

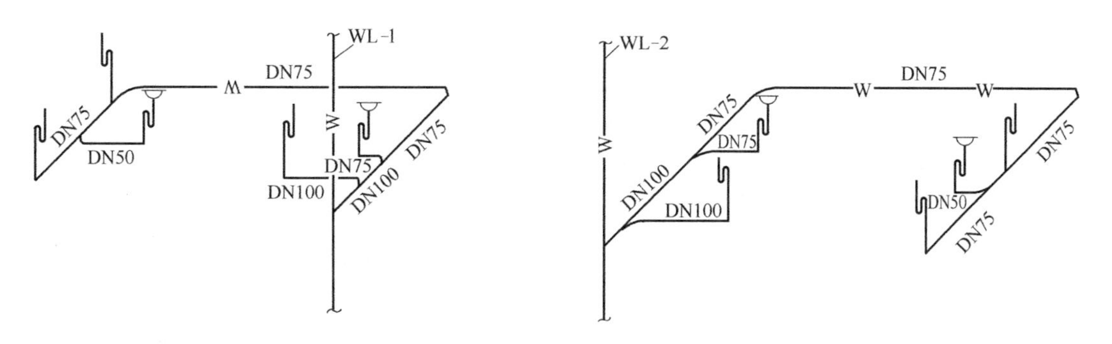

图 3.1.21-3 宿舍卫生间排水系统图

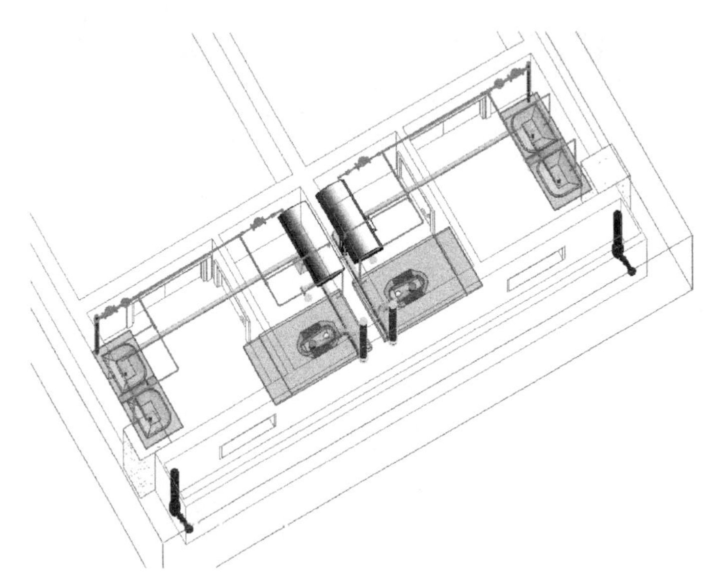

图 3.1.21-4　宿舍卫生间给水排水 BIM 模型

3.2　电气和智能化系统及管线设计

1. 装配式混凝土结构中小学校舍建筑的电气和智能化设计，应做到电气系统安全可靠、节能环保、设备布置整体美观、维护管理方便。

2. 装配式混凝土结构中小学校舍建筑的电气和智能化设计，宜做到与建筑、结构、给水排水、暖通、装饰等专业之间的有机衔接。

3. 装配式混凝土结构中小学校舍建筑的电气和智能化设计，应根据建筑的结构形式合理选择设备和布线方式。

4. 电气和智能化系统楼层公共设备和竖向干线宜集中明设在电井内，水平干线宜集中设在公共部位，便于维修维护。

5. 配电箱、弱电箱和控制器宜尽可能避免安装在预制墙体上。当无法避让时，应根据建筑的结构形式合理选择这些电气设备的安装形式及进出管线的敷设形式。

6. 在预制构件上设置的照明灯具、开关、插座和各智能化子系统末端设备数量应满足使用需求，明确做法标注，并做到精确定位。接线盒在预制构件上的预留位置应不影响结构安全。

7. 预制隔墙内预留有电气设备时，应采取有效措施满足隔声及防火要求。

8. 装配式混凝土结构中小学校舍建筑的电气和智能化设计，应与各相关专业做好管线综合设计，并应符合下列规定：

1）设备管线尽可能减少平面交叉。

2）竖向管线宜集中布置，并应满足维修更换的要求；水平管线宜在架空层或吊顶内敷设。

3）当条件受限必须做暗敷时，宜敷设在叠合楼板现浇层或建筑垫层内，同一地点严禁两根以上管线交叉敷设。

4）当条件受限管线必须穿越时，预制构件内可预留套管或孔洞，且预留的位置不应影响结构安全，严禁剔凿。

5）装配式混凝土建筑宜采用管线分离的方式，便于使用维护；设备与管线宜与主体结构相分离，不应影响主体结构安全。

9. 在预制构件中暗敷的管线不应影响结构安全。暗敷管线不应敷设在预制构件的接缝处。

10. 消防线路预埋暗敷在预制墙体上时，应采用穿导管保护，并应预埋在不燃烧体的结构内，其保护层厚度不应小于 30mm。

11. 沿叠合楼板现浇层暗敷的照明管路，应在预制楼板灯位处预埋深型接线盒。预制叠合板内预留灯具接线盒做法如图 3.2.11-1 所示。

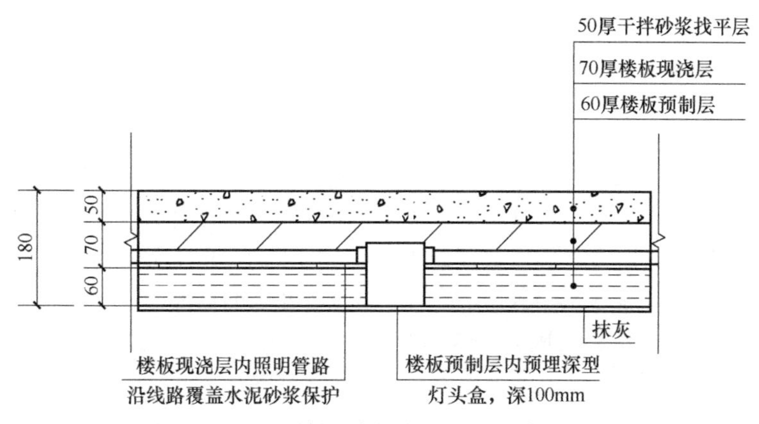

图 3.2.11-1　预制叠合板内预留灯具接线盒做法

预制叠合板内电气导管穿预制层做法如图 3.2.11-2 所示。

12. 沿叠合楼板、预制墙体预埋的电气灯头盒、接线管及其管路与现浇相应电气管路连接时，墙面预埋盒下（上）宜预留接线空间，便于施工接管操作。预制墙体内预留插座接线盒做法如图 3.2.12-1 所示。电气导管在预制墙板与地面叠合板内连接做法如图 3.2.12-2 所示。

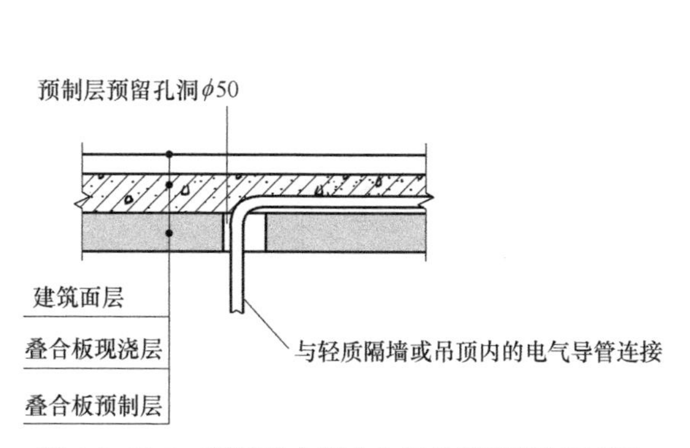

图 3.2.11-2　预制叠合板内电气导管穿预制层做法

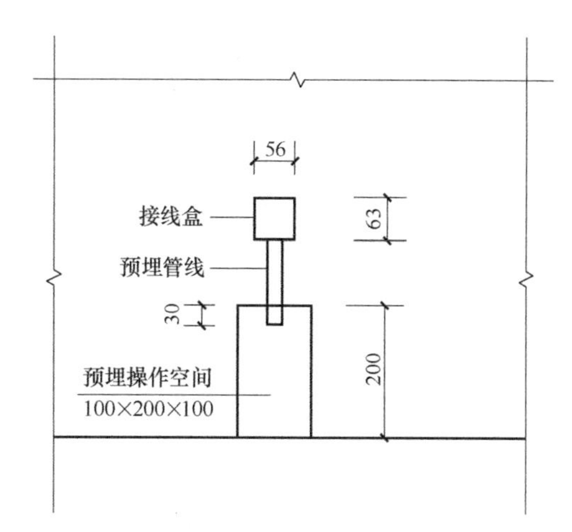

图 3.2.12-1　预制墙体内预留插座接线盒做法

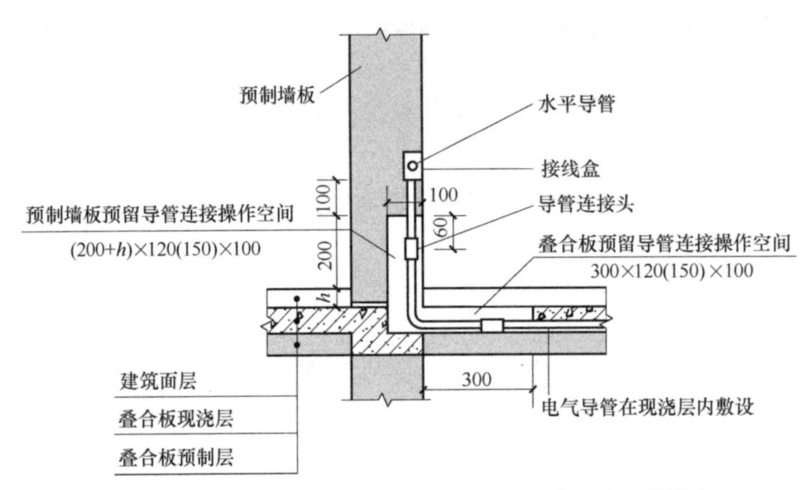

图 3.2.12-2　电气导管在预制墙板与地面叠合板内连接做法

13. 桥架、设备管线等穿过预制楼板的部位，应采取防水、防火、隔声等措施。

14. 装配式混凝土结构中小学校舍建筑的防雷设计应符合现行国家标准《建筑物防雷设计规范》GB 50057 和《民用建筑电气设计标准》GB 51348 的规定，并应符合下列规定：

1）装配式混凝土结构中小学校舍建筑的防雷引下线宜利用现浇立柱或剪力墙内的钢筋或采取其他可靠的措施，应避免利用预制竖向受力构件内的钢筋。

暗装引下线和明装引下线固定安装做法如图 3.2.14-1 和图 3.2.14-2 所示，材料表见表 3.2.14。

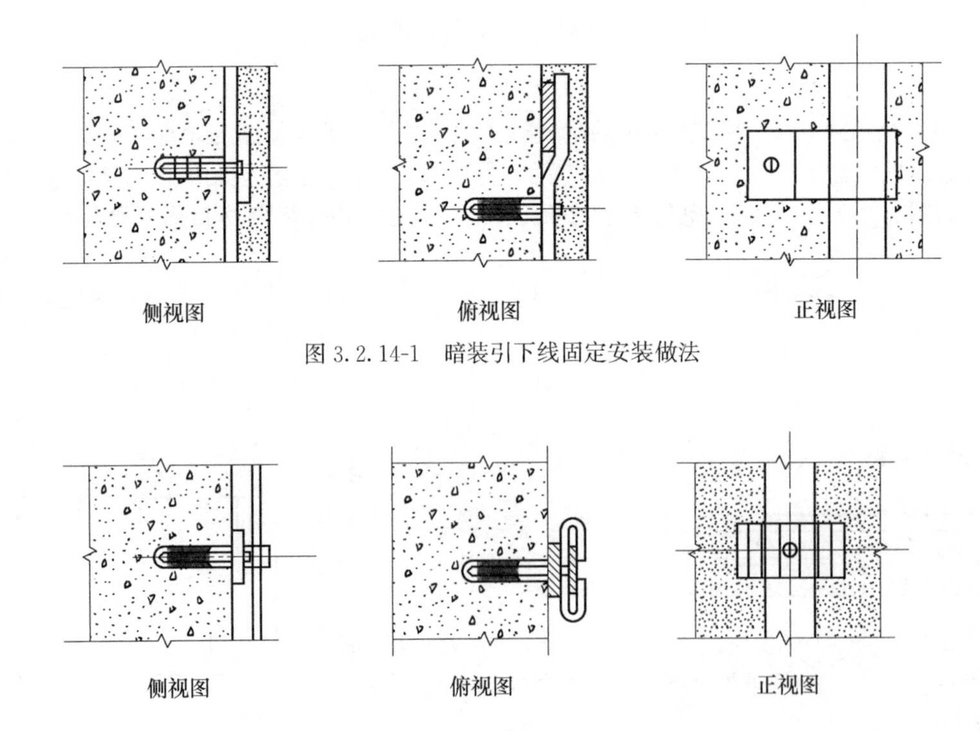

图 3.2.14-1　暗装引下线固定安装做法

图 3.2.14-2　明装引下线固定安装做法

引下线固定安装做法材料表　　表 3.2.14

编号	名称	型号及规格	单位	数量	备注
1	引下线	-25×4	m	—	数量由工程确定
2	S形卡子	-25×4　$L=60$	个	—	数量由工程确定
3	沉头木螺钉	$L=26$　$d=4$	个	—	数量由工程确定
4	塑料胀锚螺栓	$\phi6\times30$　$L=30$　$d=6$	个	—	数量由工程确定
5	卡板	-30×3　$L=2b+8$	个	—	数量由工程确定
6	垫片	-30×10　$L=30$	个	—	数量由工程确定

2）装配式混凝土建筑外墙上的栏杆、门窗等较大的金属物需要与防雷装置连接时，相关的预制构件内部与连接处的金属件应考虑电气回路连接或考虑不利用预制构件连接的其他方式。

3）当利用预制剪力墙、预制柱内的部分钢筋作为防雷引下线时，预制构件内作为防雷引下线的钢筋，应在构件接缝处作可靠的电气连接，并在构件接缝处预留施工空间及条件，连接部位应有永久性明显标记。

15. 装配式混凝土结构中小学校舍建筑的接地应采用共用接地系统。

16. 装配式混凝土结构中小学校舍无吊顶教室电气布置如图 3.2.16-1～图 3.2.16-3 所示，无吊顶卫生间电气布置如图 3.2.16-4 所示，有吊顶卫生间电气布置如图 3.2.16-5 所示。装配式混凝土结构中小学校舍无吊顶宿舍电气布置如图 3.2.16-6、图 3.2.16-7 所示。

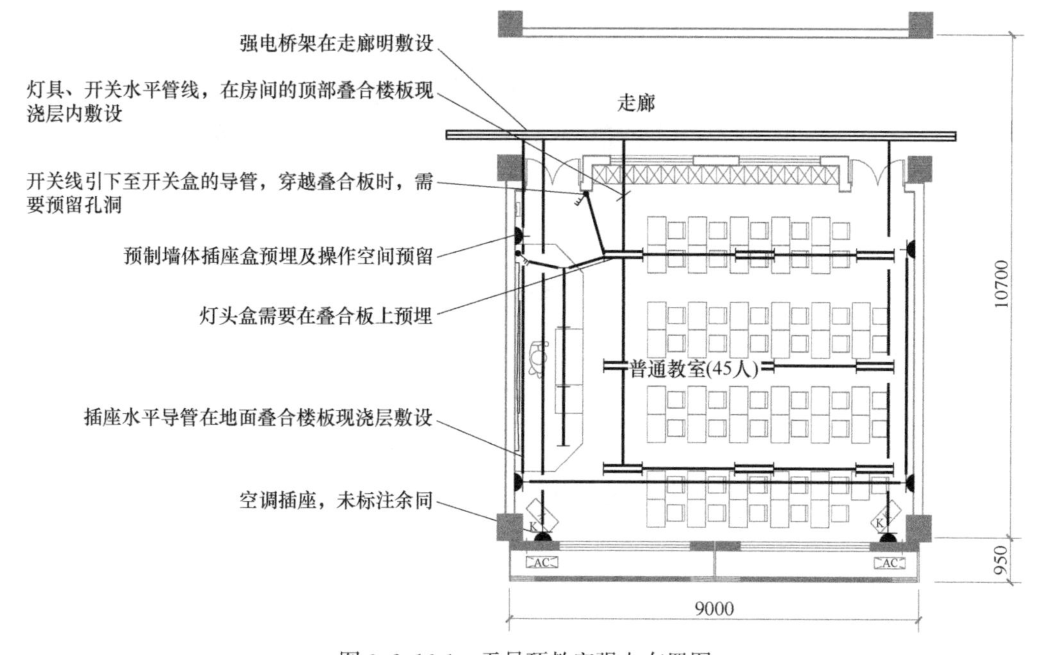

图 3.2.16-1　无吊顶教室强电布置图

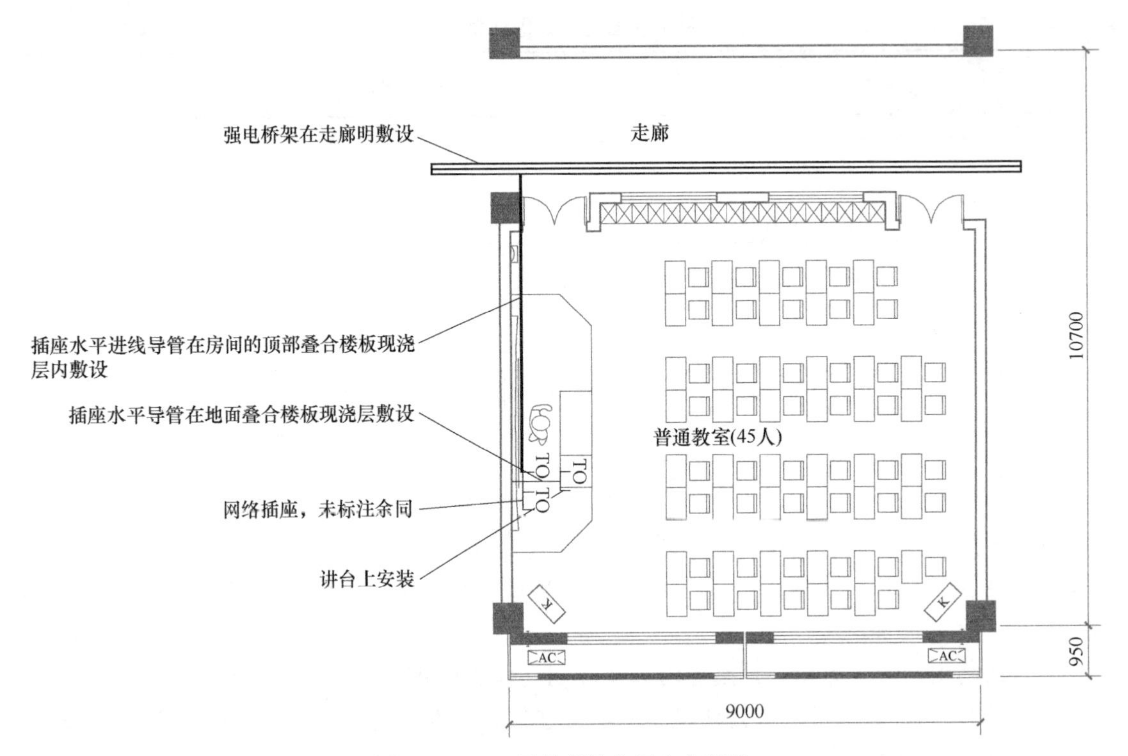

图 3.2.16-2　无吊顶教室弱电布置图

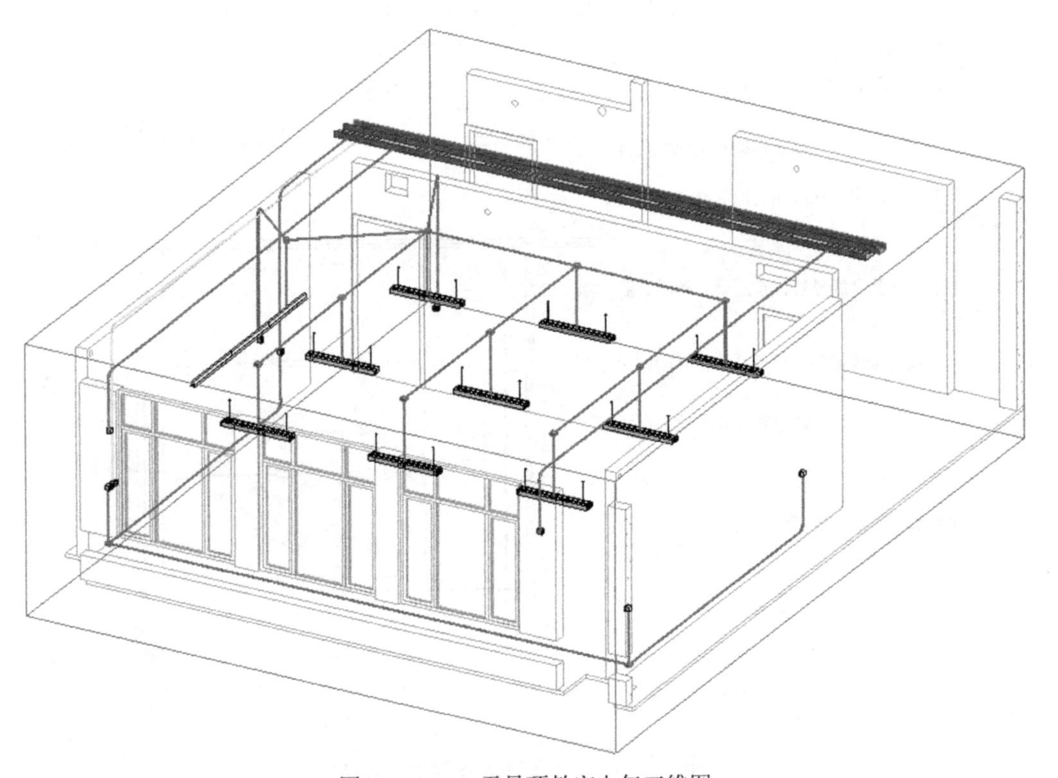

图 3.2.16-3　无吊顶教室电气三维图

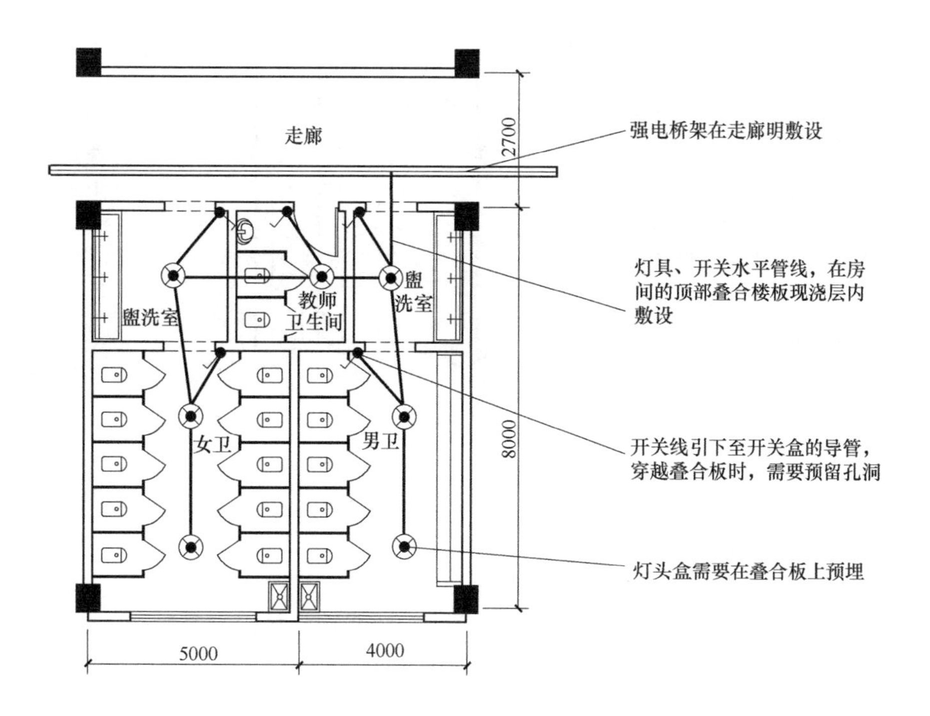

图 3.2.16-4　无吊顶卫生间电气布置图

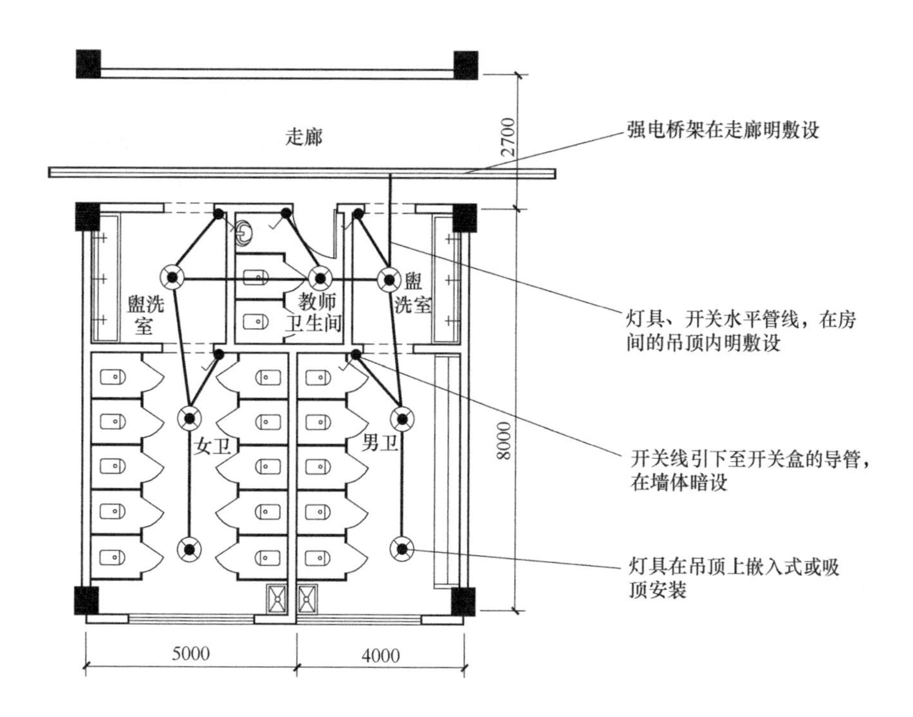

图 3.2.16-5　有吊顶卫生间电气布置图

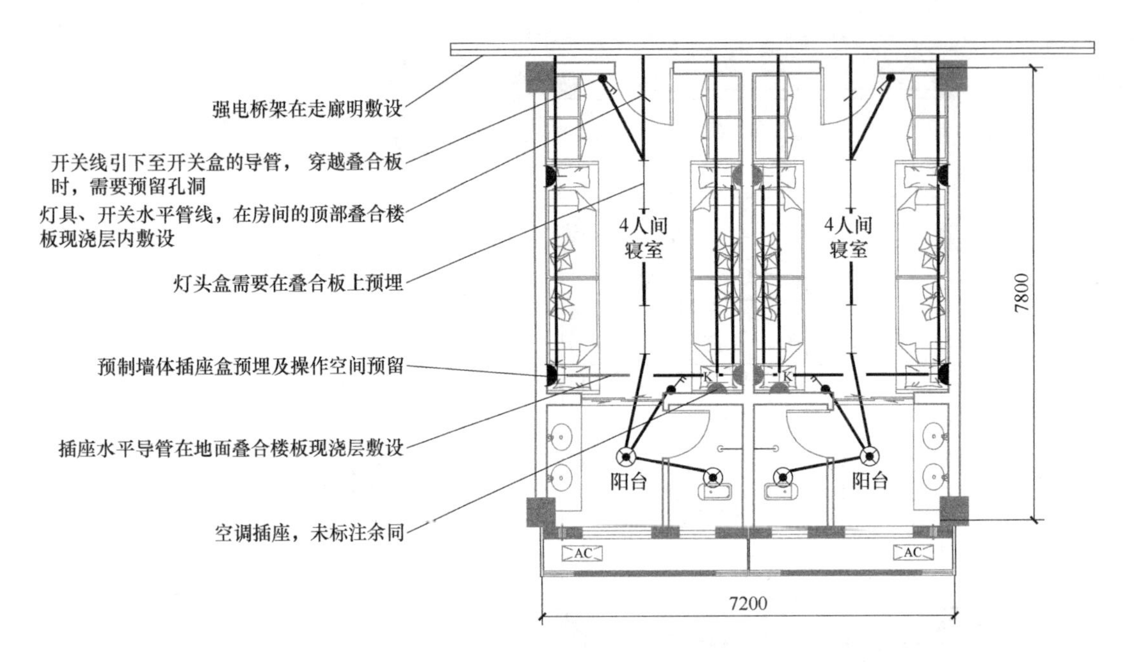

图 3.2.16-6　无吊顶宿舍电气布置图

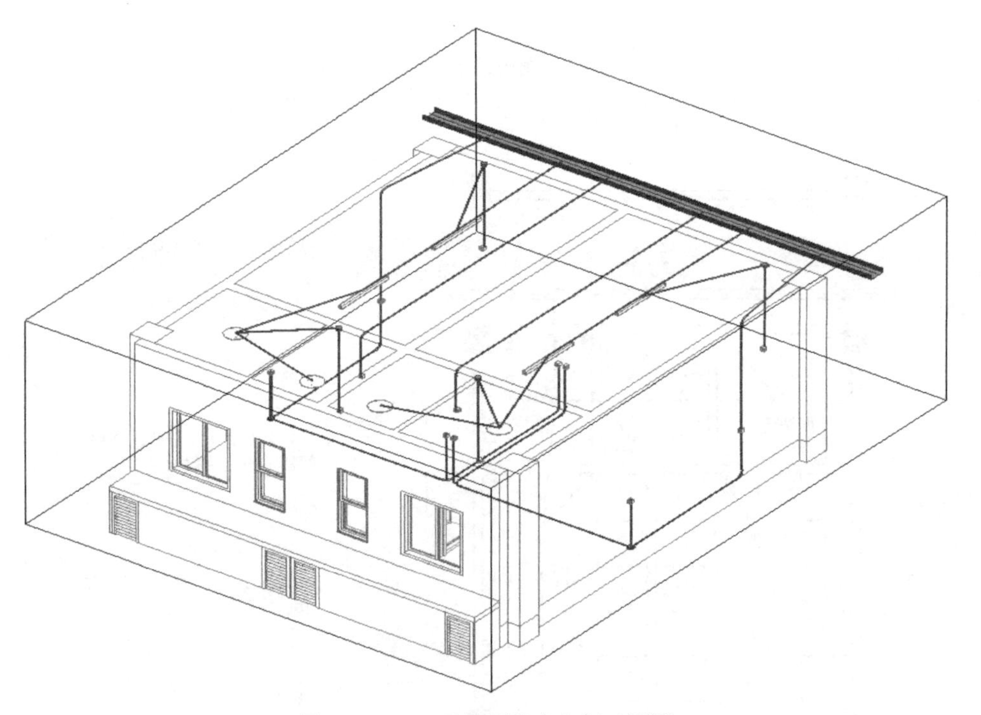

图 3.2.16-7　无吊顶宿舍电气三维图

3.3　供暖、通风、空调及燃气

1. 装配式校舍建筑供暖系统及管线设计应满足以下规定：

1）供暖地区学校的供暖系统热源宜纳入区域集中供热管网。无条件时宜设置校内集中供暖系统。

2）集中供暖系统应以热水为供热介质，其供暖设计供水温度不宜高于 85℃。

3）有外窗卫生间，当采用整体式或采用同层排水架空地板时，宜采用散热器供暖。

4）供暖系统的供、回水主立管及分室控制阀门等部件应设置在公共部位管道井内；户内供暖管线宜设置为独立环路。

5）分、集水器宜设置在便于维修管理的位置。

6）供暖系统应实现分室控温；宜有分区或分层控制措施。

7）散热器的挂件或可连接挂件的预埋件应预埋在实体结构上，散热器安装应符合下列规定：

（1）散热器安装应牢固可靠，安装在轻钢龙骨隔墙上，可采用隐蔽支架固定在实体结构上；

（2）安装在预制复合墙体上的散热器，其挂件应预埋在实体结构上，散热器的挂件要满足刚度要求；

（3）当采用预留孔洞安装散热器挂件时，预留孔洞的深度应不小于 120mm。

8）教室散热器平面布置见图 3.3.1。

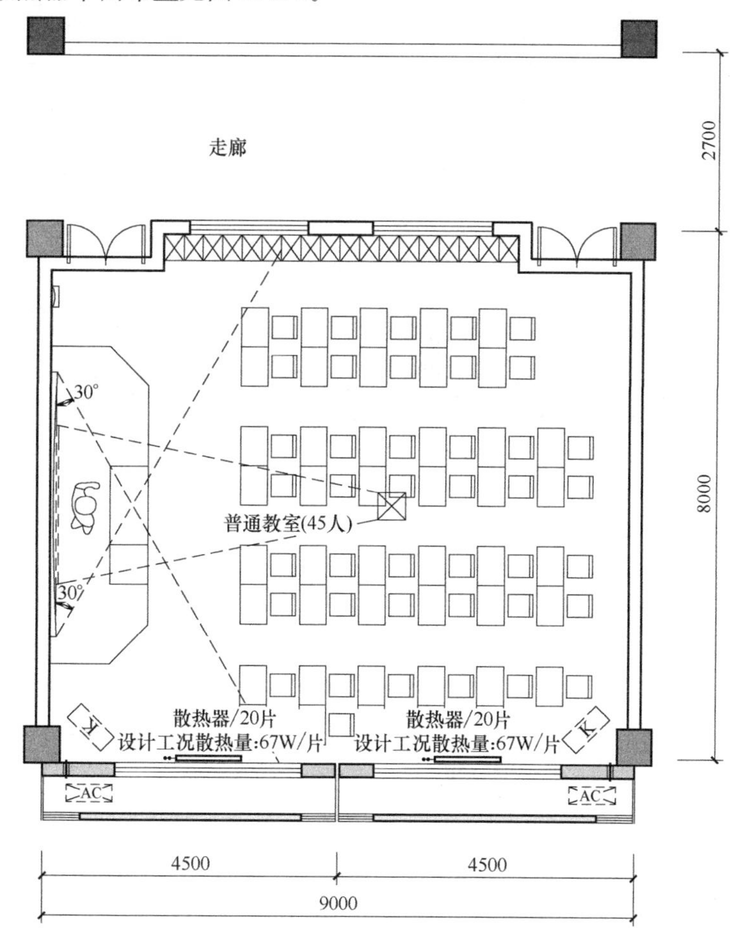

图 3.3.1 教室散热器平面布置图

2. 装配式校舍建筑通风系统及管线设计应满足以下规定：

1）化学与生物实验室、药品储藏室、准备室的通风设计应符合下列规定：

（1）应采用机械排风通风方式。各教室排风系统及通风柜排风系统均应单独设置。补风方式应优先采用自然补风，条件不允许时，可采用机械补风。

（2）室内气流组织应根据实验室性质确定，化学实验室宜采用下排风。

（3）强制排风系统的室外排风口宜高于建筑主体，其最低点应高于人员逗留地面2.50m以上。

（4）进、排风口应设防尘及防虫鼠装置，排风口应采用防雨雪进入、抗风向干扰的风口形式。

2）除化学、生物实验室外的其他教学用房及教学辅助用房的通风应优先采用开启外窗的自然通风方式。

3）当教学用房、学生宿舍不设空调且在夏季通过开窗通风不能达到基本热舒适度时，应按下列规定设置电风扇：

（1）教室应采用吊式电风扇。各类小学中，风扇叶片距地面高度不应低于2.80m；各类中学中，风扇叶片距地面高度不应低于3.00m。

（2）学生宿舍的电风扇应有防护网。

4）土建风道在各层或分支风管连接处应预留孔洞（图3.3.2-1～图3.3.2-3）或预埋套管。

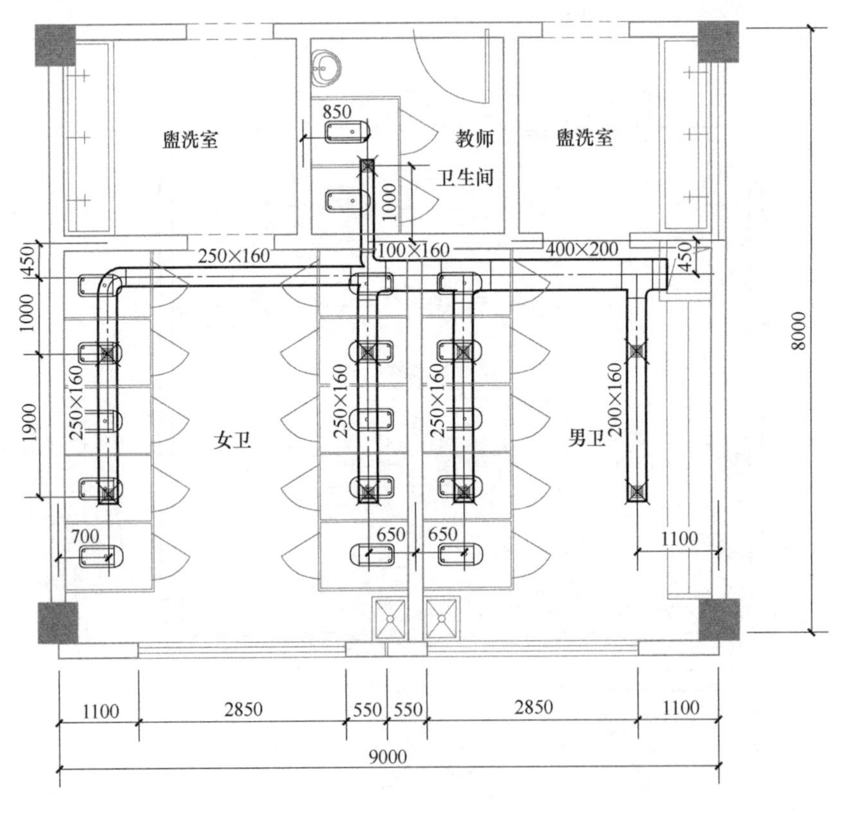

图3.3.2-1　卫生间排风平面布置图（一）

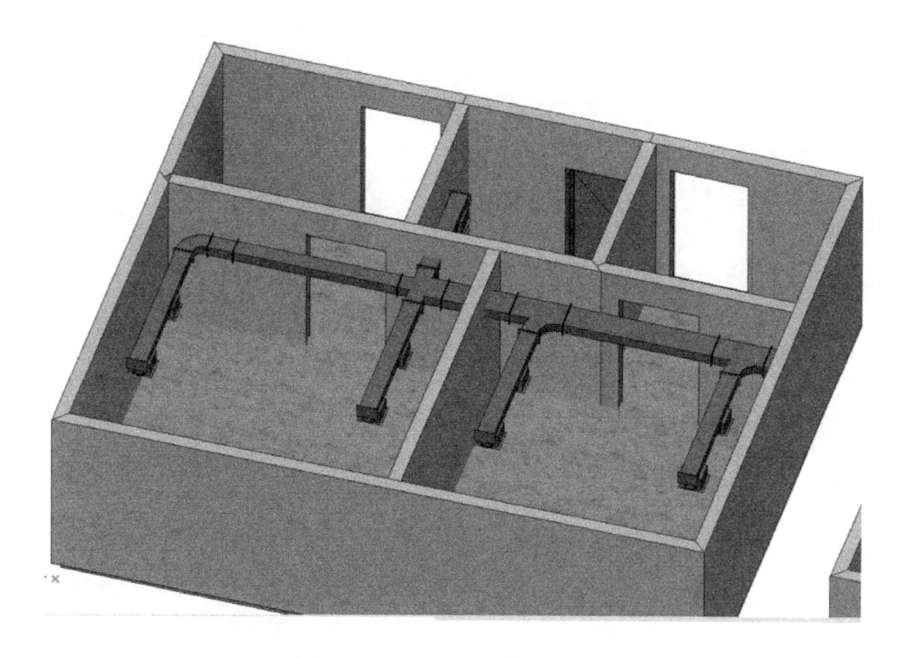

图 3.3.2-1　卫生间排风平面布置图（二）

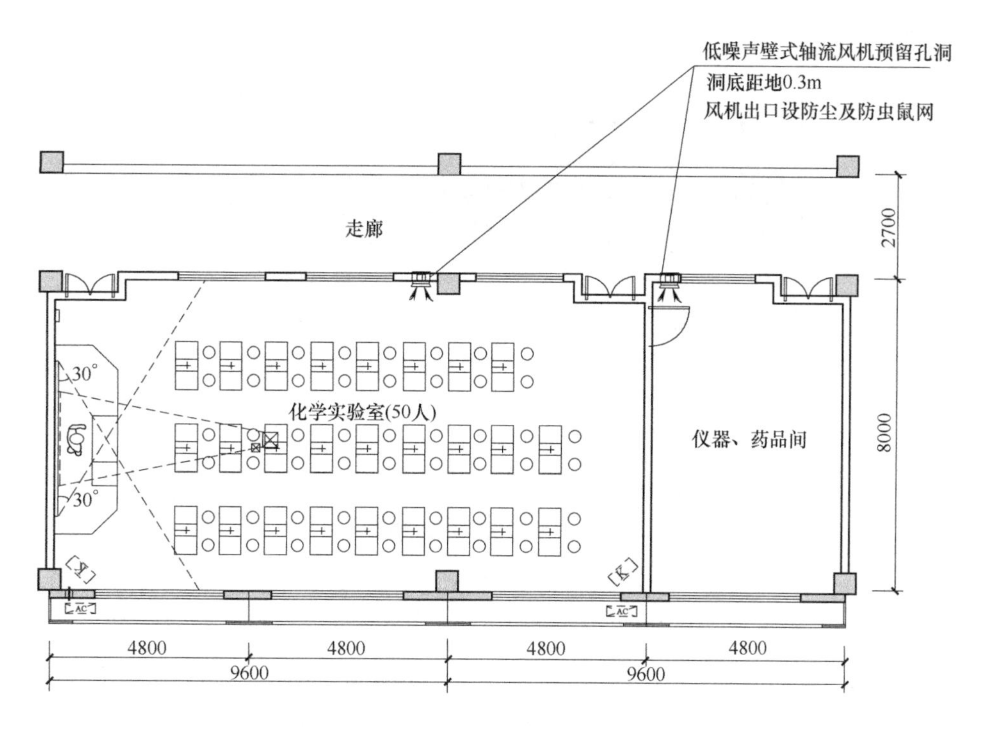

图 3.3.2-2　化学实验室、生物实验室排风平面布置图

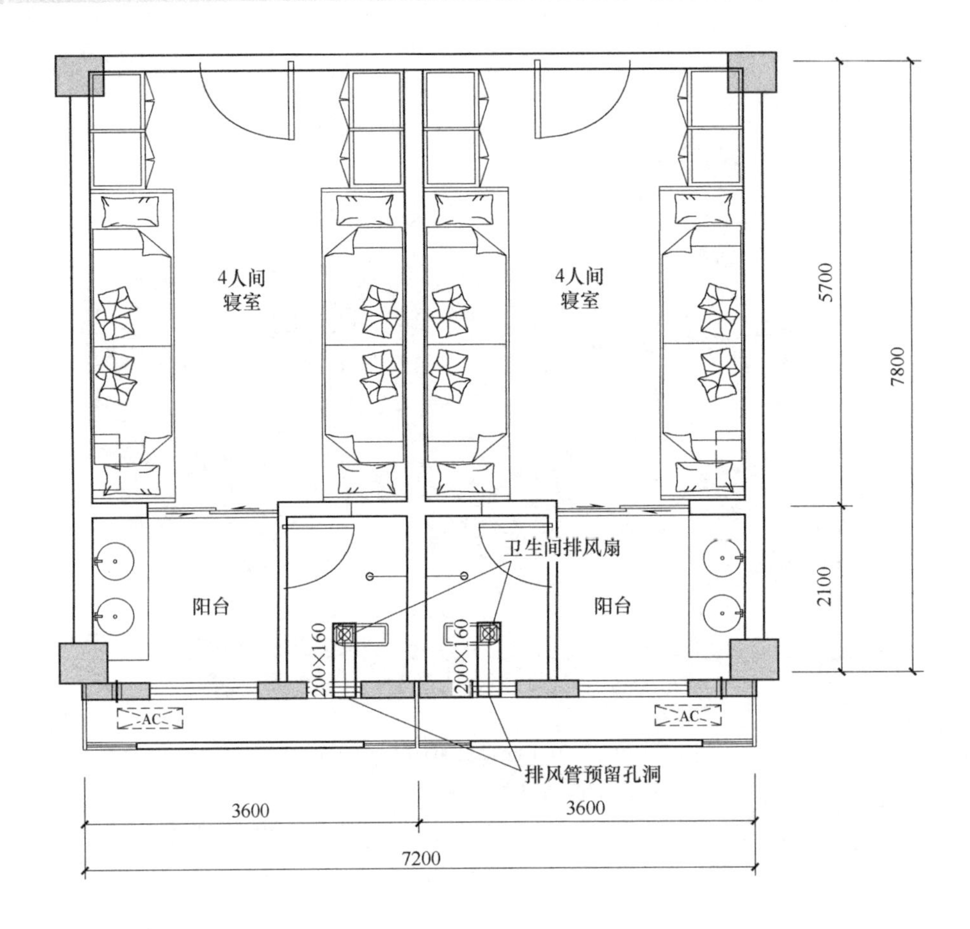

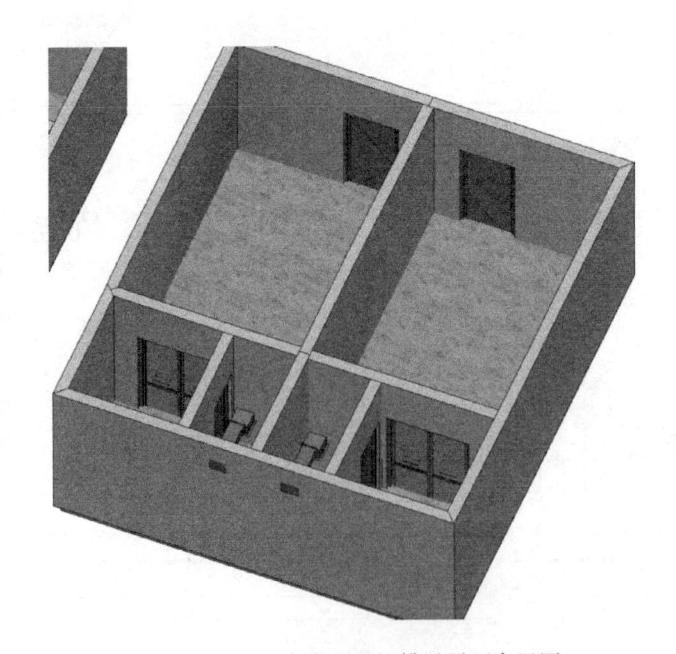

图 3.3.2-3　宿舍卫生间排风平面布置图

5）卫生间采用竖向通风道时，应采用防止支管回流和竖井泄漏的措施。

3. 装配式校舍建筑空调系统及管线设计应满足以下规定：

1）当采用分体空调或多联机空调形式时，应预留空调设施的位置和条件。

2）建筑外墙应预留空调冷媒管、冷凝水管排出的套管（图 3.3.3）。套管的位置和孔径应满足标准化要求。

3）网络控制室应单独设置空调设施，其温湿度应符合现行国家标准《数据中心设计规范》GB 50174 的有关规定。

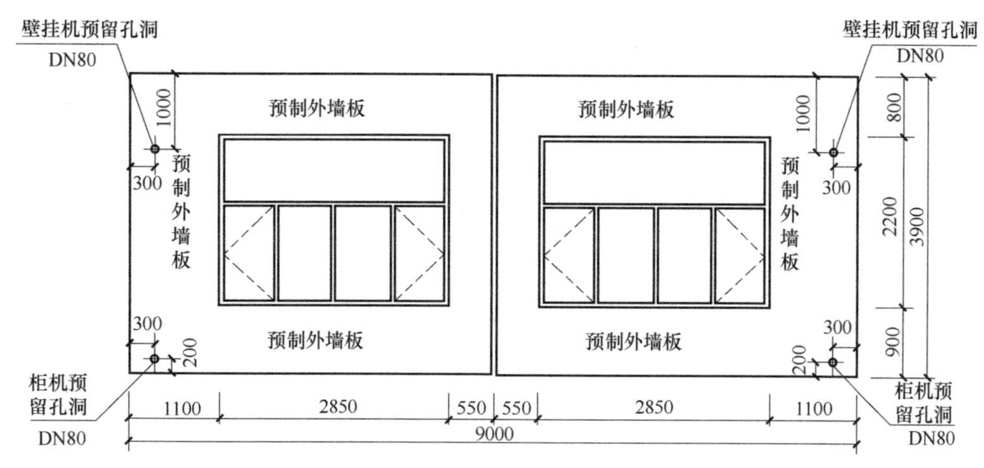

图 3.3.3　外墙预留空调孔洞立面图

4. 装配式校舍建筑的燃气系统设计应符合现行国家标准《城镇燃气设计规范》GB 50028 的有关规定。

5. 装配式校舍建筑防排烟设计应符合现行国家标准《建筑防烟排烟系统技术标准》GB 51251 的有关规定，优先采用自然排烟方式（图 3.3.5），若不能满足自然排烟要求，需及时

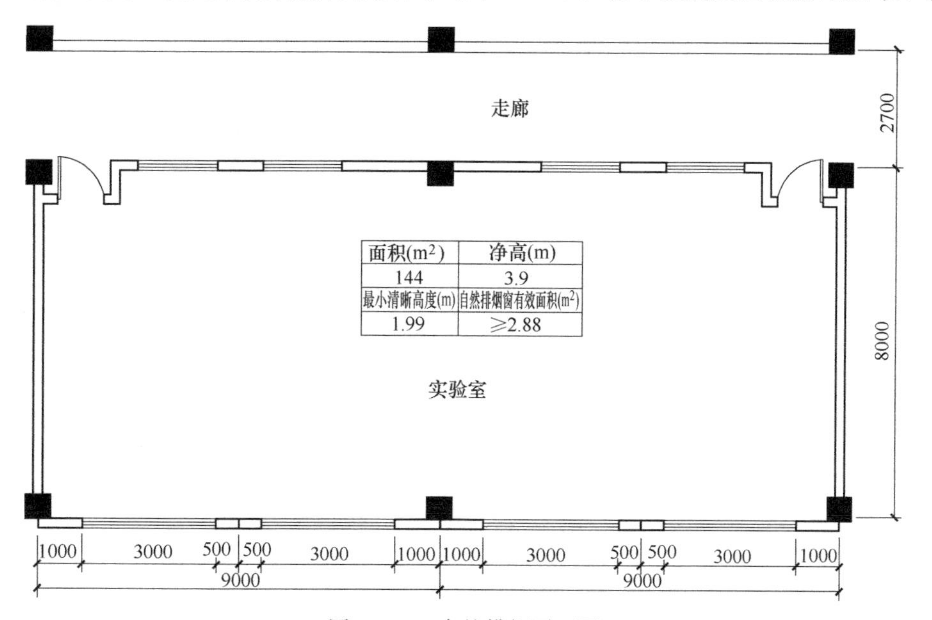

图 3.3.5　自然排烟平面图

且准确地确定风机房、风井放置位置。

6. 根据校舍建筑形式，预留孔洞和风井设计应做到构配件规格化和模数化。

7. 防排烟、供暖、通风和空气调节系统中的管道及建筑内的其他管道，在穿越防火隔墙、楼板和防火墙处的空隙时应采用防火材料封堵。

8. 装配式混凝土建筑的通风、供暖和空调等设备均应选用能效比高的节能型产品，以降低能耗。

装配式装修

4.1 一般规定

装配式内装修应进行总体技术策划，统筹项目定位、建设条件、技术选择与成本控制等要求。装配式内装修系统应与结构系统、外围护系统、设备和管线系统进行一体化集成设计，并应遵循设备管线与结构分离的原则，满足室内设备和管线检修维护的要求。

装配式内装修设计应协调建筑设计，为室内空间可变性提供条件。

应采取必要的设计和技术措施，保证建筑的安全性和健康性，减少和阻断疫情和病毒的传播。装配式内装修部品选型宜在建筑设计阶段进行，部品选型时应明确关键技术参数，并应优选质量稳定、品质高、耐用性强、抗菌防霉的部品。装配式内装修部品应采用通用化设计和标准化接口，并提供系统化解决方案。

装配式内装修施工图纸应采用空间净尺寸标注，表达深度应满足装配化施工的要求。装配式内装修应明确与土建工程、设备和管线安装工程的施工界面，并宜采用同步穿插施工的组织方式，提升施工效率，应采用绿色施工模式，减少现场切割作业和建筑垃圾。装配式内装修工程宜采用建筑信息模型（BIM）技术，实现全过程的信息化管理和专业协同，保证工程信息传递的准确性与质量可追溯性。

装配式内装修应采用节能绿色环保材料，所用材料的品种、规格和质量应符合设计要求和国家现行有关标准的规定。装配式内装修所用材料的燃烧性能应符合现行国家标准《建筑内部装修设计防火规范》GB 50222 和《建筑设计防火规范》GB 50016 的规定。装配式内装修应选用低甲醛、低挥发性有机物（VOC）的环保材料，其有害物质限量应符合现行国家标准《民用建筑工程室内环境污染控制标准》GB 50325 及国家现行有关标准的规定。材料与部品进场时应有产品合格证书、使用说明书及性能检测报告等质量证明文件，对于用量较大的辅料产品也应提供相应检测报告。

装配式内装修工程应采取有效措施改善和提升室内热环境、光环境、声环境和空气环境的质量，降低外界不良环境对建筑的影响。装配式内装修工程应在设计阶段对内装修材料部品中的各种室内有害物质进行综合评估，并应先对样板间进行室内环境污染物浓度检测，检测结果合格后再进行批量工程的施工。装配式内装修工程应在工程完工 7d 后、工程交付使用前进行室内环境质量验收。

装配式内装修应协同建筑、结构、给水排水、供暖、通风和空调、燃气、电气、智能化等各专业的要求，进行协同设计，并应统筹设计、生产、安装和运维各阶段的需求。应采用工厂化生产的部品部件，按照模块化和系列化的设计方法，满足多样化需求，应选用集成度高的内装部品。装配式内装修设计应考虑建筑全生命周期内使用功能可变性的需求，宜考虑满足多种场景下的使用需求，应明确内装部品部件和设备管线的主要性能指标，应满足结构受力、抗震、安全防护、防火、防水、防静电、防滑、隔声、节能、环境保护、卫生防疫、适老化、无障碍等方面的需要。装配式内装修设计流程宜按照技术策划、方案设计、部品集成与选型、深化设计四个阶段进行。装配式内装修设计应充分考虑部品部件、设备管线维护与更新的要求，采用易维护、易拆换的技术和部品，对易损坏和经常更换的部位按照可逆安装的方式进行设计。

4.2 施工工艺

1. 隔墙

装配式隔墙选用非砌筑免抹灰的轻质墙体，具体划分为条板隔墙、龙骨隔墙等其他干式工法施工的隔墙。隔墙与墙面系统的构造应连接稳固、便于安装，并应与开关、插座、设备管线等的设计相协调；不同设备管线安装于隔墙或墙面系统时，应采取必要的加固、隔声、减震或防火封堵措施。

条板隔墙可采用蒸压轻质加气混凝土装配式隔墙，简称 ALC 板隔墙。

ALC 板墙板具有以下特点：①重度小、保温隔热性能好、不燃性强、吸声性能良好、抗震性强、抗裂性好；②工业化生产、装配式施工、安装快捷；③工厂化生产，现场不加工，不产生固体废弃物；④板材采用预制，面层制作平整度及垂直度高，安装完毕后垂直、平整度可达到 3mm，便于后续装修施工；⑤缩短工期：采用蒸压加气混凝土隔墙板，门及窗部位不需加设构造柱及过梁，减少大量构造柱及过梁工序，安装工期大大缩短。ALC 板隔墙施工工艺包括：施工策划→深化图纸→画排板图→安装专用的锚固件→上浆、装板→就位、校正→安装洞口上板→板材拼接加固→灌浆补缝→贴耐碱网格布。

龙骨隔墙可采用集成一体化石膏板装配式隔墙、自配合装配式隔墙、分片集成装配式隔墙等形式。

集成一体化石膏板装配式隔墙是纸面石膏板与龙骨之间通过双向卡扣件连接，通过完成横、纵向固定，制备出 2 个相同的单元，经对接之后形成的隔墙。搭配不同规格的纸面石膏板、竖龙骨、造型龙骨，可以制备出不同厚度、不同内部结构、满足不同使用功能要求的隔墙。相同的单元模块集成制作墙体，可以实现墙体单元在工厂制作，运输到施工现场拼接，成为集成一体化隔墙。集成一体化安装，就是先把半个单元模块竖立起来与屋顶、地面的天地龙骨连接，然后再把另外半个单元模块竖立起来，2 个模块单元对接，并与屋顶地面连接起来形成隔墙。此外，也可以在工厂预先把 2 个半单元模块用长钉连接成一体的墙体模块后，再运进装修现场，把墙体模块竖立起来与屋顶、地面的天地龙骨连接，完成墙体安装（图 4.2.1-1）。

自配合装配式隔墙是通过多种自配合龙骨，实现墙板之间快速装配拼装，可在保证墙板安装牢固性的同时易于拆卸和重复利用，在实现整体装配化的同时满足整体墙体的隔声、保温性能要求。自配合装配式墙体结构进行了模块化设计，将墙体分割成多种模块，工厂化统

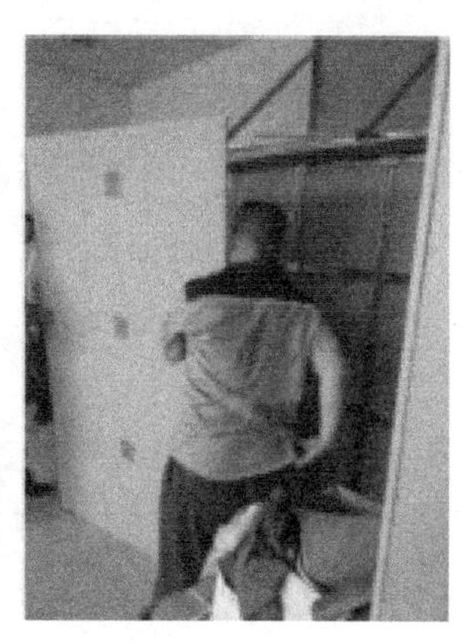

图 4.2.1-1 集成一体化石膏板装配式隔墙示意图

一设计、生产，满足墙体不同位置、结构和功能的需求。模块化结构按照墙体部位划分为起始模块、重复单元模块、拐角尾端模块、门窗洞口模块、整体门口墙板模块。单元模块在工厂按照一定的规格进行整体生产和制作，运输至施工现场装配安装即可。当隔墙有改动或者拆除时，仍可以按照模块单元拆卸，回收再利用，真正实现无损拆装、重复利用（图 4.2.1-2）。

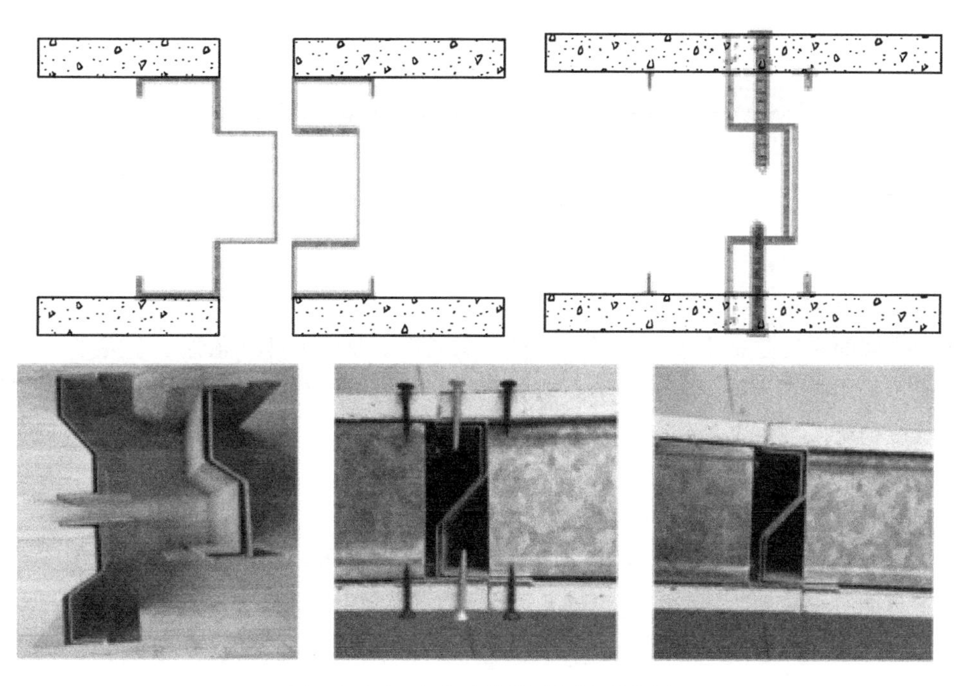

图 4.2.1-2 自配合装配式隔墙示意图

分片集成装配式隔墙将墙体分为 2 个完全相同的单元，都由石膏板、保温隔声材料和龙骨等构成，单元模块完全在工厂完成制作，通过连接件、造型龙骨等专用配件完成横、纵向的固定，在施工现场进行模块化安装。此种墙体的运输及施工快速便捷，墙体强度高，装配效率高。墙体单元模块组装时，对于“U”形天、地龙骨，墙体组装方式是根据墙体设计方案，将各墙体单元组件的上下两端插入“U”形天、地龙骨槽里，墙体单元的上下两端在竖龙骨处通过自攻螺钉与“U”形天、地龙骨侧翼面相连接固定，完成墙体单面的安装。墙体的另一面，采用错缝搭接的方式进行定位安装，最后以非标墙体单元填补，相对的墙体单元模块以自攻螺钉进行连接，完成整面墙体的安装（图 4.2.1-3、图 4.2.1-4）。

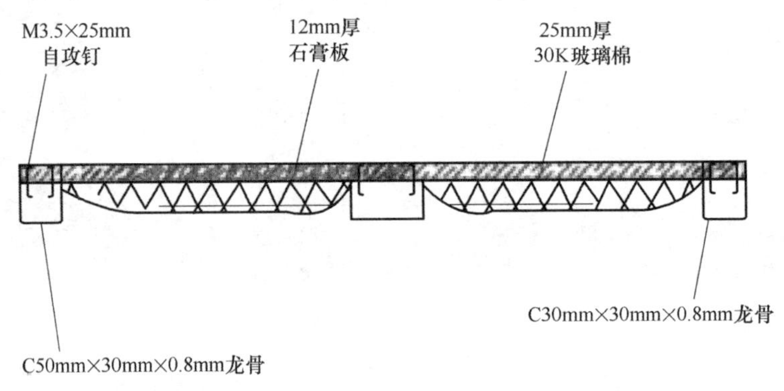

图 4.2.1-3　单个墙板单元结构示意图

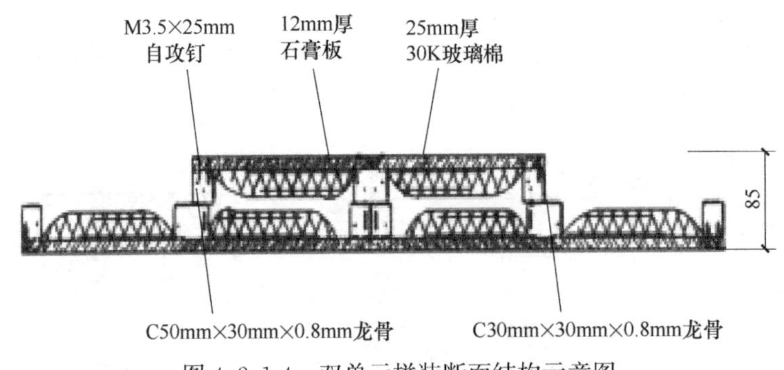

图 4.2.1-4　双单元拼装断面结构示意图

2. 墙面

装配式墙面系统是指由装饰面层、基材、功能模块及构配件（龙骨、连接件、填充材料等）构成，采用干式干法、工厂生产、现场组合安装而成的集成化墙面产品。装配式墙面技术通过功能模块及构配件与建筑墙体形成一定的空腔，空腔内可以敷设管线设备，实现了管线与主体结构的分离，无须再破坏建筑墙体剔槽埋线，进一步地提高了建筑的使用年限。墙板之间为物理连接，安装便捷、可实现单块拆卸。通过龙骨件、连接件、插接件以及调平件的配合，方便快捷地将饰面墙板固定于建筑墙体，不仅有效地提高了饰面墙板的安装效率，而且便于后期对单块墙板进行拆卸更新，同时在安装过程中，无须对饰面墙板进行胶粘或打钉，避免饰面墙板被破坏，保证了饰面墙板的整体性。施工方法可分为背挂式拼装和侧挂式拼装。

墙板背挂式拼装可以分解为“调平-挂装”两个步骤，其中调平是通过调平件和龙骨的搭配使用来实现的；挂装又可以拆解为挂件与饰面墙板的连接和挂件与龙骨的连接。首先，通过自攻螺丝将三合一轻钢龙骨固定至建筑墙体上，然后将调平件安装至龙骨内侧通槽中，通过转动调平件使龙骨达到一定平整度后将龙骨锁紧，将墙板背挂件安装至饰面墙板背面槽口并旋转 90°至固定，再将墙板挂装至龙骨上，然后将插接件安装至饰面墙板侧面槽口，然后依次安装下一块墙板。墙板背挂式拼装时需要在饰面墙板背面和侧面开槽，并且主要受力于墙板的背面，故对饰面墙板性能要求较高（图 4.2.2-1、图 4.2.2-2）。

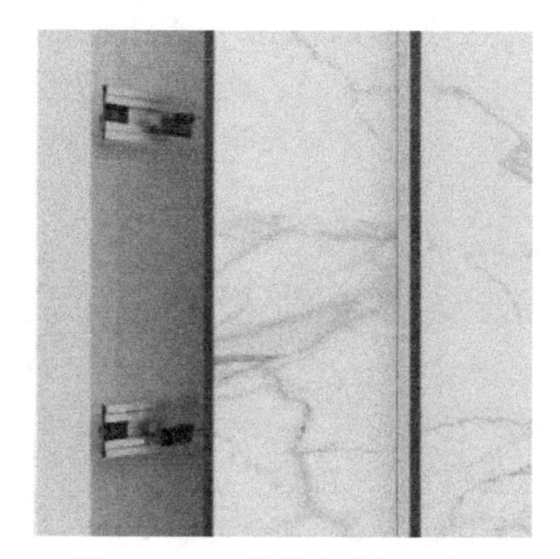

图 4.2.2-1 背挂式墙板示意图

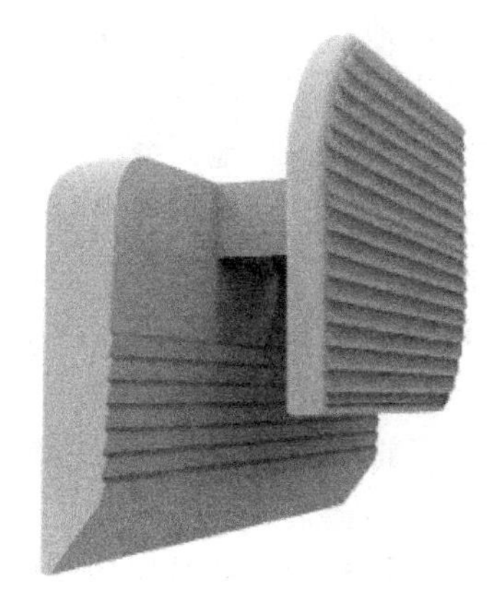

图 4.2.2-2 背挂式墙板连接件

墙板侧挂式拼装可以分解为“调平-扣装”两个步骤，其中调平与背挂式拼装一致，扣装是指通过墙板侧挂件连接饰面墙板和龙骨，即在龙骨调平后，将墙板侧挂件扣装至龙骨和墙板侧面槽口内，将墙板固定至龙骨上，同样可以根据设计需求，将不同插接件安装至饰面墙板侧面槽口，然后依次安装下一块墙板。墙板侧挂式拼装时需要在饰面墙板侧面开槽，故其主要受力于墙板两侧，因此对饰面墙板的性能要求相对来说要比背挂式低一些（图 4.2.2-3、图 4.2.2-4）。

图 4.2.2-3 侧挂式墙板示意图

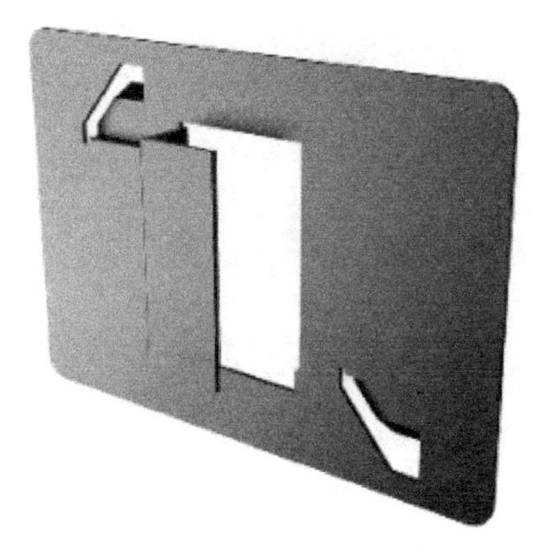

图 4.2.2-4 侧挂式墙板连接件

3. 吊顶

装配式吊顶系统可采用明龙骨、暗龙骨或无龙骨吊顶，软膜天花或其他干式工法施工的吊顶，应根据房间的功能和装饰要求选择装饰面层材料和构造做法，宜选用带饰面的成品材料。吊顶系统宜与新风、排风、给水、喷淋、烟感、灯具等设备和管线进行集成设计。吊顶系统与设备管线应各自设置吊件，并应满足荷载计算要求。重量较大的灯具应安装在楼板或承重结构构件上，不得直接安装在吊顶上，并应满足荷载计算要求。吊顶系统内敷设设备管线时，应在管线密集和接口集中的位置设置检修口。吊顶系统与墙或梁交接处，应设伸缩缝或收口线脚。吊顶系统主龙骨不应被设备管线、风口、灯具、检修口等切断。

4. 楼地面

装配式楼地面系统可采用架空楼地面、非架空干铺楼地面或其他干式工法施工的楼地面，应满足房间使用的承载、防水、防滑、隔声等各项基本功能需求，放置重物的部位应采取加强措施。装配式楼地面系统宜与地面供暖、电气、给水排水、新风等系统的管线进行集成设计，应与主体结构有可靠连接，且施工安装时不应破坏主体结构。装配式楼地面系统与地面辐射供暖、供冷系统结合设置时，宜选用模块式集成部品。

架空楼地面内敷设管线时，架空层高度应满足管线排布的需求，并应设置检修口或采用便于拆装的构造。

架空楼地面与墙体交界处应设置伸缩缝，并宜采取美化遮盖措施，宜在架空空间内分舱设置防水、防虫构造，并应采取防潮、防霉、易清扫、易维护的措施。

非架空干铺楼地面的基层应平整，当采用地面辐射供暖、供冷系统复合脆性面材地面时，应保证绝热层的强度。非架空干铺楼地面的面层和填充构造层强度应满足设计要求，当填充层采用压缩变形的材料时，易产生局部受压凹陷，应采取加强措施。

集成地面施工工艺流程：初步平面设计→BIM 技术三维设计→安装材料准备和验收→技术及器具准备→放线定位→铺设管线→墙边支架安装→地面中心支架安置→安置高压水泥内置钢丝纤维板基层→涂刷瓷砖胶→装饰地板面层→面砖填缝（图 4.2.4）。

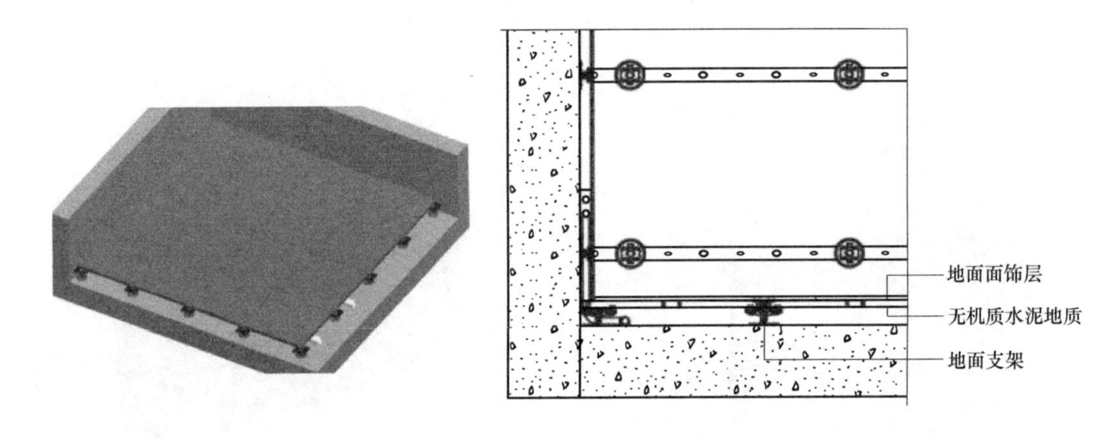

图 4.2.4　装配式集成地面示意图

5. 内门窗

室内门窗宜选用成套供应的门窗部品，设计文件应明确所采用门窗的材料、品种、规格等指标以及颜色、开启方向、安装位置、固定方式等要求。对有耐火要求的门窗，应符合现行国家标准《建筑设计防火规范》GB 50016 的规定。

6. 设备和管线

装配式内装修设备和管线系统宜通过综合设计及管线集成技术提高设备与管线系统的集成度；设备和管线不应敷设在混凝土结构或混凝土垫层内，也不应通过墙体表面开凿或剔凿等方式设置；竖向主干管线、公共功能的阀门、计量设备、电气设备以及用于总体调节和检修的部件，应集中设置在公共区域的管井或表间内；敷设于楼地面的架空层、吊顶空间、装配式隔墙内的空调及通风、给水、供暖、强弱电等设备与管线设置应便于检修，检修口宜采用标准化尺寸。安装于墙体、吊顶、地板表面的灯具、开关插座、控制器、显示屏等部品部件的位置与尺寸应与内装修相协调，并应采取可靠的固定措施，满足隔声、防火等方面的要求。

当给水排水管线采用给水分水器时，分水器应与用水器具一对一连接；在架空层或吊顶内敷设时，中间不得有连接配件；分水器设置应便于检修，并宜有排水措施；敷设于隔墙系统、吊顶系统、架空地板系统内的给水管线应采取措施避免有机溶剂的腐蚀或污染；消防阀门、水流指示器、末端试水阀等附配件宜设在管井、设备用房内等便于检修的部位；当设在走廊等部位的吊顶内时，应预留检修口。

敷设于居住建筑隔墙系统、吊顶系统、架空地板系统内的供暖管道不宜有接口、阀门和部件。供暖、空调和通风系统管道安装时应设置可靠的支撑系统并充分考虑管道伸缩补偿、确保安装安全。同时，应按照相关标准要求，采取保温隔热措施；空调通风管道宜采用工厂预制、现场冷连接工艺。

电气线缆应采用符合安全和防火要求的敷设方式配线，应穿金属管或在金属线槽内敷设，线缆在管道或线槽内不宜有接头，如有接头，应放置在接线盒内；电气线缆设计在隔墙内布线时，隔墙应优先选用带穿线管的工厂化生产的墙板。

7. 接口和细部

装配式内装修应采用标准化的连接构造，接口的位置和尺寸应符合模数协调的要求，并应做到连接合理、拆装方便、使用可靠。

设计耐久年限低的部品部件应安装在易更换易维修的位置，避免更换时破坏耐久年限高的部品或结构构件；先装部品应为后装部品预留接口，并应与后装部品接口匹配。

隔墙与地面相接部位宜设踢脚或墙裙，方便清洁和维护；隔墙与吊顶的连接部位宜采用收边线角或凹槽等方式进行处理；门窗与墙体的连接宜采用配套的连接件，连接应牢固；门窗框材与轻质隔墙之间的缝隙应填充密实，并宜采用门窗套进行收边。楼地面、墙面、吊顶不同材料交接处宜采用收边条进行处理。

4.3 SI 体系

SI 体系是指支撑体和填充体相分离的建筑体系。在预制装配式内装 SI 体系中，S（Skeleton or Support）是指住宅的承重结构骨架，I（Infill）是指建筑内部的填充体。预制装配式内装 SI 体系施工工艺通常包括干法施工、管线与结构分离、同层排水等。

干法施工又称模块化施工，大多数构件需要在工厂完成组装。干法施工不受天气条件的影响，作业面既干净又独立，工作环境较好。

管线与结构分离不仅能够有效降低预埋孔洞对结构强度的影响，还能够避免结构渗漏问题的出现。在维修过程中，工作人员无须破坏预制装配式建筑的结构，从而有效保证了预制装配式建筑结构的完整性、稳定性，延长了预制装配式建筑的使用寿命。

同层排水施工具有以下优势：在更换公共管道时，同层排水施工不会影响其他楼层住户的正常生活；采用同层排水施工工艺，能够有效提高预制装配式建筑的防水、隔汽性能。卫生间是同层排水施工的重要区域，在具体施工过程中，工作人员应采用卫生间降板与混凝土坎台同时浇筑的施工工艺，同时需要严格控制卫生间降板的高度。

目前，在我国的预制装配式内装 SI 体系中，支撑系统和填充系统是相互分离的。在填充系统中，许多材料是传统的装修材料，科技含量有限，如何保证各装修材料之间连接的牢固性以及解决各个系统之间的碰撞问题是个难点（图 4.3）。

图 4.3 SI 体系隔墙示意图

4.4 各专业配合

装饰工程是一个系统的建设工程，必然会与一些专业施工单位发生交叉配合工作方面的协调（图 4.4）。

1. 与建筑系统的协调配合施工

总承包单位根据建筑设计功能要求，确定室内建筑空间的大小、空间序列以及人流交通组织等。室内装饰按照设计布局在大空间内设置小空间，再在这些小空间内进行装饰，这就会涉及空间的形体修正与完善，空间气氛与意境的创造，建筑艺术风格的总体协调，地面、墙面、天花尺寸和比例的设定等。上述所有涉及的方面都要与总承包单位进行沟通，明确了解建筑施工方面的具体要求，注意吊顶标高与结构标高（设备层净高）的收口关系，掌握室内悬挂物与结构构件固定的方式，了解墙面开洞处承重结构要求，如有结构开洞需与设计单位进行确认。

2. 与电气、给水排水系统协调配合施工

电气照明要注意吊顶设计与灯具布置、照明方式的关系；注意室内地面设计与地灯（脚灯）的布置要求；注意管线、线盒的配比和预留要求；注意灯位的排列和预留灯位孔的尺寸要求。要注意洁具类型尺寸和布置，尺寸要符合基本功能要求的高度、间隔距离，还要考虑残疾人使用的要求等。施工过程中，管道要在装饰墙面施工前安装完成，地下管道尽早完成安装、试压，完成隐蔽验收。装饰吊顶内的管道标高要在机电安装阶段由精装单位和机电单位配合检查，避免后期管道标高过低影响天花吊顶安装。

3. 与空调系统的协调配合施工

装饰施工前，空调专业应完成管道试水打压及保温工作，另外需要注意吊顶设计与空调管道布置在造型上的关系，空调送风口位置的布置，室内吊顶设计与空调器风口位置的布置，室内陈设与各类独立设置的空调设备的关系，出入口装修设计与冷风幕设备布置的关系，由装修单位和空调单位共同会审决定。

4. 与消防系统协调配合施工

装饰施工前，消防单位应完成管道试压，精装修单位会同消防单位共同确定喷淋头、水幕、烟感等消防点位的布置，既要满足吊顶设计排布美观的原则，又要满足消防规范的要求。消防单位也要根据室内装饰的要求按顶棚完成饰面高度确定好喷淋头准确的高度，这方面的互相沟通和配合施工在满足消防要求的同时，又不能影响饰面收口的外观效果。除此以外，消火栓的位置也要予以考虑，装修施工时绝对不能因为消火栓妨碍饰面效果而随意挪位或掩饰，必须移位时，应会同消防系统施工单位，根据要求和规范来进行。

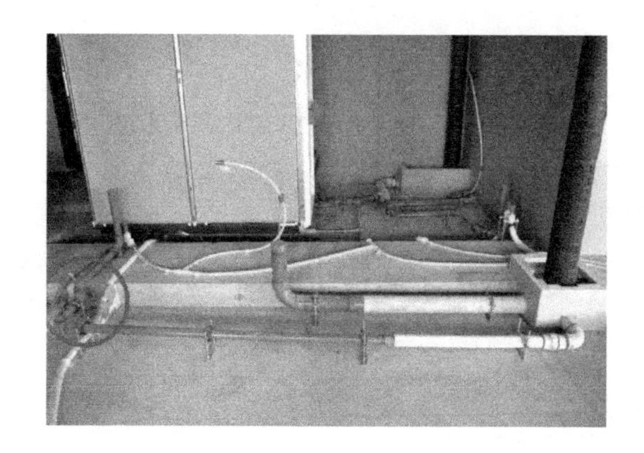

图 4.4 各专业配合施工示意图

预制构件制作与运输

5.1 一般规定

1. 生产单位应具备保证产品质量要求的生产工艺设施、试验检测条件，建立完善的质量管理体系和制度，并宜建立质量可追溯的信息化管理系统。

2. 预制构件生产前，应由建设单位组织设计、生产、施工单位进行设计文件交底和会审，并做好相关资料的留存归档。必要时，应根据批准的设计文件，拟定的生产工艺、运输方案、吊装方案等编制加工详图。

3. 预制构件生产前应编制生产方案，生产方案宜包括生产计划及生产工艺、模具方案及计划、技术质量控制措施、成品存放、运输和保护方案等。

4. 生产单位的检测、试验、张拉、计量等设备及仪器仪表均应经检定合格，并应在有效期内使用。对不具备试验能力的检验项目，应委托第三方检测机构进行试验。

5. 预制构件生产宜建立首件验收制度，并做好相关资料的留存归档。

6. 预制构件的原材料及配件质量、钢筋加工和连接的力学性能、混凝土强度、构件结构性能、装饰材料、保温材料及拉结件的质量等均应根据国家现行有关标准进行检查和检验，并应具有生产操作规程和质量检验记录。

7. 预制构件生产的质量检验应按模具、钢筋、混凝土、预应力、预制构件等类别进行。预制构件的质量评定应根据钢筋、混凝土、预应力、预制构件的试验、检验资料等项目进行。当上述各检验项目的质量均合格时，方可评定为合格产品。

8. 预制构件和部品生产中采用新技术、新工艺、新材料、新设备时，生产单位应制定专门的生产方案；必要时进行样品试制，经检验合格后方可实施。

9. 预制构件和部品经检查合格后，宜设置表面标识。预制构件和部品出厂时，应出具质量证明文件。

10. 预制结构构件采用钢筋套筒灌浆连接时，应在构件生产前进行钢筋套筒灌浆连接接头的抗拉强度试验，每种规格的连接接头试件数量不应少于 3 个。

5.2 模具

1. 预制构件生产应根据生产工艺、产品类型等制定模具方案，应建立健全模具验收、使用制度。

2. 模具应具有足够的强度、刚度和整体稳固性，并应符合下列规定：

1）模具应装拆方便，并应满足预制构件质量、生产工艺和周转次数等要求；

2）结构造型复杂、外形有特殊要求的模具应制作样板，经检验合格后方可批量制作；

3）模具各部件之间应连接牢固，接缝应紧密，附带的埋件或工装应定位准确，安装牢固；

4）用作底模的台座、胎模、地坪及铺设的底板等应平整光洁，不得有下沉、裂缝、起砂和起鼓；

5）模具应保持清洁，涂刷隔离剂、表面缓凝剂时应均匀、无漏刷、无堆积，且不得沾污钢筋，不得影响预制构件外观效果（图 5.2.2）；

图 5.2.2　预制构件模具涂刷隔离剂

6）应定期检查侧模、预埋件和预留孔洞定位措施的有效性，应采取防止模具变形和锈蚀的措施，重新启用的模具应检验合格后方可使用；

7）模具与平模台间的螺栓、定位销、磁盒等固定方式应可靠，防止混凝土振捣成型时造成模具偏移和漏浆。

3. 除设计有特殊要求外，预制构件模具尺寸偏差和检验方法应符合表 5.2.3 的规定。

预制构件模具尺寸允许偏差和检验方法　　**表 5.2.3**

项次	检查项目、内容		允许偏差(mm)	检验方法
1	长度	≤6m	1，−2	沿平行构件高度方向用尺量，取其中偏差绝对值较大处
		>6m 且≤12m	2，−4	
		>12m	3，−5	
2	宽度、高(厚)度	墙板	1，−2	用尺测量两端或中部，取其中偏差绝对值较大处
3		其他构件	2，−4	
4	底模表面平整度		2	用 2m 靠尺和塞尺量
5	对角线差		3	用尺量对角线
6	侧向弯曲		L/1500 且≤5	拉线，用钢尺量测侧向弯曲最大处
7	翘曲		L/1500	对角拉线测量交点间距离值的两倍
8	组装缝隙		1	用塞片或塞尺量测，取最大值
9	端模与侧模高低差		1	用钢尺量

5.3　成型、养护及脱模

1. 浇筑混凝土前应进行钢筋、预应力的隐蔽工程检查。隐蔽工程检查项目应包括

(图 5.3.1):

图 5.3.1　预制构件内部钢筋及预留预埋

1) 钢筋的牌号、规格、数量、位置和间距;

2) 纵向受力钢筋的连接方式、接头位置、接头质量、接头面积百分率、搭接长度、锚固方式及锚固长度;

3) 箍筋弯钩的弯折角度及平直段长度;

4) 钢筋的混凝土保护层厚度;

5) 预埋件、吊环、插筋、灌浆套筒、预留孔洞、金属波纹管的规格、数量、位置及固定措施;

6) 预埋线盒和管线的规格、数量、位置及固定措施;

7) 夹芯外墙板的保温层位置和厚度,拉结件的规格、数量和位置;

8) 预应力筋及其锚具、连接器和锚垫板的品种、规格、数量、位置;

9) 预留孔道的规格、数量、位置,灌浆孔、排气孔、锚固区局部加强构造。

2. 混凝土工作性能指标应根据预制构件产品特点和生产工艺确定,混凝土配合比设计应符合国家现行标准《普通混凝土配合比设计规程》JGJ 55 和《混凝土结构工程施工规范》GB 50666 的有关规定。

3. 混凝土应采用有自动计量装置的强制式搅拌机搅拌,并具有生产数据逐盘记录和实时查询功能。混凝土应按照混凝土配合比通知单进行生产,原材料每盘称量的允许偏差应符合表 5.3.3 的规定。

混凝土原材料每盘称量的允许偏差　　**表 5.3.3**

项次	材料名称	允许偏差
1	胶凝材料	±2%
2	粗、细骨料	±3%
3	水、外加剂	±1%

4. 混凝土应进行抗压强度检验,并应符合下列规定:

1) 混凝土检验试件应在浇筑地点取样制作。

2) 每拌制 100 盘且不超过 100m^3 的同一配合比混凝土,每工作班拌制的同一配合比的混凝土不足 100 盘为一批。

3) 每批制作强度检验试块不少于 3 组、随机抽取 1 组在同条件转标准养护后进行强度检验,其余可作为同条件试件在预制构件脱模和出厂时控制其混凝土强度;还可根据预制构件吊装、张拉和放张等要求,留置足够数量的同条件混凝土试块进行强度检验。

4) 蒸汽养护的预制构件(图 5.3.4),其强度评定混凝土试块应随同构件蒸养后,再转入标准条件养护。构件脱模起吊、预应力张拉或放张的混凝土同条件试块,其养护条件应与构件生产中采用的养护条件相同。

5）除设计有要求外，预制构件出厂时的混凝土强度不宜低于设计混凝土强度等级值的75%。

图5.3.4 预制构件蒸汽养护窑入口

5. 带面砖或石材饰面的预制构件宜采用反打一次成型工艺制作（图5.3.5），并应符合下列规定：

1）应根据设计要求选择面砖的大小、图案、颜色，背面应设置燕尾槽或确保连接性能可靠的构造；

2）面砖入模铺设前，宜根据设计排板图将单块面砖制成面砖套件，套件的长度不宜大于600mm，宽度不宜大于300mm；

3）石材入模铺设前，宜根据设计排板图的要求进行配板和加工，并应提前在石材背面安装不锈钢锚固拉钩和涂刷防泛碱处理剂；

4）应使用柔韧性好、收缩小、具有抗裂性能且不污染饰面的材料嵌填面砖或石材间的接缝，并应采取防止面砖及石材在安装钢筋及浇筑混凝土等工序中出现位移的措施。

6. 带保温材料的预制构件宜采用水平浇筑方式成型。夹芯保温墙板（图5.3.6）成型尚应符合下列规定：

1）拉结件的数量和位置应满足设计要求；

2）应采取可靠措施保证拉结件位置、保护层厚度，保证拉结件在混凝土中可靠锚固；

3）应保证保温材料间拼缝严密或使用粘结材料密封处理；

4）在上层混凝土浇筑完成之前，下层混凝土不得初凝。

图5.3.5 预制外墙装饰面砖反打

图5.3.6 预制夹心保温外墙板

7. 混凝土浇筑应符合下列规定（图5.3.7）：

1）混凝土浇筑前，预埋件及预留钢筋的外露部分宜采取防止污染的措施；

2）混凝土倾落高度不宜大于600mm，并应均匀摊铺；

3）混凝土浇筑应连续进行；

4）混凝土从出机到浇筑完毕的延续时间，气温高于25℃时不宜超过60min，气温不高于 25℃时不宜超过 90min。

8. 混凝土振捣应符合下列规定：

1）混凝土宜采用机械振捣方式成型。振捣设备应根据混凝土的品种、工作性能、预制构件的规格和形状等因素确定，应制定振捣成型操作规程。

2）当采用振捣棒时，混凝土振捣过程中不应碰触钢筋骨架、面砖和预埋件。

3）混凝土振捣过程中应随时检查模具有无漏浆（图 5.3.8）、变形或预埋件有无移位等现象。

图 5.3.7 预制构件浇筑示意图

图 5.3.8 模具防漏浆封堵示意图

9. 预制构件粗糙面成型应符合下列规定：

1）可采用模板面预涂缓凝剂工艺，脱模后采用高压水冲洗露出骨料；

2）叠合面粗糙面（图 5.3.9-1、图 5.3.9-2）可在混凝土初凝前进行拉毛处理。

图 5.3.9-1 水洗粗糙面

图 5.3.9-2 拉毛粗糙面

10. 预制构件养护应符合下列规定：

1）应根据预制构件特点和生产任务量选择自然养护、自然养护加养护剂或加热养护（图 5.3.4）方式。

2）混凝土浇筑完毕或压面工序完成后应及时覆盖保湿，脱模前不得揭开。

3）涂刷养护剂应在混凝土终凝后进行。

4）加热养护可选择蒸汽加热、电加热或模具加热等方式。

5）加热养护温度应通过试验确定，宜采用加热养护温度自动控制装置。宜在常温下预养护 2～6h，升、降温速度不宜超过 20℃/h，最高养护温度不宜超过 70℃。预制构件脱模时的表面温度与环境温度的差值不宜超过 25℃。

6）夹芯保温外墙板最高养护温度不宜大于 60℃。

11. 预制构件脱模起吊时的混凝土强度应经计算确定，且不宜小于 15MPa。

5.4　预制构件检验

1. 预制构件生产时应采取措施避免出现外观质量缺陷。外观质量缺陷根据其影响结构性能、安装和使用功能的严重程度，可按表 5.4.1 规定划分为严重缺陷和一般缺陷。

构件外观质量缺陷分类　　**表 5.4.1**

名称	现　　象	严重缺陷	一般缺陷
露筋	构件内钢筋未被混凝土包裹而外露	纵向受力钢筋有露筋	其他钢筋有少量露筋
蜂窝	混凝土表面缺少水泥砂浆而形成石子外露	构件主要受力部位有蜂窝	其他部位有少量蜂窝
孔洞	混凝土中孔穴深度和长度均超过保护层厚度	构件主要受力部位有孔洞	其他部位有少量孔洞
夹渣	混凝土中夹有杂物且深度超过保护层厚度	构件主要受力部位有夹渣	其他部位有少量夹渣
疏松	混凝土中局部不密实	构件主要受力部位有疏松	其他部位有少量疏松
裂缝	缝隙从混凝土表面延伸至混凝土内部	构件主要受力部位有影响结构性能或使用功能的裂缝	其他部位有少量不影响结构性能或使用功能的裂缝
连接部位缺陷	构件连接处混凝土缺陷及连接钢筋、连结件松动，插筋严重锈蚀、弯曲，灌浆套筒堵塞、偏位，灌浆孔洞堵塞、偏位、破损等	连接部位有影响结构传力性能的缺陷	连接部位有基本不影响结构传力性能的缺陷
外形缺陷	缺棱掉角、棱角不直、翘曲不平、飞出凸肋等，装饰面砖粘结不牢、表面不平、砖缝不顺直等	清水或具有装饰的混凝土构件内有影响使用功能或装饰效果的外形缺陷	其他混凝土构件有不影响使用功能的外形缺陷
外表缺陷	构件表面麻面、掉皮、起砂、沾污等	具有重要装饰效果的清水混凝土构件有外表缺陷	其他混凝土构件有不影响使用功能的外表缺陷

2. 预制构件出模后应及时对其外观质量进行全数目测检查。预制构件外观质量不应有缺陷，对已经出现的严重缺陷应制定技术处理方案进行处理并重新检验，对出现的一般缺陷应进行修整并达到合格。

3. 预制构件不应有影响结构性能、安装和使用功能的尺寸偏差。对超过尺寸允许偏差且影响结构性能和安装、使用功能的部位应经原设计单位认可，制定技术处理方案进行处理，并重新检查验收。

4. 预制构件尺寸偏差及预留孔、预留洞、预埋件、预留插筋、键槽的位置和检验方法应符合表 5.4.4-1～表 5.4.4-5 的规定。预制构件有粗糙面时，与预制构件粗糙面相关的尺寸允许偏差可放宽 1.5 倍。

预制楼板类构件外形尺寸允许偏差及检验方法　　表 5.4.4-1

项次	检查项目			允许偏差（mm）	检验方法
1	规格尺寸	长度	<12m	±5	用尺量两端及中间部，取其中偏差绝对值较大值
			≥12m 且<18m	±10	
			≥18m	±20	
2		宽度		±5	用尺量两端及中间部，取其中偏差绝对值较大值
3		厚度		±5	用尺量板四角和四边中部位置共 8 处，取其中偏差绝对值较大值
4	对角线差			6	在构件表面，用尺量测两对角线的长度，取其绝对值的差值
5	外形	表面平整度	内表面	4	将 2m 靠尺安放在构件表面上，用楔形塞尺量测靠尺与表面之间的最大缝隙
			外表面	3	
6		楼板侧向弯曲		$L/750$ 且≤20	拉线，用钢尺量测最大弯曲处
7		扭翘		$L/750$	四对角拉两条线，量测两线交点之间的距离，其值的 2 倍为扭翘值
8	桁架钢筋高度			+5，0	用尺量

预制墙板类构件外形尺寸允许偏差及检验方法　　表 5.4.4-2

项次	检查项目			允许偏差（mm）	检验方法
1	规格尺寸	高度		±4	用尺量两端及中间部，取其中偏差绝对值较大值
2		宽度		±4	用尺量两端及中间部，取其中偏差绝对值较大值
3		厚度		±3	用尺量板四角和四边中部位置共 8 处，取其中偏差绝对值较大值
4	对角线差			5	在构件表面，用尺量测两对角线的长度，取其绝对值的差值
5	外形	表面平整度	内表面	4	将 2m 靠尺安放在构件表面上，用楔形塞尺量测靠尺与表面之间的最大缝隙
			外表面	3	
6		楼板侧向弯曲		$L/1000$ 且≤20	拉线，用钢尺量测最大弯曲处
7		扭翘		$L/1000$	四对角拉两条线，量测两线交点之间的距离，其值的 2 倍为扭翘值

续表

项次	检查项目		允许偏差(mm)	检验方法
8	键槽	中心线位置偏移	5	用尺量测纵横两个方向的中心线位置，取其中较大值
		长度、宽度	±5	用尺量
		深度	±5	用尺量

预制梁柱桁架类构件外形尺寸允许偏差及检验方法　　表 5.4.4-3

项次	检查项目			允许偏差(mm)	检验方法
1	规格尺寸	长度	<12m	±5	用尺量两端及中间部，取其中偏差绝对值较大值
			≥12m 且<18m	±10	
			≥18m	±20	
2		宽度		±5	用尺量两端及中间部，取其中偏差绝对值较大值
3		高度		±5	用尺量板四角和四边中部位置共 8 处，取其中偏差绝对值较大值
4	表面平整度			4	将 2m 靠尺安放在构件表面上，用楔形塞尺量测靠尺与表面之间的最大缝隙
5	侧向弯曲	梁柱		$L/750$ 且 ≤20	拉线，用钢尺量测最大弯曲处
		桁架		$L/1000$ 且 ≤20	
6	键槽	中心线位置偏移		5	用尺量测纵横两个方向的中心线位置，取其中较大值
		长度、宽度		±5	用尺量
		深度		±5	用尺量

装饰构件外形尺寸允许偏差及检验方法　　表 5.4.4-4

项次	装饰种类	检查项目	允许偏差(mm)	检验方法
1	通用	表面平整度	2	2m 靠尺或塞尺检查
2	面砖、石材	阳角方正	2	用托线板检查
3		上口平直	2	拉通线用钢尺检查
4		接缝平直	3	用钢尺或塞尺检查
5		接缝深度	±5	用钢尺或塞尺检查
6		接缝宽度	±2	用钢尺检查

预制构件预留预埋尺寸偏差及检验方法（通用） 表 5.4.4-5

<table>
<tr><th>项次</th><th colspan="3">检查项目</th><th>允许偏差(mm)</th><th>检验方法</th></tr>
<tr><td rowspan="2">1</td><td rowspan="9">预埋部件</td><td rowspan="2">预埋钢板</td><td>中心线位置偏差</td><td>5</td><td>用尺量测纵横两个方向的中心线位置，取其中较大值</td></tr>
<tr><td>平面高差</td><td>0，−5</td><td>用尺紧靠在预埋件上，用楔形塞尺量测预埋件平面与混凝土面的最大缝隙</td></tr>
<tr><td rowspan="2">2</td><td rowspan="2">预埋螺栓</td><td>中心线位置偏移</td><td>2</td><td>用尺量测纵横两个方向的中心线位置，取其中较大值</td></tr>
<tr><td>外露长度</td><td>+10，−5</td><td>用尺量</td></tr>
<tr><td rowspan="2">3</td><td rowspan="2">预埋线盒、电盒</td><td>构件平面的水平方向中心位置偏差</td><td>10</td><td>用尺量</td></tr>
<tr><td>与构件表面混凝土高差</td><td>0，−5</td><td>用尺量</td></tr>
<tr><td rowspan="2">4</td><td rowspan="2">预埋套筒、螺母</td><td>中心线位置偏移</td><td>2</td><td>用尺量测纵横两个方向的中心线位置，取其中较大值</td></tr>
<tr><td>平面高差</td><td>0，−5</td><td>用尺紧靠在预埋件上，用楔形塞尺量测预埋件平面与混凝土面的最大缝隙</td></tr>
<tr style="display:none"><td></td></tr>
<tr><td rowspan="2">5</td><td rowspan="2">预留孔</td><td colspan="2">中心线位置偏移</td><td>5</td><td>用尺量测纵横两个方向的中心线位置，取其中较大值</td></tr>
<tr><td colspan="2">孔尺寸</td><td>±5</td><td>用尺量测纵横两个方向尺寸，取其中较大值</td></tr>
<tr><td rowspan="2">6</td><td rowspan="2">预留洞</td><td colspan="2">中心线位置偏移</td><td>5</td><td>用尺量测纵横两个方向的中心线位置，取其中较大值</td></tr>
<tr><td colspan="2">洞口尺寸、深度</td><td>±5</td><td>用尺量测纵横两个方向尺寸，取其中较大值</td></tr>
<tr><td rowspan="2">7</td><td rowspan="2">预留插筋</td><td colspan="2">中心线位置偏移</td><td>3</td><td>用尺量测纵横两个方向的中心线位置，取其中较大值</td></tr>
<tr><td colspan="2">外露长度</td><td>±5</td><td>用尺量</td></tr>
<tr><td rowspan="2">8</td><td rowspan="2">吊环、木砖</td><td colspan="2">中心线位置偏移</td><td>10</td><td>用尺量测纵横两个方向的中心线位置，取其中较大值</td></tr>
<tr><td colspan="2">留出高度</td><td>0，−10</td><td>用尺量</td></tr>
<tr><td rowspan="3">9</td><td rowspan="3">灌浆套筒及连接钢筋</td><td colspan="2">灌浆套筒中心线位置</td><td>2</td><td>用尺量测纵横两个方向的中心线位置，取其中较大值</td></tr>
<tr><td colspan="2">连接钢筋中心线位置</td><td>2</td><td>用尺量测纵横两个方向的中心线位置，取其中较大值</td></tr>
<tr><td colspan="2">连接钢筋外露长度</td><td>+10，0</td><td>用尺量</td></tr>
</table>

5. 预制构件的预埋件、插筋、预留孔的规格、数量应满足设计要求。

检查数量：全数检验。

检验方法：观察和量测。

6. 预制构件的粗糙面或键槽成型质量应满足设计要求。

检查数量：全数检验。

检验方法：观察和量测。

7. 面砖与混凝土的粘结强度应符合现行行业标准《建筑工程饰面砖粘结强度检验标准》JGJ/T 110 和《外墙饰面砖工程施工及验收规程》JGJ 126 的有关规定。

检查数量：按同一工程、同一工艺的预制构件分批抽样检验。

检验方法：检查试验报告单。

8. 预制构件采用钢筋套筒灌浆连接时，在构件生产前应检查套筒型式检验报告是否合格，应进行钢筋套筒灌浆连接接头的抗拉强度试验，并应符合现行行业标准《钢筋套筒灌浆连接应用技术规程》JGJ 355 的有关规定。

检查数量：按同一工程、同一工艺的预制构件分批抽样检验；同一批号、同一类型、同一规格的灌浆套筒，不超过 1000 个为一批，每批随机抽取 3 个灌浆套筒制作对中连接接头试件。

检验方法：检查试验报告单、质量证明文件。

9. 夹芯外墙板的内外叶墙板之间的拉结件类别、数量、使用位置及性能应满足设计要求。

检查数量：按同一工程、同一工艺的预制构件分批抽样检验。

检验方法：检查试验报告单、质量证明文件及隐蔽工程检查记录。

10. 夹芯保温外墙板用的保温材料类别、厚度、位置及性能应满足设计要求。

检查数量：按批检查。

检验方法：观察、量测，检查保温材料质量证明文件及检验报告。

11. 混凝土强度应符合设计文件及国家现行有关标准的规定。

检查数量：按构件生产批次在混凝土浇筑地点随机抽取标准养护试件，取样频率应符合本指南规定。

检验方法：应符合现行国家标准《混凝土强度检验评定标准》GB/T 50107 的有关规定。

5.5 存放、吊运及防护

1. 预制构件吊运应符合下列规定：

1）应根据预制构件的形状、尺寸、重量和作业半径等要求选择吊具和起重设备，所采用的吊具和起重设备及其操作，应符合国家现行有关标准及产品应用技术手册的规定；

2）吊点数量、位置应经计算确定，应保证吊具连接可靠，应采取保证起重设备的主钩位置、吊具及构件重心在竖直方向上重合的措施；

3）吊索水平夹角（图 5.5.1）不宜小于 60°，不应小于 45°；

4）应采用慢起、稳升、缓放的操作方式，吊运过程应保持稳定，不得偏斜、摇摆和扭转，严禁吊装构件长时间悬停在空中；

5）吊装大型构件、薄壁构件或形状复杂的构件时，应使用分配梁或分配桁架类吊具，并应采取避免构件变形和损伤的临时加固措施。

2. 预制构件存放应符合下列规定：

1）存放场地应平整、坚实，并应有排水措施；

2）存放库区宜实行分区管理和信息化台账管理；

3）应按照产品品种、规格型号、检验状态分类存放，产品标识应明确、耐久，预埋吊件应朝上，标识应向外；

4）应合理设置垫块支点位置，确保预制构件存放稳定，支点宜与起吊点位置一致；

5）与清水混凝土面接触的垫块应采取防污染措施；

6）预制构件多层叠放时，每层构件间的垫块应上下对齐（图 5.5.2-1）；预制楼梯（图 5.5.2-2）、叠合板（图 5.5.2-3）、阳台板和空调板等构件宜平放，叠放层数不宜超过 6 层；长期存放时，应采取措施控制预应力构件起拱值和叠合板翘曲变形；

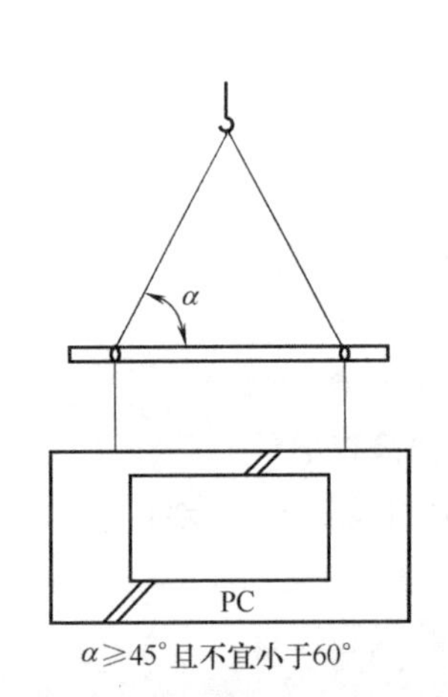

图 5.5.1　吊索水平夹角示意图

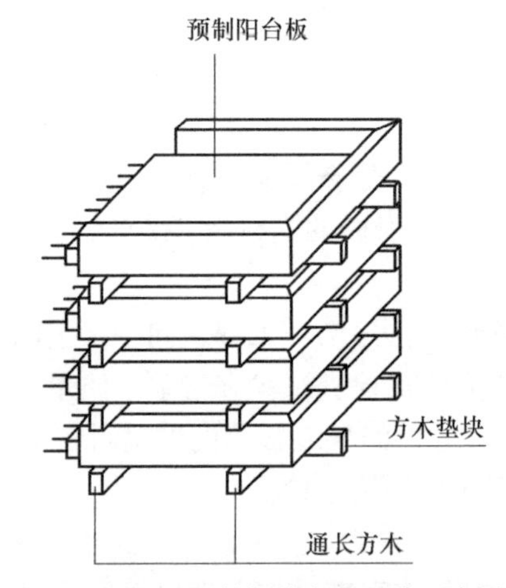

图 5.5.2-1　预制构件多层叠放示意图

图 5.5.2-2　预制楼梯堆放示意图

图 5.5.2-3　叠合板堆放示意图

7）预制柱、梁（图 5.5.2-4）等细长构件宜平放且用两条垫木支撑；

8）预制内外墙板、挂板（图 5.5.2-5）宜采用专用支架直立存放，支架应有足够的强度和刚度，薄弱构件、构件薄弱部位和门窗洞口应采取防止变形开裂的临时加固措施。

3. 预制构件成品保护应符合下列规定：

1）预制构件成品外露保温板应采取防止开裂措施，外露钢筋应采取防弯折措施，外露预埋件和连结件等外露金属件应按不同环境类别进行防护或防腐、防锈处理；

2）宜采取保证吊装前预埋螺栓孔清洁的措施；

3）钢筋连接套筒、预埋孔洞应采取防止堵塞的临时封堵措施；

4）露骨料粗糙面冲洗完成后应对灌浆套筒的灌浆孔和出浆孔进行透光检查，并清理灌浆套筒内的杂物；

5）冬期生产和存放的预制构件的非贯穿孔洞应采取措施防止雨雪水进入发生冻胀损坏。

4. 预制构件在运输过程中应做好安全和成品防护工作，并应符合下列规定：

1）应根据预制构件种类采取可靠的固定措施；

2）对于超高、超宽、形状特殊的大型预制构件的运输和存放应制定专门的质量安全保证措施。

图 5.5.2-4　预制梁堆放示意图

图 5.5.2-5　预制墙板存放示意图

5. 运输时宜采取如下防护措施：

1）设置柔性垫片避免预制构件边角部位或链索接触处的混凝土损伤；

2）用塑料薄膜包裹垫块避免预制构件外观污染；

3）墙板门窗框、装饰表面和棱角采用塑料贴膜或其他措施防护；

4）竖向薄壁构件设置临时防护支架；

5）装箱运输时，箱内四周采用木材或柔性垫片填实，支撑牢固。

6. 应根据构件特点采用不同的运输方式，托架、靠放架、插放架应进行专门设计，进行强度、稳定性和刚度验算：

1）外墙板宜采用立式运输，外饰面层应朝外，梁、板、楼梯、阳台宜采用水平运输（图 5.5.6）；

2）采用靠放架立式运输时，构件与地面倾斜角度宜大于 80°，构件应对称靠放，每侧不大于 2 层，构件层间上部采用木垫块隔离；

3）采用插放架直立运输时，应采取防止构件倾倒措施，构件之间应设置隔离垫块；

4）水平运输时，预制梁、柱构件叠放不宜超过 3 层，板类构件叠放不宜超过 6 层。

(a) 预制墙板运输　(b) 叠合板运输　(c) 预制阳台运输　(d) 预制楼梯运输

图 5.5.6　预制构件运输示意图

5.6　资料与交付

1. 预制构件的资料应与产品生产同步形成、收集和整理，归档资料宜包括以下内容：

1）预制混凝土构件加工合同；

2）预制混凝土构件加工图纸、设计文件、设计洽商、变更或交底文件；

3）生产方案和质量计划等文件；

4）原材料质量证明文件、复试试验记录和试验报告；

5）混凝土试配资料；

6）混凝土配合比通知单；

7）混凝土开盘鉴定；

8）混凝土强度报告；

9）钢筋检验资料、钢筋接头的试验报告；

10）模具检验资料；

11）预应力施工记录；

12）混凝土浇筑记录；

13）混凝土养护记录；

14）构件检验记录；

15）构件性能检测报告；

16）构件出厂合格证；

17）质量事故分析和处理资料；

18）其他与预制混凝土构件生产和质量有关的重要文件资料。

2. 预制构件交付的产品质量证明文件应包括以下内容：

1）出厂合格证；

2）混凝土强度检验报告；

3）钢筋套筒等其他构件钢筋连接类型的工艺检验报告；

4）合同要求的其他质量证明文件。

5.7 部品生产

1. 部品原材料应使用节能环保的材料，并应符合现行国家标准《民用建筑工程室内环境污染控制标准》GB 50325、《建筑材料放射性核素限量》GB 6566 和室内建筑装饰材料有害物质限量的相关规定。

2. 部品原材料应有质量合格证明并完成抽样复试，没有进行复试或者复试不合格的不能使用。

3. 部品生产应成套供应，并满足加工精度的要求。

4. 部品生产时，应对尺寸偏差和外观质量进行控制。

5. 预制外墙部品生产时，应符合下列规定：

1）外门窗的预埋件设置应在工厂完成；

2）不同金属的接触面应避免电化学腐蚀；

3）预制混凝土外挂墙板生产应符合现行行业标准《装配式混凝土结构技术规程》JGJ 1 的规定；

4）蒸压加气混凝土板的生产应符合现行行业标准《蒸压加气混凝土制品应用技术标准》JGJ/T 17 的规定。

6. 现场组装骨架外墙的骨架、基层墙板、填充材料应在工厂完成生产。

7. 建筑幕墙的加工制作应按现行行业标准《玻璃幕墙工程技术规范》JGJ 102、《金属与石材幕墙工程技术规范》JGJ 133 及《人造板材幕墙工程技术规范》JGJ 336 的规定执行。

8. 编码应满足《装配式建筑部品部件分类和编码标准》T/CCES 14 的有关规定，合格部品应具有唯一编码和生产信息，并在包装的明显位置标注部品编码、生产单位、生产日期、检验员代码等。

9. 部品包装的尺寸和重量应考虑到现场运输条件，便于搬运与组装，并注明卸货方式和明细清单。

10. 应制定部品的成品保护、堆放和运输专项方案，其内容应包括运输时间、次序、堆放场地、运输路线、固定要求、堆放支垫及成品保护措施等。对于超高、超宽、形状特殊的部品的运输和堆放应有专门的质量安全保护措施。

施工安装

6.1 一般规定

1. 装配式混凝土建筑应结合设计、生产、装配一体化的原则整体策划，协同建筑、结构、机电、装饰装修等专业要求，制定施工组织设计。

2. 施工单位应根据装配式混凝土建筑工程特点配置组织的机构和人员。施工作业人员应具备岗位需要的基础知识和技能，施工单位应对管理人员、施工作业人员进行质量安全技术交底。

3. 装配式混凝土建筑施工宜采用工具化、标准化的工装系统。

4. 装配式混凝土建筑施工宜采用建筑信息模型技术对施工全过程及关键工艺进行信息化模拟。

5. 装配式混凝土建筑施工前，宜选择有代表性的单元进行预制构件试安装，并应根据试安装结果及时调整施工工艺（图 6.1.5），完善施工方案。

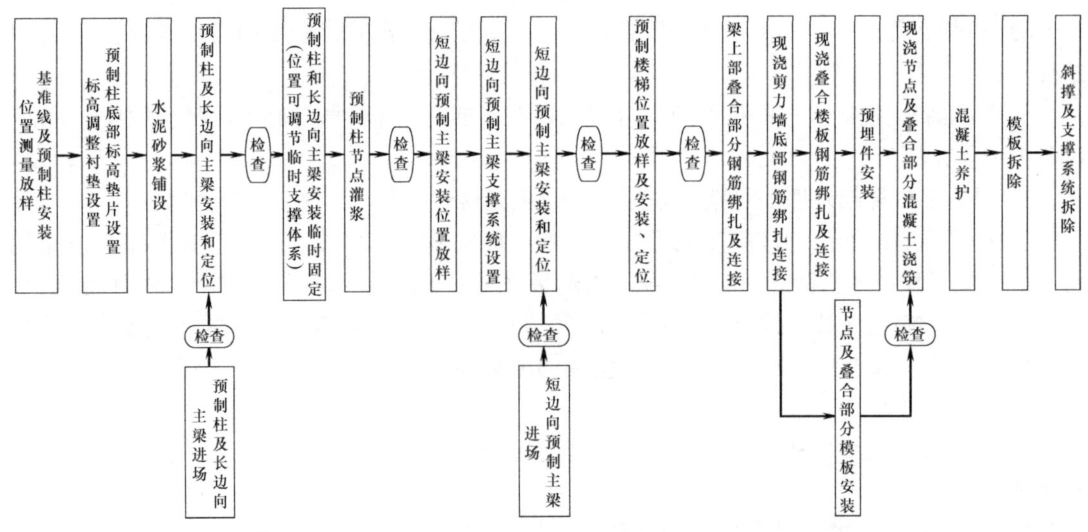

图 6.1.5 装配整体式框架结构标准层施工工艺流程示例

6. 装配式混凝土建筑施工中采用的新技术、新工艺、新材料、新设备，应按有关规定进行评审、备案。施工前，应对新的或首次采用的施工工艺进行评价，并应制定专门的施工方案。施工方案经监理单位审核批准后实施。

7. 装配式混凝土建筑施工过程中应采取安全措施，并应符合国家现行有关标准的规定。

6.2 施工准备

1. 装配式混凝土结构施工应制定专项方案。专项施工方案宜包括工程概况、编制依据、进度计划、施工场地布置、预制构件运输与存放、安装与连接施工、绿色施工、安全管理、质量管理、信息化管理、应急预案等内容。

2. 预制构件、安装用材料及配件等应符合国家现行有关标准及产品应用技术手册的规定，并应按照国家现行相关标准的规定进行进场验收。

3. 施工现场应根据施工平面规划设置运输通道和存放场地，并应符合下列规定：

1）现场运输道路和存放场地应坚实平整，并应有排水措施；

2）施工现场内道路应按照构件运输车辆的要求合理设置转弯半径及道路坡度；

3）预制构件运送到施工现场后，应按规格、品种、使用部位、吊装顺序分别设置存放场地，存放场地应设置在吊装设备的有效起重范围内，且应在堆垛之间设置通道；

4）构件的存放架应具有足够的抗倾覆性能；

5）构件运输和存放对已完成结构、基坑有影响时，应经计算复核。

4. 安装施工前，应进行测量放线（图 6.2.4）、设置构件安装定位标识。测量放线应符合现行国家标准《工程测量标准》GB 50026 的有关规定。

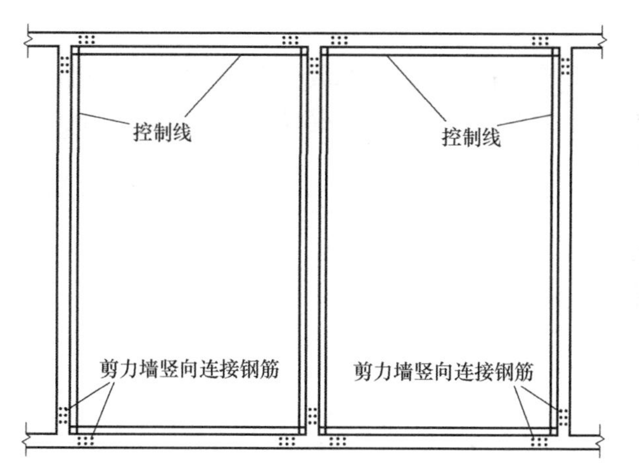

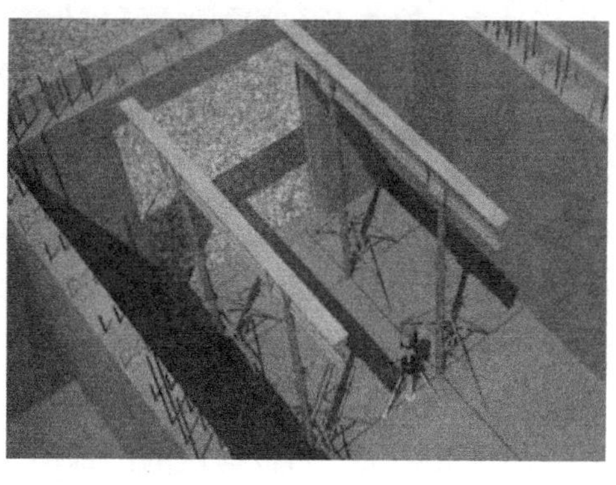

图 6.2.4　预制构件测量放线

5. 安装施工前，应核对已施工完成结构、基础的外观质量和尺寸偏差，确认混凝土强度和预留预埋符合设计要求，并应核对预制构件的混凝土强度及预制构件和配件的型号、规格、数量等是否符合设计要求。

6. 安装施工前，应复核吊装设备的吊装能力。应按现行行业标准《建筑机械使用安全技术规程》JGJ 33 的有关规定，检查复核吊装设备及吊具是否处于安全操作状态，并核实现场环境、天气、道路状况等是否满足吊装施工要求。防护系统应按照施工方案进行搭设、验收，并应符合下列规定：

1）工具式外防护架应试组装并全面检查，附着在构件上的防护系统应复核其与吊装系统的协调性；

2）防护架应经计算确定；

3）高处作业人员应正确使用安全防护用品，宜采用工具式操作架进行安装作业。

6.3 预制构件安装

1. 预制构件吊装除应符合本指南5.5节第1条的有关规定外，尚应符合下列规定：

1）应根据当天的作业内容进行班前技术安全交底；

2）预制构件应按照吊装顺序预先编号，吊装时严格按编号顺序起吊；

3）预制构件在吊装过程中，宜设置缆风绳控制构件转动。

2. 预制构件吊装就位后，应及时校准并采取临时固定措施。预制构件就位校核与调整应符合下列规定（图6.3.2）：

图6.3.2 预制构件校核墙体垂直度及标高示意图

1）预制墙板、预制柱等竖向构件安装后，应对安装位置、安装标高、垂直度进行校核与调整；

2）叠合构件、预制梁等水平构件安装后，应对安装位置、安装标高进行校核与调整；

3）水平构件安装后，应对相邻预制构件平整度、高低差、拼缝尺寸进行校核与调整；

4）装饰类构件应对装饰面的完整性进行校核与调整；

5）临时固定措施、临时支撑系统应具有足够的强度、刚度和整体稳固性，应按现行国家标准《混凝土结构工程施工规范》GB 50666的有关规定进行验算。

3. 预制构件与吊具的分离应在校准定位及临时支撑安装完成后进行（图6.3.3）。

4. 竖向预制构件安装采用临时支撑（图6.3.4）时，应符合下列规定：

1）预制构件的临时支撑不宜少于2道；

2）对预制柱、墙板构件的上部斜支撑，其支撑点与板底的距离不宜小于构件高度的2/3，且不应小于构件高度的1/2，斜支撑应与构件可靠连接；

3）构件安装就位后，可通过临时支撑对构件的位置和垂直度进行微调。

5. 水平预制构件安装采用临时支撑时，应符合下列规定：

1）首层支撑架体的地基应平整坚实，宜采取硬化措施；

2）临时支撑的间距及其与墙、柱、梁边的净距应经设计计算确定，竖向连续支撑层数不宜少于2层且上下层支撑宜对准；

3）叠合板预制底板下部支架宜选用定型独立钢支柱，竖向支撑间距应经计算确定（图6.3.5）。

图 6.3.3 校准定位及终拧斜支撑后摘除吊钩

图 6.3.4 预制构件斜支撑示意图

图 6.3.5 叠合板支撑体系

6. 预制柱安装应符合下列规定：

1）宜按照角柱、边柱、中柱顺序进行安装，与现浇部分连接的柱宜先行吊装；

2）预制柱的就位以轴线和外轮廓线为控制线，对于边柱和角柱，应以外轮廓线控制为准；

3）就位前应设置柱底调平装置，控制柱安装标高；

4）预制柱安装就位后应在两个方向设置可调节临时固定措施（图 6.3.6），并应进行垂直度、扭转调整；

5）采用灌浆套筒连接的预制柱调整就位后，柱脚连接部位宜采用模板封堵。

7. 预制梁或叠合梁安装应符合下列规定（图 6.3.7）：

1）安装时宜遵循先主梁后次梁、先低后高的原则；

2）安装前，应测量并修正临时支撑标高，

图 6.3.6 预制柱支撑示意图

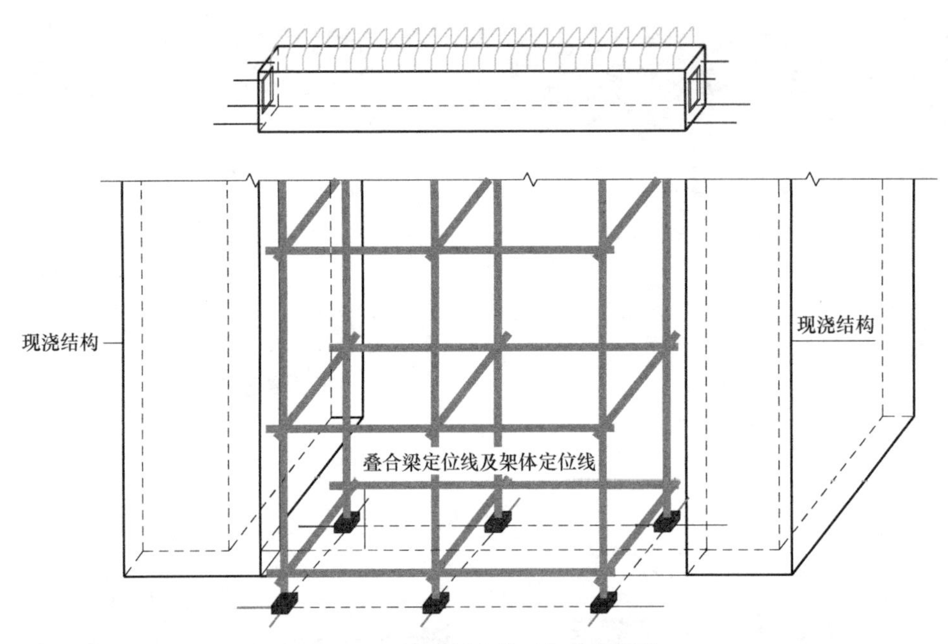

图 6.3.7　叠合梁定位及架体定位线

确保与梁底标高一致，并在柱上弹出梁边控制线；安装后根据控制线进行精密调整；

3）安装前，应复核柱钢筋与梁钢筋位置、尺寸，梁钢筋与柱钢筋位置有冲突的，应按经设计单位确认的技术方案调整；

4）安装时梁伸入支座的长度与搁置长度应符合设计要求；

5）安装就位后应对水平度、安装位置、标高进行检查；

6）叠合梁的临时支撑，应在后浇混凝土强度达到设计要求后方可拆除。

8. 叠合板预制底板安装应符合下列规定：

1）预制底板吊装完后应对板底接缝高差进行校核，当叠合板板底接缝高差不满足设计要求时，应将构件重新起吊，通过可调托座进行调节；

2）预制底板的接缝宽度应满足设计要求；

3）临时支撑应在后浇混凝土强度达到设计要求后方可拆除。

图 6.3.9　预制楼梯安装

9. 预制楼梯安装（图 6.3.9）应符合下列规定：

1）安装前，应检查楼梯构件平面定位及标高，并宜设置调平装置；

2）就位后，应及时调整并固定。

10. 预制阳台板、空调板安装应符合下列规定：

1）安装前，应检查支座顶面标高及支撑面的平整度；

2）临时支撑应在后浇混凝土强度达到设计要求后方可拆除。

6.4 预制构件连接

1. 模板工程、钢筋工程、预应力工程、混凝土工程除满足本节规定外，尚应符合国家现行标准《混凝土结构工程施工规范》GB 50666、《钢筋套筒灌浆连接应用技术规程》JGJ 355 等的有关规定。当采用自密实混凝土时，尚应符合现行行业标准《自密实混凝土应用技术规程》JGJ/T 283 的有关规定。

2. 采用钢筋套筒灌浆连接、钢筋浆锚搭接连接的预制构件施工，应符合下列规定：

1）现浇混凝土中伸出的钢筋应采用专用模具进行定位（图 6.4.2），并应采取可靠的固定措施控制连接钢筋的中心位置及外露长度以满足设计要求。

图 6.4.2 预制柱预留插筋定位示意图

2）构件安装前应检查预制构件上套筒、预留孔的规格、位置、数量和深度；当套筒、预留孔内有杂物时，应清理干净。

3）应检查被连接钢筋的规格、数量、位置和长度。当连接钢筋倾斜时，应进行校直；连接钢筋偏离套筒或孔洞中心线不宜超过 3mm。连接钢筋中心位置存在严重偏差影响预制构件安装时，应会同设计单位制定专项处理方案，严禁随意切割、强行调整定位钢筋。

4）宜实行灌浆令制度。钢筋套筒灌浆施工前，施工单位及监理单位应联合对灌浆准备工作、实施条件、安全措施等进行全面检查，应重点核查套筒内连接钢筋长度及位置、坐浆料强度、接缝分仓、分仓材料性能、接缝封堵方式、封堵材料性能、灌浆腔连通情况等是否满足设计及规范要求。每个班组每天灌浆施工前应签发一份灌浆令，灌浆令由施工单位项目负责人和总监理工程师同时签发，取得后方可进行灌浆。

5）施工单位应明确专职检验人员，对钢筋套筒灌浆施工进行监督并记录，钢筋套筒灌浆施工应由监理人员旁站监督，并进行旁站记录。

3. 钢筋套筒灌浆连接接头（图 6.4.3）应按检验批划分要求及时灌浆，灌浆作业应符合现行行业标准《钢筋套筒灌浆连接应用技术规程》JGJ 355 的有关规定。

4. 钢筋机械连接（图 6.4.4）的施工应符合现行行业标准《钢筋机械连接技术规程》JGJ 107 的有关规定。

5. 焊接或螺栓连接的施工应符合国家现行标准《钢结构焊接规范》GB 50661、《钢结构工程施工规范》GB 50755、《钢筋焊接及验收规程》JGJ 18 的有关规定。采用焊接连接时，应采取避免损伤已施工完成的结构、预制构件及配件的措施。

6. 预应力工程施工应符合国家现行标准《混凝土结构工程施工规范》GB 50666、《预应力混凝土结构设计规范》JGJ 369 和《无粘结预应力混凝土结构技术规程》JGJ 92 的有关规定。

7. 装配式混凝土结构后浇混凝土部分的模板与支架应符合下列规定：

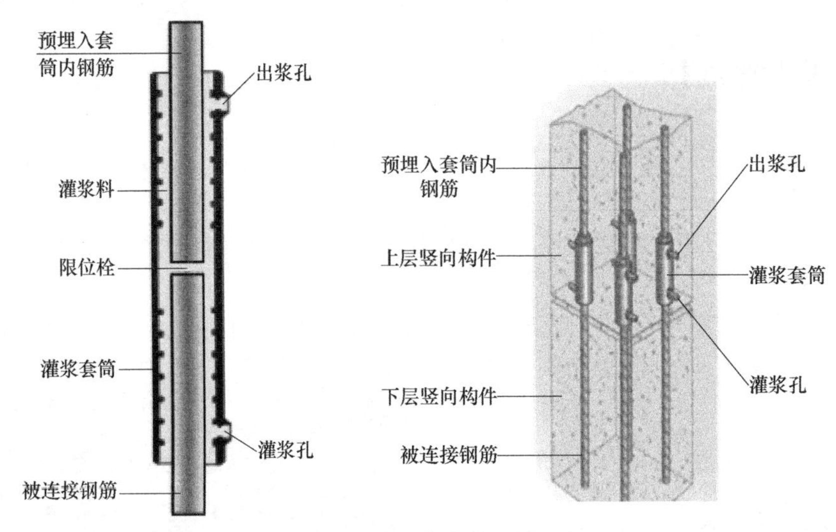

图 6.4.3　钢筋套筒灌浆连接示意图

图 6.4.4　钢筋机械连接示意图

1）装配式混凝土结构宜采用工具式支架和定型模板；

2）模板应保证后浇混凝土部分形状、尺寸和位置准确；

3）模板与预制构件接缝处应采取防止漏浆的措施，可粘贴密封条。

8. 装配式混凝土结构的后浇混凝土部位在浇筑前应按本指南 7.1 节第 5 条进行隐蔽工程验收。

9. 后浇混凝土的施工应符合下列规定（图 6.4.9-1～图 6.4.9-3）：

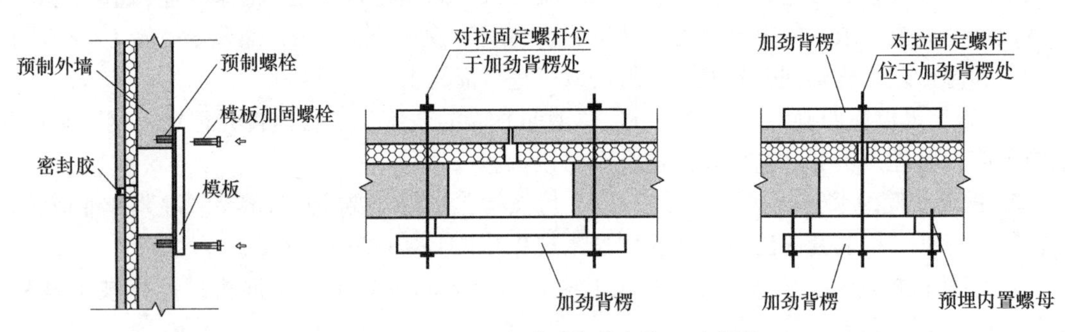

图 6.4.9-1　“一”字形后浇节点施工示意图

1）预制构件结合面疏松部分的混凝土应剔除并清理干净；

2）混凝土分层浇筑高度应符合国家现行有关标准的规定，应在底层混凝土初凝前将上一层混凝土浇筑完毕；

3）浇筑时应采取保证混凝土或砂浆浇筑密实的措施；

4）预制梁、柱混凝土强度等级不同时，预制梁柱节点区混凝土强度等级应符合设计要求；

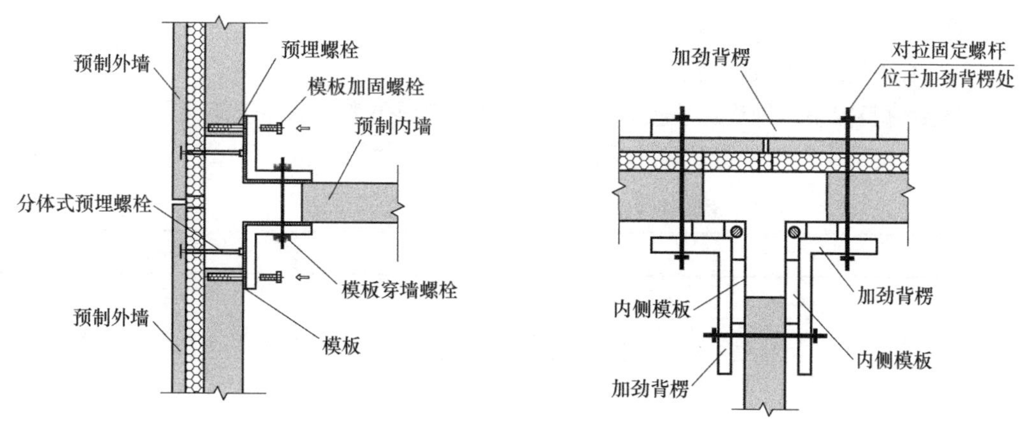

图 6.4.9-2 “T”形后浇节点施工示意图

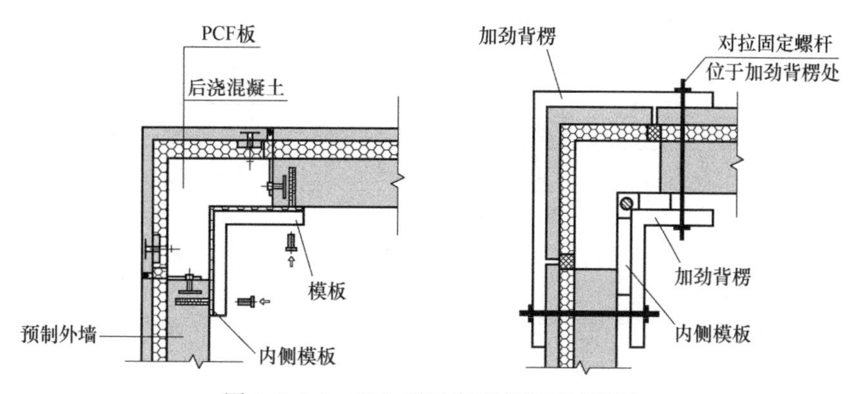

图 6.4.9-3 “L”形后浇节点施工示意图

5）混凝土浇筑应布料均衡，浇筑和振捣时，应对模板及支架进行观察和维护，发生异常情况应及时处理，构件接缝混凝土浇筑和振捣应采取措施防止模板、连接构件、钢筋、预埋件及其定位件移位。

10. 构件连接部位后浇混凝土及灌浆料的强度达到设计要求后，方可拆除临时支撑系统。拆模时的混凝土强度应符合现行国家标准《混凝土结构工程施工规范》GB 50666 的有关规定和设计要求。

11. 外墙板接缝防水施工应符合下列规定（图 6.4.11）：

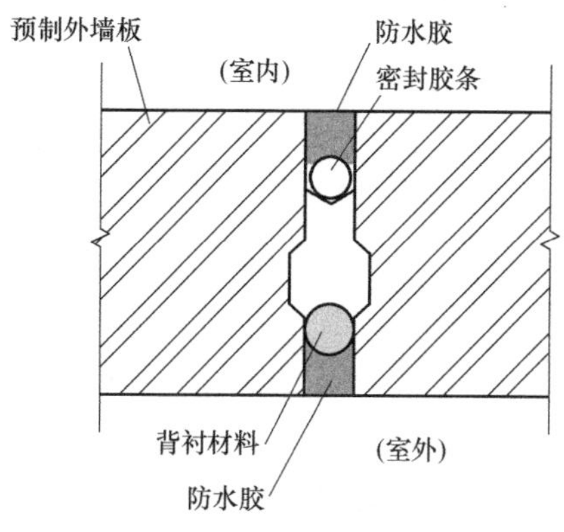

图 6.4.11 预制外墙板节点处防水处理

1）防水施工前，应将板缝空腔清理干净；

2）应按设计要求填塞背衬材料；

3）密封材料嵌填应饱满、密实、均匀、顺直、表面平滑，其厚度应满足设计要求。

12. 装配式混凝土结构预制构件的安装尺寸偏差及检验方法应符合表 6.4.12 的规定。

预制构件安装尺寸的允许偏差及检验方法 **表 6.4.12**

项目			允许偏差(mm)	检验方法
构件中心线对轴线位置	基础		15	经纬仪及尺量
	竖向构件(柱、墙、桁架)		8	
	水平构件(梁、板)		5	
构件标高	梁、柱、墙、板底面或顶面		±5	水准仪或拉线、尺量
构件垂直度	柱、墙	≤6m	5	经纬仪或吊线、尺量
		＞6m	10	
构件倾斜度	梁、桁架		5	经纬仪或吊线、尺量
相邻构件平整度	板端面		5	2m 靠尺和塞尺量测
	梁、板底面	外露	3	
		不外露	5	
	柱墙侧面	外露	5	
		不外露	8	
构件搁置长度	梁、板		±10	尺量
支座、支垫中心位置	板、梁、柱、墙、桁架		10	尺量
墙板接缝	宽度		±5	尺量

6.5 部品安装

1. 装配式混凝土建筑的部品安装宜与主体结构同步进行，可在安装部位的主体结构验收合格后进行，并应符合国家现行有关标准的规定。

2. 安装前的准备工作应符合下列规定：

1）应编制施工组织设计和专项施工方案，包括安全、质量、环境保护方案及施工进度计划等内容；

2）应对所有进场部品、零配件及辅助材料按设计规定的品种、规格、尺寸和外观要求进行检查；

3）应进行技术交底；

4）现场应具备安装条件，安装部位应清理干净；

5）装配安装前应进行测量放线工作。

3. 严禁擅自改动主体结构或改变房间的主要使用功能，严禁擅自拆改燃气、暖通、电气等配套设施。

4. 部品吊装应采用专用吊具，起吊和就位应平稳，避免磕碰。

5. 预制外墙安装应符合下列规定：

1）墙板应设置临时固定和调整装置；

2）墙板应在轴线、标高和垂直度调校合格后方可永久固定；

3）当条板采用双层墙板安装时，内外层墙板的拼缝宜错开；

4）蒸压加气混凝土板施工应符合现行行业标准《蒸压加气混凝土制品应用技术标准》JGJ/T 17 的规定。

6. 现场组合骨架外墙安装应符合下列规定：

1）竖向龙骨安装应平直，不得扭曲，间距应满足设计要求；

2）空腔内的保温材料应连续、密实，并应在隐蔽验收合格后方可进行面板安装；

3）面板安装方向及拼缝位置应满足设计要求，内外侧接缝不宜在同一根竖向龙骨上；

4）木骨架组合墙体施工应符合现行国家标准《木骨架组合墙体技术标准》GB/T 50361 的规定。

7. 幕墙安装应符合下列规定：

1）玻璃幕墙安装应符合现行行业标准《玻璃幕墙工程技术规范》JGJ 102 的规定；

2）金属与石材幕墙安装应符合现行行业标准《金属与石材幕墙工程技术规范》JGJ 133 的规定；

3）人造板材幕墙安装应符合现行行业标准《人造板材幕墙工程技术规范》JGJ 336 的规定。

8. 外门窗安装应符合下列规定：

1）铝合金门窗安装应符合现行行业标准《铝合金门窗工程技术规范》JGJ 214 的规定；

2）塑料门窗安装应符合现行行业标准《塑料门窗工程技术规程》JGJ 103 的规定。

9. 轻质隔墙部品的安装应符合下列规定：

1）条板隔墙的安装应符合现行行业标准《建筑轻质条板隔墙技术规程》JGJ/T 157 的有关规定。

2）龙骨隔墙安装应符合下列规定：

（1）龙骨骨架应与主体结构连接牢固，并应垂直、平整、位置准确；

（2）龙骨的间距应满足设计要求；

（3）门、窗洞口等位置应采用双排竖向龙骨；

（4）壁挂设备、装饰物等的安装位置应设置加固措施；

（5）隔墙饰面板安装前，隔墙板内管线应进行隐蔽工程验收；

（6）面板拼缝应错缝设置，当采用双层面板安装时，上下层板的接缝应错开。

10. 吊顶部品的安装应符合下列规定：

1）装配式吊顶龙骨应与主体结构固定牢靠；

2）超过 3kg 的灯具、电扇及其他设备应设置独立吊挂结构；

3）饰面板安装前应完成吊顶内管道、管线施工，并经隐蔽验收合格。

11. 架空地板部品的安装应符合下列规定（图 6.5.11）：

1）安装前应完成架空层内管线敷设，且应经隐蔽验收合格；

2）地板辐射供暖系统应对地暖加热管进行水压试验并经隐蔽验收合格后铺设面层。

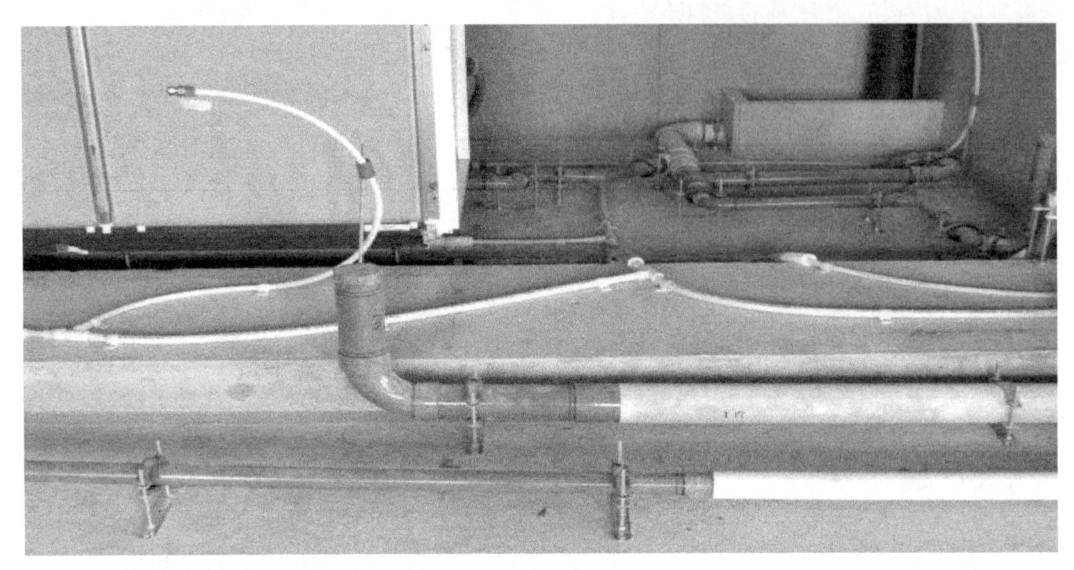

图 6.5.11 设备管线架空层敷设

6.6 设备与管线安装

1. 设备与管线施工质量应符合设计文件和现行国家标准《建筑给水排水及采暖工程施工质量验收规范》GB 50242、《通风与空调工程施工质量验收规范》GB 50243、《智能建筑工程施工规范》GB 50606、《智能建筑工程质量验收规范》GB 50339、《建筑电气工程施工质量验收规范》GB 50303 和《火灾自动报警系统施工及验收标准》GB 50166 的规定。

2. 设备与管线需要与结构构件连接时宜采用预留埋件的连接方式。当采用其他连接方法时，不得影响混凝土构件的完整性与结构的安全性（图 6.6.2）。

图 6.6.2 预制构件设备管线预留预埋示意图

3. 设备与管线施工前应按设计文件核对设备及管线参数，并应对结构构件预埋套管及预留孔洞（图 6.6.3）的尺寸、位置进行复核，合格后方可施工。

4. 室内架空地板内排水管道支（托）架及管座（墩）的安装应按排水坡度排列整齐，

图 6.6.3 管线预留孔洞

支（托）架与管道接触紧密，非金属排水管道采用金属支架时，应在与管外径接触处设置橡胶垫片。

5. 隐蔽在装饰墙体内的管道，其安装应牢固可靠。管道安装部位的装饰结构应采取方便更换、维修的措施。

6. 当管线需埋置在桁架钢筋混凝土叠合板后浇混凝土中时，应设置在桁架上弦钢筋下方，管线之间不宜交叉（图 6.6.6）。

图 6.6.6 预制叠合板内设备管线预埋示意图

7. 防雷引下线、防侧击雷等电位连接施工应与预制构件安装配合。利用预制柱、预制梁、预制墙板内钢筋作为防雷引下线、接地线时，应按设计要求进行预埋和跨接，并进行引下线导通性试验，保证连接的可靠性。

6.7 成品保护

1. 交叉作业时，应做好工序交接，不得对已完成的成品、半成品造成破坏。

2. 在装配式混凝土建筑施工全过程中，应采取防止预制构件、部品及预制构件上的建筑附件、预埋件、预埋吊件等损伤或污染的保护措施。

3. 预制构件饰面砖、石材、涂刷、门窗等处宜采用贴膜保护或其他专业材料保护。安装完成后，门窗框应采用槽形木框保护。

4. 连接止水条、高低口、墙体转角等薄弱部位，应采用定型保护垫块或专用式套件作加强保护。

5. 预制楼梯饰面应铺设木板或采用其他覆盖形式的成品保护措施。楼梯安装后，踏步口宜

图 6.7.5 预制楼梯成品保护

铺设木条或采用其他覆盖形式保护（图 6.7.5）。

6. 遇有大风、大雨、大雪等恶劣天气时，应采取有效措施对存放的预制构件成品进行保护。

7. 装配式混凝土建筑的预制构件和部品在安装施工过程、施工完成后，不应受到施工机具碰撞。

8. 施工梯架、工程用的物料等不得支撑、顶压或斜靠在部品上。

9. 当进行混凝土地面等施工时，应防止物料污染、损坏预制构件和部品表面。

6.8 施工安全与环境保护

1. 装配式混凝土建筑施工应执行国家、地方、行业和企业的安全生产法规和规章制度，落实各级各类人员的安全生产责任制。

2. 施工单位应根据工程施工特点对重大危险源进行分析并予以公示，并制定相对应的安全生产应急预案。

3. 施工单位应对从事预制构件吊装作业及相关人员进行安全培训与交底，识别预制构件进场、卸车、存放、吊装、就位各环节的作业风险，并制定防控措施。

4. 安装作业开始前，应对安装作业区进行围护并做出明显的标识，拉警戒线，根据危险源级别安排旁站，严禁与安装作业无关的人员进入。

5. 施工作业使用的专用吊具、吊索、定型工具式支撑、支架等，应进行安全验算，使用中进行定期、不定期检查，确保其处于安全状态。

6. 吊装作业安全应符合下列规定：

1）预制构件起吊（图 6.8.6-1）后，应先将预制构件提升 300mm 左右，停稳构件，检查钢丝绳、吊具和预制构件状态，确认吊具安全且构件平稳后，方可缓慢提升构件；

2）吊机吊装区域内，非作业人员严禁进入，吊运预制构件时，构件下方严禁站人，应待预制构件降落至距地面 1m 以内方准作业人员靠近，就位固定后方可脱钩；

3）高空应通过缆风绳（图 6.8.6-2）改变预制构件方向，严禁高空直接用手扶预制构件；

4）遇到雨、雪、雾天气，或者风力大于 5 级时，不得进行吊装作业。

7. 夹芯保温外墙板后浇混凝土连接节点区域的钢筋连接施工时，不得采用焊接连接。

8. 预制构件安装施工期间，噪声控制应符合现行国家标准《建筑施工场界环境噪声排放标准》GB 12523 的规定。

9. 施工现场应加强对废水、污水的管理，现场应设置污水池和排水沟。废水、废弃涂料、胶料应统一处理，严禁未经处理直接排入下水管道。

10. 夜间施工时，应防止光污染对周边居民的影响。

11. 预制构件运输过程中，应保持车辆整洁，防止对场内道路的污染，并减少扬尘。

图 6.8.6-1 预制构件缓缓起吊至300mm高停稳检查

图 6.8.6-2 缆风绳控制预制构件方向示意图

12. 预制构件安装过程中废弃物等应进行分类回收。施工中产生的胶粘剂、稀释剂等易燃易爆废弃物应及时收集送至指定储存器内并按规定回收，严禁丢弃未经处理的废弃物。

质量验收

7.1 一般规定

1. 装配式混凝土建筑施工应按现行国家标准《建筑工程施工质量验收统一标准》GB 50300 的有关规定进行单位工程、分部工程、分项工程和检验批的划分和质量验收。

2. 装配式混凝土建筑的装饰装修、机电安装等分部工程应按国家现行有关标准进行质量验收。

3. 装配式混凝土结构工程应按混凝土结构子分部工程进行验收，装配式混凝土结构部分应按混凝土结构子分部工程的分项工程验收，混凝土结构子分部中其他分项工程应符合现行国家标准《混凝土结构工程施工质量验收规范》GB 50204 的有关规定。

4. 装配式混凝土结构工程施工所用原材料、部品、构配件均应按检验批进行进场验收。

5. 装配式混凝土结构连接节点及叠合构件浇筑混凝土前，应进行隐蔽工程验收。隐蔽工程验收应包括下列主要内容：

1）混凝土粗糙面的质量，键槽的尺寸、数量、位置；

2）钢筋的牌号、规格、数量、位置、间距，箍筋弯钩的弯折角度及平直段长度；

3）钢筋的连接方式、接头位置、接头数量、接头面积百分率、搭接长度、锚固方式及锚固长度；

4）预埋件、预留管线的规格、数量、位置；

5）预制混凝土构件接缝处防水、防火等构造做法；

6）保温及其节点施工；

7）其他隐蔽项目。

6. 混凝土结构子分部工程验收时，除应按现行国家标准《混凝土结构工程施工质量验收规范》GB 50204 的有关规定提供文件和记录外，尚应提供下列文件和记录：

1）工程设计文件、预制构件安装施工图和加工制作详图；

2）预制构件、主要材料及配件的质量证明文件、进场验收记录、抽样复验报告；

3）预制构件安装施工记录；

4）钢筋套筒灌浆型式检验报告、工艺检验报告和施工检验记录，浆锚搭接连接的施工检验记录；

5）后浇混凝土部位的隐蔽工程检查验收文件；

6）后浇混凝土、灌浆料、坐浆材料强度检测报告；

7）外墙防水施工质量检验记录；

8）装配式结构分项工程质量验收文件；

9）装配式工程的重大质量问题的处理方案和验收记录；

10）装配式工程的其他文件和记录。

7.2 预制构件

1. 主控项目

1）专业企业生产的预制构件，进场时应检查质量证明文件。

检查数量：全数检查。

检验方法：检查质量证明文件或质量验收记录。

2）专业企业生产的预制构件进场时，预制构件结构性能检验应符合下列规定：

梁板类简支受弯预制构件进场时应进行结构性能检验，并应符合下列规定：

（1）结构性能检验应符合国家现行有关标准的有关规定及设计的要求，检验要求和试验方法应符合现行国家标准《混凝土结构工程施工质量验收规范》GB 50204 的有关规定。

（2）钢筋混凝土构件和允许出现裂缝的预应力混凝土构件应进行承载力、挠度和裂缝宽度检验；不允许出现裂缝的预应力混凝土构件应进行承载力、挠度和抗裂检验。

（3）对大型构件及有可靠应用经验的构件，可只进行裂缝宽度、抗裂和挠度检验。

（4）对使用数量较少的构件，当能提供可靠依据时，可不进行结构性能检验。

（5）对多个工程共同使用的同类型预制构件，结构性能检验可共同委托，其结果对多个工程共同有效。

3）对于不可单独使用的叠合板预制底板，可不进行结构性能检验。对叠合梁构件，是否进行结构性能检验、采用什么方式进行结构性能检验应根据设计要求确定。

4）对本条第（1）、（2）款之外的其他预制构件，除设计有专门要求外，进场时可不做结构性能检验。

5）对本条第（1）～（3）款规定中不做结构性能检验的预制构件，应采取下列措施：

（1）施工单位或监理单位代表应驻厂监督生产过程。

（2）当无驻厂监督时，预制构件进场时应对其主要受力钢筋数量、规格、间距、保护层厚度及混凝土强度等进行实体检验。

检查数量：同一类型预制构件不超过 1000 个为一批，每批随机抽取 1 个构件进行结构性能检验。

检验方法：检查结构性能检验报告或实体检验报告。

注：“同类型”是指同一钢种、同一混凝土强度等级、同一生产工艺和同一结构形式；抽取预制构件时，宜从设计荷载最大、受力最不利或生产数量最多的预制构件中抽取。

6）预制构件的混凝土外观质量不应有严重缺陷，且不应有影响结构性能和安装、使用功能的尺寸偏差。

检查数量：全数检查。

检验方法：观察、尺量；检查处理记录。

7）预制构件表面预贴饰面砖、石材等饰面与混凝土的粘结性能应符合设计和国家现行有关标准的规定。

检查数量：按批检查。

检验方法：检查拉拔强度检验报告。

2. 一般项目

1）预制构件外观质量不应有一般缺陷，对出现的一般缺陷应要求构件生产单位按技术处理方案进行处理，并重新检查验收。

检查数量：全数检查。

检验方法：观察，检查技术处理方案和处理记录。

2）预制构件粗糙面的外观质量、键槽的外观质量和数量应符合设计要求。

检查数量：全数检查。

检验方法：观察，量测。

3）预制构件表面预贴饰面砖、石材等饰面及装饰混凝土饰面的外观质量应符合设计要求或国家现行有关标准的规定。

检查数量：按批检查。

检验方法：观察或轻击检查；与样板比对。

4）预制构件上的预埋件、预留插筋、预留孔洞、预埋管线等规格型号、数量应符合设计要求。

检查数量：按批检查。

检验方法：观察、尺量；检查产品合格证。

5）预制板类、墙板类、梁柱类构件外形尺寸偏差和检验方法应分别符合本指南表5.4.4-1～表5.4.4-5的规定。

检查数量：按照进场检验批，同一规格（品种）的构件每次抽检数量不应少于该规格（品种）数量的5%且不少于3件。

6）装饰构件的装饰外观尺寸偏差和检验方法应符合设计要求；当设计无具体要求时，应符合本指南表5.4.4-4的规定。

检查数量：按照进场检验批，同一规格（品种）的构件每次抽检数量不应少于该规格（品种）数量的10%且不少于5件。

7.3 预制构件安装与连接

1. 主控项目

1）预制构件临时固定措施应符合设计、专项施工方案要求及国家现行有关标准的规定。

检查数量：全数检查。

检验方法：观察检查，检查施工方案、施工记录或设计文件。

2）装配式结构采用后浇混凝土连接时，构件连接处后浇混凝土的强度应符合设计要求。

检查数量：按批检验。

检验方法：应符合现行国家标准《混凝土强度检验评定标准》GB/T 50107 的有关规定。

3）钢筋采用套筒灌浆连接、浆锚搭接连接时，灌浆应饱满、密实，所有出口均应出浆。

检查数量：全数检查。

检验方法：检查灌浆施工质量检查记录、有关检验报告。

4）钢筋套筒灌浆连接及浆锚搭接连接用的灌浆料强度应符合国家现行有关标准的规定及设计要求。

检查数量：按批检验，以每层为一检验批；每工作班应制作 1 组且每层不应少于 3 组 40mm×40mm×160mm 的长方体试件，标准养护 28d 后进行抗压强度试验。

检验方法：检查灌浆料强度试验报告及评定记录。

5）预制构件底部接缝坐浆强度应满足设计要求。

检查数量：按批检验，以每层为一检验批；每工作班同一配合比应制作 1 组且每层不应少于 3 组边长为 70.7mm 的立方体试件，标准养护 28d 后进行抗压强度试验。

检验方法：检查坐浆材料强度试验报告及评定记录。

6）钢筋采用机械连接时，其接头质量应符合现行行业标准《钢筋机械连接技术规程》JGJ 107 的有关规定。

检查数量：应符合现行行业标准《钢筋机械连接技术规程》JGJ 107 的有关规定。

检验方法：检查钢筋机械连接施工记录及平行试件的强度试验报告。

7）钢筋采用焊接连接时，其焊缝的接头质量应满足设计要求，并应符合现行行业标准《钢筋焊接及验收规程》JGJ 18 的有关规定。

检查数量：应符合现行行业标准《钢筋焊接及验收规程》JGJ 18 的有关规定。

检验方法：检查钢筋焊接接头检验批质量验收记录。

8）预制构件采用型钢焊接连接时，型钢焊缝的接头质量应满足设计要求，并应符合现行国家标准《钢结构焊接规范》GB 50661 和《钢结构工程施工质量验收标准》GB 50205 的有关规定。

检查数量：全数检查。

检验方法：应符合现行国家标准《钢结构工程施工质量验收标准》GB 50205 的有关规定。

9）预制构件采用螺栓连接时，螺栓的材质、规格、拧紧力矩应符合设计要求及现行国家标准《钢结构设计标准》GB 50017 和《钢结构工程施工质量验收标准》GB 50205 的有关规定。

检查数量：全数检查。

检验方法：应符合现行国家标准《钢结构工程施工质量验收标准》GB 50205 的有关规定。

10）装配式结构分项工程的外观质量不应有严重缺陷，且不得有影响结构性能和使用功能的尺寸偏差。

检查数量：全数检查。

检验方法：观察、量测；检查处理记录。

11）外墙板接缝的防水性能应符合设计要求。

检验数量：按批检验，每 1000m^2 外墙（含窗）面积应划分为一个检验批，不足 1000m^2 时也应划分为一个检验批；每个检验批应至少抽查一处，抽查部位应为相邻两层 4 块墙板形成的水平和竖向十字接缝区域，面积不得少于 10m^2。

检验方法：检查现场淋水试验报告。

2. 一般项目

1）装配式结构分项工程的施工尺寸偏差及检验方法应符合设计要求；当设计无要求时，应符合本指南表 6.4.12 的规定。

检查数量：按楼层、结构缝或施工段划分检验批，同一检验批内，对梁、柱，应抽查构件数量的 10%，且不少于 3 件；对墙和板，应按有代表性的自然间抽查 10%，且不少于 3 间；对大空间结构，墙可按相邻轴线间高度 5m 左右划分检查面，板可按纵、横轴线划分检查面，抽查 10%，且均不少于 3 面。

2）装配式混凝土建筑的饰面外观质量应符合设计要求，并应符合现行国家标准《建筑装饰装修工程质量验收标准》GB 50210 的有关规定。

检查数量：全数检查。

检验方法：观察、对比量测。

7.4 部品安装

1. 装配式混凝土建筑的部品验收应分层分阶段开展。

2. 部品质量验收应根据工程实际情况检查下列文件和记录：

1）施工图或竣工图、性能试验报告、设计说明及其他设计文件；

2）部品和配套材料的出厂合格证、进场验收记录；

3）施工安装记录；

4）隐蔽工程验收记录；

5）施工过程中重大技术问题的处理文件、工作记录和工程变更记录。

3. 部品验收分部分项划分应满足国家现行相关标准要求，检验批划分应符合下列规定：

1）相同材料、工艺和施工条件的外围护部品每 1000m^2 应划分为一个检验批，不足 1000m^2 也应划分为一个检验批；每个检验批每 100m^2 应至少抽查一处，每处不得小于 10m^2；

2）住宅建筑装配式内装工程应进行分户验收，划分为一个检验批；

3）公共建筑装配式内装工程应按照功能区间进行分段验收，划分为一个检验批；

4）对于异形、多专业综合或有特殊要求的部品，国家现行相关标准未作出规定时，检验批的划分可根据部品的结构、工艺特点及工程规模，由建设单位组织监理单位和施工单位协商确定。

4. 外围护部品应在验收前完成下列性能的试验和测试：

1）抗风压性能、层间变形性能、耐撞击性能、耐火极限等实验室检测；

2）连接件材性、锚栓拉拔强度等现场检测。

5. 外围护部品验收根据工程实际情况进行下列现场试验和测试：

1）饰面砖（板）的粘结强度测试；

2）板接缝及外门窗安装部位的现场淋水试验；

3）现场隔声测试；

4）现场传热系数测试。

6. 外围护部品应完成表 7.4.6 所列隐蔽项目的现场验收。

外围护部品隐蔽项目　　表 7.4.6

序　号	隐蔽项目
1	预埋件
2	与主体结构的连接节点
3	与主体结构之间的封堵构造节点
4	变形缝及墙面转角处的构造节点
5	防雷装置
6	防火构造

7. 屋面应按现行国家标准《屋面工程质量验收规范》GB 50207 的规定进行验收。

8. 外围护系统的保温和隔热工程质量验收应按现行国家标准《建筑节能工程施工质量验收标准》GB 50411 的规定执行。

9. 幕墙应按现行行业标准《玻璃幕墙工程技术规范》JGJ 102、《金属与石材幕墙工程技术规范》JGJ 133 和《人造板材幕墙工程技术规范》JGJ 336 的规定进行验收。

10. 外围护系统的门窗工程、涂饰工程应按现行国家标准《建筑装饰装修工程质量验收标准》GB 50210 的规定进行验收。

11. 木骨架组合外墙系统应按现行国家标准《木骨架组合墙体技术标准》GB/T 50361 的规定进行验收。

12. 蒸压加气混凝土外墙板应按现行行业标准《蒸压加气混凝土制品应用技术标准》JGJ/T 17 的规定进行验收。

13. 内装工程应按国家现行标准《建筑装饰装修工程质量验收标准》GB 50210、《建筑轻质条板隔墙技术规程》JGJ/T 157 和《公共建筑吊顶工程技术规程》JGJ 345 的有关规定进行验收。

14. 室内环境的质量验收应在内装工程完成后进行，并应符合现行国家标准《民用建筑工程室内环境污染控制标准》GB 50325 的有关规定。

7.5 设备与安装

1. 装配式混凝土建筑中涉及建筑给水排水及供暖、通风与空调、电气、智能建筑、建筑节能、电梯等安装的施工质量验收，应按其对应的分部工程进行验收。

2. 给水排水及供暖工程的分部工程、分项工程、检验批质量验收等应符合现行国家标准《建筑给水排水及采暖工程施工质量验收规范》GB 50242 的有关规定。

3. 电气工程的分部工程、分项工程、检验批质量验收等应符合现行国家标准《建筑电气工程施工质量验收规范》GB 50303 及《火灾自动报警系统施工及验收标准》GB 50166 的有关规定。

4. 通风与空调工程的分部工程、分项工程、检验批质量验收等应符合现行国家标准《通风与空调工程施工质量验收规范》GB 50243 的有关规定。

5. 智能建筑的分部工程、分项工程、检验批质量验收等除应符合本指南外，尚应符合现行国家标准《智能建筑工程质量验收规范》GB 50339 的有关规定。

6. 电梯工程的分部工程、分项工程、检验批质量验收等应符合现行国家标准《电梯工程施工质量验收规范》GB 50310 的有关规定。

7. 建筑节能工程的分部工程、分项工程、检验批质量验收等应符合现行国家标准《建筑节能工程施工质量验收标准》GB 50411 的有关规定。